Svenja Hofert
Das Slow-Grow-Prinzip

Svenja Hofert

Das Slow-Grow-Prinzip

**Lieber langsam wachsen
als schnell untergehen**

Bibliografische Information der Deutschen Nationalbibliothek
Die Deutsche Nationalbibliothek verzeichnet diese Publikation
in der Deutschen Nationalbibliografie; detaillierte bibliografische
Informationen sind im Internet über http://dnb.d-nb.de abrufbar.

ISBN 978-3-86936-236-6

Lektorat: Dr. Sandra Krebs, GABAL Verlag GmbH
Umschlaggestaltung: Martin Zech Design, Bremen | www.martinzech.de
Satz und Layout: Das Herstellungsbüro, Hamburg | www.buch-herstellungsbuero.de
Druck und Bindung: Salzland Druck, Staßfurt

www.gabal-verlag.de
www.twitter.com/gabalbuecher
www.facebook.com/Gabalbuecher

Inhalt

Wachsen wie ein Schmetterling

Der Schmetterling befreit sich langsam aus seiner Puppe. Es wirkt wie ein harter Kampf. Ich bin versucht, ihm dabei zu helfen. Könnte es nicht schneller gehen? Doch wenn ich dem Schmetterling helfe, stirbt er. Er braucht den Prozess des langsamen Wachstums und Sich-Befreiens aus seiner Hülle.

Die meisten Selbstständigen brauchen Zeit, um sich und ihre Idee zu entwickeln. Von außen betrachtet sieht vieles so einfach aus, denkt man; es ließe sich doch manches beschleunigen. Als Beraterin war ich manches Mal versucht, meine Kunden zu schütteln, um sie sofort auf den rechten ökonomischen, marketingstrategischen und persönlichen Weg zu bringen. Von außen betrachtet schien alles oft logisch und einfach. Aber von innen nicht: Die Erfahrungen waren noch nicht gemacht, die Persönlichkeit war noch nicht reif, die Zeit nicht da, der logische Weg nicht immer der richtige. Hinzu kommt: Nicht jeder hat das gleiche Energielevel und Tempo. Und nicht jeder kann gleich mit Siebenmeilenstiefeln Richtung Erfolg rennen. Die allermeisten Menschen brauchen Schuhe, die passen, und gehen erst einmal überschaubare Schritte. Die meisten wollen »gesund« gründen.

Wer seine Existenz *nicht* mit 5 Millionen Euro Startkapital, drei Partnern und 100 Mitarbeitern startet, der Normalgründer also, entwickelt sich und seine Geschäftsidee langsam und schrittweise. Genau das Gleiche gilt für Wachstumsvorhaben: Wenn Sie aus einem Gemischtwarenladen ein Fachgeschäft machen möchten, werden Sie selten das eine zu- und das andere neu aufmachen. Sie werden Ihr Geschäft vielmehr langsam »on the fly« verändern. Der Prozess ist ganz genau der gleiche wie bei der Gründung – und er muss zu Ihnen und Ihren Möglichkeiten und individuellen Rahmen passen, damit er erfolgreich verläuft.

Die meisten Unternehmer- und Managementbücher der heutigen Zeit sprechen einen seltenen Gründungs- und Selbstständigentyp an, einen, der alles sofort kann, Risiken mit einem Lächeln schultert und von heute auf morgen 200 Mitarbeiter führen kann. Sie lassen das Tempo, die Persönlichkeit und die Zufriedenheit des Einzelnen außer Acht und stellen volkswirtschaftliche Interessen darüber. »Wir brauchen mehr Gründer«, das sage ich auch. Knapp unter 11 Prozent beträgt die Quote seit Jahren. Deutschland liegt in Sachen Gründungsaktivität auf Platz 37 von 42 in der Europäischen Union. Ganz besonders wenige Frauen trauen sich bei uns in die Selbstständigkeit, nur 38 Prozent der Gründer sind weiblich.[1] Eindeutig schade!

Doch dass es so wenige Gründer sind, liegt auch an dem Bild vom Unternehmer, das uns vermittelt wird und das Berater unkritisch weitergeben. Veraltete »Erfolgs«-Regeln werden als unumstößliche Wahrheiten gelehrt und dienen doch nur der Abschreckung. Wer traut sich denn in eine Gründung, wenn er glaubt, keine Unternehmerpersönlichkeit zu sein? Wer wagt sich ins Abenteuer Selbstständigkeit, wenn er sich dem Druck eines *Think Big!* aussetzt oder den Zahlen eines Businessplans unterwerfen soll?

Mit dem Fokus auf einem langsamen und nachhaltigen Wachstum ließen sich wesentlich mehr Gründer gewinnen. Die Angst zu scheitern wäre weniger groß. Und so schließt sich der Kreis zur volkswirtschaftlichen Relevanz. Denn erstens tragen auch kleine Unternehmen und Freiberufler zu unserer Wirtschaftsleistung bei. 99,7 Prozent der Unternehmen sind klein oder mittlerer Größe! Und zweitens wird so auch ein größerer Teil der langsam wachsenden Gründer den nächsten Schritt gehen – er ist dann nicht mehr so groß.

Eine neue Herangehensweise an das Thema »Gründung und Wachstum«, die ein individuelles Tempo zulässt, würde mehr Menschen dazu ermutigen, die eigenen Träume und Ideen zu verwirklichen. Dafür müssen wir uns vom alten Denken verabschieden und auch das persönliche Wachstum mit einbeziehen, ohne das Postulat einer ständigen Gewinnoptimierung.

Wer gründet, tut dies weit überwiegend mit überschaubarem Risiko. Dieser Trend ist seit Jahren ungebrochen. Doch Kleingründer, obschon in der absoluten Mehrzahl, haben keine Lobby. Die wachsende Schar der Freiberufler und kleinen gewerblichen Selbstständigen mit bis zu zehn Mitarbeitern wird von den Experten ignoriert. Die Managementliteratur fordert unisono eine Form des wachstumsorientierten Unternehmertums, das Exotenstatus hat, weil es so selten ist.

Gründer- und Unternehmertests postulieren Eigenschaften, die Unternehmer haben sollten – sich aber auf diesen Exoten-Unternehmertyp und nicht auf die Masse der kleinen Selbstständigen beziehen. Auch die meisten unternehmerischen Regeln, die Bücher und Berater zitieren, legen ein Bild mit Seltenheitswert zugrunde.

Das hält Menschen davon ab zu gründen, die sich nicht als »geborene« Entrepreneure sehen. Ich habe insofern auch eine Mission: Mut zu machen und sich nicht von vermeintlichen Regeln abschrecken zu lassen.

»Glauben Sie, ich kann das schaffen?« Oft werde ich in der Beratung gefragt, ob Selbstständigkeit passen könnte. Ich rate heute fast jedem zum Gründen, der eine zu seiner Persönlichkeit passende Idee hat oder danach sucht – und sich selbst und seiner Idee Zeit geben möchte. Für mich ist die Bereitschaft zu langsamem Wachstum die einzige Voraussetzung dafür, erfolgreich zu sein.

Die 9 Slow-Grow-Regeln setzen daher auf das Einhergehen von Persönlichkeits- und Unternehmensentwicklung. Im Fehlen desselben liegt aus meiner Sicht für Unternehmer der zentrale Stolperstein, der Grund fürs Scheitern oder zu frühe Aufgeben von Vorhaben, ja Lebensträumen: Es werden, nicht selten staatlich subventioniert in Existenzgründungskursen, Regeln und Vorgehensweisen gelehrt, die ineffektiv, veraltet oder nur für einen kleinen Teil der angehenden Unternehmer passend sind.

Warum diese Regeln für die Mehrzahl der Gründer jedoch nicht gelten und welche Maßnahmen diese ersetzen, beschreibt dieses Buch mit vielen Beispielen aus der Praxis.

Ich wünsche Ihnen eine inspirierende Lektüre.

Ihre
Svenja Hofert

TEIL I

1. Slow-Grow-Regel

FALSCH: **Sie müssen eine Unternehmerpersönlichkeit sein!**
RICHTIG: **Die Art der Selbstständigkeit muss zu Ihnen passen.**

Ist das nicht seltsam? Professoren und hochbezahlte Vortragsredner bestimmen das gängige Bild vom Unternehmer. Schluss damit! In die Tonne mit Gründer- und Unternehmertests! Sie müssen weder 60 Stunden pro Woche arbeiten noch BWL studieren oder Führung lernen. Die 1. Slow-Grow-Regel lautet: Machen Sie einfach, was zu Ihnen passt – und legen Sie damit die Basis für ein gesundes, persönliches Wachstum.

Möchten Sie, dass Ihr Unternehmen ganz groß wird? Haben Sie Lust, ungleich mehr als jeder Angestellte zu schuften? Ist es Ihr Antrieb, ganz auf Innovation und Risiko zu setzen? Nein? Dann denken Sie so wie fast alle meine Kunden. Und es geht Ihnen auch wie den allermeisten Kunden meiner Beraterkollegen. Könnte es sein, dass Sie schlicht so denken wie die Mehrzahl der Menschen, die in Deutschland selbstständig sind oder sein möchten?

Dass Sie so sind, wie Sie sind, ist volkswirtschaftlich aus Sicht von Experten betrachtet leider weniger gut, denn so werden Sie es nie schaffen, ein Unternehmen wie Amazon oder Ebay zu gründen. Sie entsprechen damit dem Feindbild von Gründungsexperten, etwa den Lehrenden an Universitäten, die selbst auch nie Amazon oder Ebay gründen würden, sondern lieber ein Professorengehalt beziehen.

Diese Gründungsexperten orientieren sich bei ihrer Definition des Unternehmers an dem Ökonomen Joseph Schumpeter. Nach Schumpeter müssten Sie, wenn Sie gründen oder bereits selbstständig sind, eine Person sein, die bereit und fähig ist, neue Ideen oder Erfindungen in erfolgreiche Innovationen umzusetzen. Peter Drucker definierte die Risikobereitschaft hinzu: Ein echter Unternehmer soll neben viel Zeit auch noch viel Geld investieren. Dazu soll ein echter Unternehmer auch wachsen wollen. Und zwar schnell – *Slow Growing* ist in diesem Sinn nicht unternehmerisch. Lebensziel eines echten Unternehmers sei die Übergabe an einen Nachfolger.

Doch die persönlichen und unternehmerischen Ziele der meisten Gründer sind ganz andere: Selbstverwirklichung, sein eigener Chef sein, bessere Verdienstmöglichkeiten, Spaß im Job. Die meisten Gründer passen also ebenso wie langjährige Selbstständige nicht einmal entfernt in das Schumpeter'sche Raster.

Stichwort Innovation: 2010 machten die wirklich innovativen Gründungen laut KfW-Gründungsmonitor nur etwa 2 Prozent aus. Die meisten Gründungsideen sind unspektakulär: Dienstleistungen wie Design oder Pflegedienst etwa. Das sieht auch die KfW so: »Eine Sichtung der Projektbeschreibungen lässt Zweifel daran aufkommen, dass es sich bei den als neu bezeichneten Geschäftsideen tatsächlich um Innovationen im Schumpeter'schen Sinn handelt.«[1]

Stichwort Größe: 99,7 Prozent aller Unternehmen sind klein oder mittelgroß, gehören also zu den sogenannten KMU, die nach der Definition des Instituts für Mittelstandsforschung (IFM) nicht mehr als 500 Mitarbeiter haben. Davon sind wiederum die allermeisten Firmen klein (gemäß IFM bis zehn Mitarbeiter) – bis hin zum Einzelkämpfer. Wie hoch der Anteil der Unternehmen mit weniger als zehn Mitarbeitern ist, bleibt allerdings unklar, denn gezählt hat diese bisher offenbar niemand. Eigentlich seltsam! An den Universitäten lernen Studenten anhand der Fallstudien von Großunternehmen.[2] Kaum jemand interessiert sich anscheinend für die kleinen, jedenfalls findet sich allenfalls eine Handvoll Schriften, die explizit kleine Unternehmen mit weniger als zehn Mitarbeitern untersuchen.

Stichwort Wachstum: Es ist zwar unbekannt, wie viele Unternehmen jemals die Grenze vom kleinen zum mittleren Unternehmen überschreiten. Doch aufgrund meiner Beobachtungen bin ich mir ziemlich sicher: Es ist ein verschwindend kleiner Teil. Wer ein kleines Unternehmen gründet, will nur selten, dass es irgendwann richtig groß wird.

Stichwort Risikobereitschaft: 76 Prozent aller Gründer brauchen weniger als 25 000 Euro, benötigen also maximal Mikrokredite.

Zwar gründen 54 Prozent im Nebenberuf[3], gibt es 55,2 Prozent Einzelkämpfer unter den Vollzeit-Selbstständigen[4], haben rund 40 Prozent kleine Betriebe oder Praxen nur einen oder eine Handvoll Mitarbeiter und planen nur 1,7 Prozent aller Neugründer zukünftig mehr als zehn Mitarbeiter zu beschäftigen.[5] Doch die Mehrzahl der Autoren schreibt ihre Wirtschafts- oder Managementsachbücher nur für diese 1,7 Prozent.

Viel Geld für Vorträge

Warum wird so viel Wind um eine so kleine Gruppe wie die der Schumpeter'schen Unternehmen gemacht – aber so wenig um eine viel größere? Natürlich geht es um die volkswirtschaftliche Bedeutung. Es geht darum, dass die Wachstumsstrategien eines Steuerberatungsbüros weniger spannend zu sein scheinen als die von Google – und die unternehmerischen Bewegungen des Steuerbüros volkswirtschaftlich kaum Relevanz haben. Die Vorlesungen an den Unis blieben vermutlich leer, wenn statt Fallstudien von Coca-Cola solche der Heinz Müller Spedition bearbeitet würden. Gerade bei Autoren und Rednern geht es aber auch um Geld. Ich habe eine freche These: Da nur Konzerne und größere Unternehmen viel Geld für Vorträge zahlen, zum Beispiel 4000 Euro für einen mittelmäßig bekannten Sprecher und 11 500 Euro für einen Mittelstandspropheten wie Guido Westerwelle[6], lohnt es sich anscheinend nicht, sich mit kleineren Unternehmen – also den Ks unter den KMU – zu beschäftigen.

Ein Topf, verschiedene Zutaten

Trotzdem wird nicht unterschieden: Unternehmer sind danach alle, die ihr eigener Arbeitgeber sind.

Ob sie nun Freiberufler, Handelsvertreter oder mit einem riesigen Mitarbeiterstamm ausgestattet sind – das Bürgerliche Gesetzbuch kennt keine Unterscheidung: »Unternehmer ist eine natürliche oder juristische Person oder eine rechtsfähige Personengesellschaft, die bei Abschluss eines Rechtsgeschäfts in Ausübung ihrer gewerblichen oder selbständigen beruflichen Tätigkeit handelt.«[7]

Genau hier liegt die Ursache für die Fehlinterpretation der Unternehmerpersönlichkeit begründet. Mit dem Begriff des Unternehmers werden ganz verschiedene Existenz- und Erwerbsformen in einen großen Topf geworfen und auf eine Essenz reduziert, die in diesem Topf ein einigermaßen einsames Dasein führt: der Schumpeter-Unternehmer. In diesem Topf schmoren folglich ganz unterschiedliche Existenzen, doch eine dominiert den Geschmack – die des Selbstständigen.

Der Selbstständige ist ein Mensch ohne Arbeitgeber. Er muss nicht freiberuflich tätig sein, und er kann Mitarbeiter haben, meist aber nur wenige – bis zehn, selten mehr. Sein wesentliches Kennzeichen ist die inhaltliche Arbeit, das heißt er ist von ganz anderen Dingen motiviert als der Schumpeter-Unternehmer, den wir ab sofort »Entrepreneur« nennen, um ihn eindeutig abzugrenzen. Mit selbstständig meine ich also primär jene, die inhaltlich arbeiten.

D'accord? Und weil ein Selbstständiger anders motiviert wird als ein Entrepreneur, braucht er auch nicht dessen Persönlichkeitsprofil.

Neue Selbstständige

Es gibt immer mehr Selbstständige, doch zählt die amtliche Statistik nur ihren kleineren Teil, die rund eine Million Freiberufler. Während der Anteil gewerblicher Gründungen in den letzten Jahren, ja, Jahrzehnten weitgehend stabil blieb, wächst diese Gruppe, die überwiegend Dienstleistungen für Unternehmen erbringt. Das können Programmierungen sein oder Beratungen auf Expertenniveau, auch Vorträge oder kreative Arbeiten. Dass die Zahl dieser Selbstständigen ständig ansteigt, hat vor allem mit gesellschaftlichen Veränderungen zu tun: Die neue Wissensgesellschaft steigert das Unabhängigkeitsbedürfnis, den Wunsch nach Flexibilität und inhaltlich spannenden Chancen und Anforderungen. Sehr viele der neuen Selbstständigen sind »Denkarbeiter«, Menschen, deren Wissen, ob informationstechnisch, steuerfachlich, kreativ oder therapeutisch, Basis ihrer Arbeit ist.

Unabhängigkeitsgründer

Die gesellschaftlichen Veränderungen fördern einen Gründertypus, der in früheren Generationen so nicht vorkam: den Unabhängigkeitsgründer. Dieser Typ ist ein Selbstständiger und zumindest in seinen ersten Jahren auf eigene Rechnung kein Entrepreneur. Er gehört nicht zu denjenigen, die auf Risiko gehen und ihre Kraft aus dem Aufbau eines Unternehmens ziehen. Dieser Typ will einfach nur »sein Ding machen« und kann dabei angestellt sein oder eben nicht, Hauptsache er hat seinen Gestaltungsfreiraum. Das Internet hat mit Themen wie Social Networking oder Suchmaschinenoptimierung beispielsweise neue Möglichkeiten geschaffen, unabhängige Existenzen aufzubauen, die vor allem eins ermöglichen: das Leben nach den eigenen Vorstellungen zu gestalten – mit einem deutlichen Schuss mehr Eigenverantwortlichkeit als in Anstellung. Wenn das Finanzielle dann noch stimmt, ist das wunderbar – aber für Unabhängigkeitsgründer eher ein *Nice to have*.

In der Statistik vermischen sich solche Dienstleistungsideen aber meist zusammen mit Hausmeisterjobs und Reinigungsservices zu einem Einheitsbrei. Für die Statistiker sind Dienstleister alle Unternehmen, die keine Waren produzieren. Und obwohl Dienstleistungsbetriebe 80,4 Prozent aller Gründungen ausmachen[8], wird dieser Bereich nur in personen- und haushaltsnahe sowie unternehmensbezogene Dienstleistungen differenziert. Gemeint ist damit, dass die einen Dienstleister Privatkunden und die anderen Unternehmenskunden haben. Volkswirtschaftlich gesehen gilt der Dienstleistungsbereich übrigens als tertiärer Sektor.

Der tertiäre Sektor

Das muss ich kurz erklären: Der Dienstleistungssektor – oder tertiärer Sektor genannt – wird unterschieden vom primären Sektor (das sind die Rohstoffe, über die wir in Deutschland, Österreich und der Schweiz kaum verfügen) und vom sekundären Sektor, der die gesamte industrielle Produktion umfasst. Der tertiäre Sektor ist mit Abstand der größte, aber eben auch der problematischste, denn hier verfallen die Preise und Honorare. Das hat zum Beispiel mit der Globalisierung und dem Outsourcing, vor allem aber mit der Technisierung unserer Gesellschaft zu tun. Einfache Dienstleistungen von der Buchhaltung bis zur Kundenberatung lassen sich somit sehr preisgünstig anbieten – wer hier tätig ist, leidet unter dem Preisdruck –, die Telefonhotline ist die wohl prägnanteste Entwicklung. Fallende oder doch zumindest stagnierende Gehälter, Löhne und Honorare sind seit Jahren die Folge. Kein lukratives

Gründungsrevier, es sei denn, Sie finden eine Nische – etwa die Geschäftsprozessberatung. Damit hätten Sie es aber auch schon in den quartären Sektor geschafft, zu den Kopf-Dienstleistungen. Dort, wo es sich gut verdienen lässt – und wo sich das Gros der neuen Unabhängigkeitsgründer zu Hause fühlt.

Ein Wachstumsziel nach dem Slow-Grow-Prinzip ist es deshalb, sich in den vierten Sektor zu entwickeln, wenn Sie nicht bereits dort angesiedelt sind. Dazu mehr im Kapitel zur Gründungsidee.

Der quartäre Sektor

Der quartäre Sektor, also der Markt dieser neuen Kopf-Dienstleistungen, hat sich so schnell entwickelt, dass die Statistiker keine neuen Kategorien schaffen konnten und die KfW den Anteil dieser Gründungen an den 82 Prozent auch mangels passender Rubrik gar nicht erst ermittelt. Dort, wo Selbstständige im quartären Sektor mithilfe ihres Wissens agieren, gibt es die oft beschworenen Probleme nicht, herrscht eine prekariatsfreie Zone. Dabei sind die Grenzen fließend: Programmierung etwa kann eine einfache Dienstleistung sein, Entwicklung eine sehr komplexe.

Ein großer, aber zahlenmäßig nie erfasster Anteil der Selbstständigen ist also im quartären Sektor tätig. Diese wiederum sind meiner Erfahrung nach überwiegend Unabhängigkeitsmotivierte, das heißt sie machen sich selbstständig, weil sie autonom und flexibel arbeiten wollen, und somit brauchen sie die angeblichen Unternehmereigenschaften gar nicht.

Sie vertreten eine von vier verschiedenen Existenzformen in unserer modernen Arbeitswelt, die alle unterschiedliche Eigenschaften fordern und schon in sich sehr facettenreich sind:

Existenzform	Aufgaben	Hauptmotivation	Haupt-Einschränkung
Angestellten-Typen			
Fachkraft	Inhaltlich tätig sein mit Chef	Sicherheit, Geld verdienen	Muss sich anpassen
Manager	Organisierend und (in Grenzen) gestaltend tätig sein mit Chef	Karriere machen, Geld verdienen	Kann nicht frei entscheiden
Unternehmer-Typen			
Selbstständiger	Inhaltlich tätig sein ohne Chef	Unabhängigkeit, Selbstbestimmung, Autonomie	Braucht seine eigene Arbeitskraft, verdient mit sich selbst / dem eigenen Wissen Geld
Entrepreneur	Gestaltend tätig sein ohne Chef	Unabhängigkeit, etwas für die Nachwelt schaffen	Ohne eine wirklich gute und einzigartige Geschäftsidee nicht erfolgreich (anders als der Selbstständige)

Diese Bereiche sind klar abgegrenzt? Nein! Es ist keinesfalls so, dass eine Fachkraft nicht Selbstständiger oder ein Selbstständiger nicht Entrepreneur werden könnte. Alles ist möglich, durchlässig und letztendlich nur eine Frage des Wollens, der persönlichen Reife und des richtigen Zeitpunkts. So starten einige Selbstständige mit einer eher allgemeinen Idee und einer inhaltlichen Orientierung, um später aus der Erfahrung heraus eine eigene Geschäftsidee zu entwickeln und vielleicht irgendwann Entrepreneur zu werden. Den umgekehrten Weg gibt es ebenso: Ein Entrepreneur möchte wieder Selbstständiger werden. Diese Unterscheidung ist von zentraler Bedeutung, um eine Gründung erfolgreich zu gestalten, und bisher hat sich noch niemand damit wirklich beschäftigt! Ein Selbstständiger muss ganz anders gründen als ein Entrepreneur, doch beiden werden dieselben Konzepte »verkauft«! Zum Beispiel dieselben Konzepte für die angeblich notwendige Unternehmerpersönlichkeit.

Das Prinzip »Abschreckung« wirkt!

Es ist bei all den Vorurteilen und Mythen kein Wunder, dass sich so wenige Menschen selbstständig machen. Viel zu wenige sind es in Deutschland, bemängelt auch das Institut für Arbeitsmarktforschung (IAB). Die Europäische Kommission will ebenfalls die Gründungsquote erhöhen und nebenbei erreichen, dass auch mehr Geringqualifizierte gründen – ist ein eigenes Unternehmen doch oftmals gerade für viele Randgruppen die einzige Chance, über einen Prekariatslohn hinauszukommen.

Umso erstaunlicher ist es, dass Gründungsinteressierte überall abgeschreckt werden. In Seminaren, Broschüren und Büchern suggeriert man ihnen, dass für alle Selbstständigen (die lustig mit den Entrepreneuren in einen Topf geworfen werden) das Gleiche gelte: Man brauche eine Unternehmerpersönlichkeit. Was genau eine solche Unternehmerpersönlichkeit sei, wird dabei an fragwürdigen Eckpunkten festgemacht, zum Beispiel an der Bereitschaft, viel zu arbeiten.

Der 60-Stunden-Mythos

»Sind Sie bereit, zumindest in den ersten Jahren 60 und mehr Stunden pro Woche zu arbeiten?«, fragt der Test *Sind Sie eine Unternehmerpersönlichkeit* vom Bundesministerium für Wirtschaft.[9] Der 60-Stunden-Mythos zieht sich quer durch die Gründungsliteratur. Er findet sich auch in der Broschüre *Gründungszuschuss* der Bundesagentur für Arbeit, in der die Agentur Gründungsinteressierte darauf hinweist, dass mindestens in der Startphase so viel gearbeitet werden müsse.

Ich sehe das bei vielen »meiner« Gründer nicht. Natürlich gibt es Phasen, die sehr arbeitsintensiv sind. Diese liegen bei Kopf-Dienstleistungsgründungen aber meist in der »Hamsterradphase«

nach drei bis vier Jahren, die ich in Kapitel 9 dieses Buches noch beschreiben werde. Firmenübernahmen oder Franchisegründungen mögen erhöhten Zeiteinsatz gerade am Anfang fordern. Doch Franchising ist ein winzig kleiner Bereich, über dessen Anteil am gesamten Gründungsgeschehen es keine verlässlichen Zahlen gibt.

Die Mehrzahl der Selbstständigen kann ihren Zeiteinsatz selbst steuern – gerade für Unabhängigkeitsgründer ist die Möglichkeit, dies zu tun, zudem ein ganz wichtiges Kriterium. Der Autor Timothy Ferris skizziert im Buch *Die 4-Stunden-Woche* Strategien diesseits der 60 Stunden. 4-Stunden-Wochen mögen übertrieben sein, aber 60-Stunden-Wochen als genereller Maßstab sind es nicht minder. Vor allem, wenn man die effektive Zeit rechnet, also die, in der die Neu-Unternehmer nicht mit schlechtem Gewissen vorm PC sitzen, weil sie … zum Beispiel von den 60 Stunden gelesen haben. Denn die Parkinson'sche Regel gilt auch für viele Selbstständige: Arbeit dehnt sich in der zur Verfügung stehenden Zeit aus. Das heißt auch: Sie richten sich bei der Arbeit am Maßstab der anderen aus, nicht am Maßstab der Effizienz.

Unternehmergeheimnis

Neulich war ich mit einem mir bekannten Personalberater unterwegs. Ich fragte ihn, wie viele Stunden er arbeitete. »So um die 30, ich will ja noch was vom Leben haben«, sagte er. »Aber meinen Kunden sage ich das natürlich nicht. Wenn ich privat was erledigen will, schiebe ich geschäftliche Termine vor.«

So etwas höre ich sehr oft. Eine Menge Neu- und Alt-Unternehmer plagt das schlechte Gewissen, weil sie gar nicht so viel arbeiten. Gerade unter den Gründern gibt es einige, die stundenlang vorm Computer sitzen und ineffizient durch die Gegend surfen, weil sie denken, sie müssten mehr arbeiten. Ein guter Tag ist ein Zehn-Stunden-Tag, so wurde es ihnen eingebläut. Das habe ich früher auch gedacht, jetzt nicht mehr. Auch ich saß anfangs manchmal einfach nur ein paar Stunden länger vorm Computer, um dann mit besserem Gewissen Feierabend machen zu können. Verrückt! War doch die freie Zeiteinteilung und Flexibilität einer der wesentlichen Treiber für meine Selbstständigkeit. Um das Ganze auf eine Faktenbasis zu stellen: Die durchschnittliche Arbeitszeit von Selbstständigen lag 2004 bei 46 Stunden.[10] Das sind also auch keine 60.

Viele Menschen machen sich nur deshalb selbstständig, weil sie weniger und flexibler arbeiten wollen als Angestellte. Aber: Sie werden relativ wenige finden, die das öffentlich bekennen. 60 Stunden gehören zu einem Business-Knigge, der von Leuten gemacht wird, die 60-Stunden-Wochen selbst gar nicht kennen. Professoren und Doktoranden zum Beispiel, die wissenschaftliche Arbeiten über Gründerpersönlichkeiten schreiben und Tests erstellen, die Fragen wie die obige enthalten. Oder bei der Bundesagentur für Arbeit beschäftigte Redakteure mit 37,5-Stunden-Woche, die einen 60-Stunden-Mythos in Broschüren postulieren, weil sie ihn so der Literatur entnommen haben!

Irrsinnige Gründer-Tests

Schauen wir uns den Test, der immerhin von einem Ministerium veröffentlich wird, mal näher an.[11] Gibt es noch mehr komische Fragen? Gibt es! Viele Fragen in den Tests schießen an der Realität oder zumindest an einem Teil der ziemlich facettenreichen Unternehmerrealität vorbei. Frage Nummer 11 im oben genannten Test des Bundesministeriums für Wirtschaft etwa: »Konnten Sie in Ihrem Berufsleben schon Führungserfahrungen sammeln, das heißt, hatten Sie die Arbeit von Mitarbeiter/innen zu organisieren und zu kontrollieren?« Viele der neuen Gründer, die sich auf der Basis ihres Wissens selbstständig machen oder eine Dienstleistung anbieten, haben keine Führungserfahrung. Das macht sie nicht zu schlechteren Existenzgründern, zumal ohnehin nur wenige

Gründer planen, künftig Mitarbeiter zu beschäftigen. Pro Vollerwerbsgründung entstanden 2009 laut KfW 1,69 Stellen.[12]

Alles lässt sich lernen

Doch selbst wenn es einen kleinen Stamm an Mitarbeitern gibt: Die entsprechenden Kompetenzen lassen sich auch ohne Führungserfahrung lernen – ebenso wie kaufmännische, die in Frage 12 thematisiert werden. »Besitzen Sie eine gut fundierte kaufmännische oder betriebswirtschaftliche Ausbildung und / oder entsprechend zu bewertende Erfahrungen?« Ich habe Menschen mit BWL-Hintergrund erlebt, die mit ihrer Gründung gescheitert sind, und noch viel mehr, die ohne jegliches kaufmännisches Wissen gestartet sind und bestens zurechtkamen. Hinzu kommt, dass es viele Ideen gibt, die gar kein betriebswirtschaftliches Wissen erfordern, sondern zum Beispiel Können in einem bestimmten Bereich. BWL-Know-how dagegen lässt sich einkaufen wie eine Speisezutat. Einige haben das auch bereits erkannt: Der ehemalige XING-Gründer Lars Hinrichs etwa fördert mit seiner Venture Capital Gesellschaft Hawk fwd zum Beispiel nur Menschen, die selbst programmieren können. Kaufmännisches Know-how ist ihm egal.

Die Selbstständigkeit muss einfach passen

Auch andere Fragen sehe ich als ideal dazu geeignet an, gerade jene Gründer abzuschrecken, die ohnehin daran zweifeln, ob sie in der Selbstständigkeit ihr Glück finden könnten, weil sie sich selbst nicht als Unternehmerpersönlichkeit sehen. Die siebte Frage im BMWi-Test ist solch eine. Sie lautet: »Waren Sie in den letzten drei Jahren durchweg körperlich fit und leistungsfähig?« Sicher sollten Sie sich gut überlegen, welche Idee zu Ihnen passt, wenn Sie das nicht sind. Mir sind aber Gründer begegnet, für die eine schwere Krankheit, körperlich oder psychisch, erst der Anlass war, sich selbstständig zu machen. Burnout ist ein sehr häufiger Grund für den beruflichen Cut und die Entscheidung, das Angestelltendasein hinter sich zu lassen. Ja, es gibt sogar chronisch kranke Selbstständige, die als Unternehmer die Krankheit sehr viel besser in ihr Leben integrieren können als in einer angestellten Tätigkeit. So begegnete mir eine an Multipler Sklerose erkrankte Unternehmerin, die ihre Selbstständigkeit zeitlich und inhaltlich prima auf ihre Krankheit einstellen konnte.

Wie viele Gründer mögen sich von solchen Fragen abschrecken lassen? Ich denke: viel zu viele. So bietet eine Existenzgründung beispielsweise Schwerbehinderten erstens Arbeit und zweitens eine Chance, mehr zu erreichen als ein Angestellter.

Was mir sonst noch aufstößt: Die Sache mit der Branchenerfahrung etwa, die als notwendige Voraussetzung für Gründungserfolg kolportiert wird. Es gibt diverse Belege dafür, dass gerade Branchenunerfahrene besser querdenken und somit vorhandene Geschäftsmodelle auf den Kopf stellen können, was oftmals die Voraussetzung für den Erfolg einer Unternehmung ist. In Wahrheit ist es so, dass von den beiden oben definierten Unternehmergruppen – Selbstständige und Entrepreneure – die Selbstständigen wirkliche Branchenerfahrung benötigen, während die Entrepreneure oft mit dem Blick von außen besser fahren. Thorsten Fischer, Gründer von Flyeralarm, einer erfolgreichen Internet-Druckerei, war völlig branchenfremd. Nur durch den Blick eines Außenstehenden konnte er Ideen entwickeln, die neu und revolutionär waren.

Die Tests differenzieren hier jedoch ebenso wenig wie die Gründungstheoretiker. Neben den meist sehr eindimensionalen Gründertests gibt es auch einige Unternehmertests; davon ist allerdings keiner wirklich valide, also entsprechend wissenschaftlich untersucht. In einem vom Wirtschaftsethiker Ulf D. Posé entwickelten Test lautet zum Beispiel eine Frage: »Kennen Sie die Vornamen der Kinder Ihrer Mitarbeiter?«[13] Ehrlich gesagt: Ich kenne nur die

Namen der Kinder einer einzigen meiner Mitarbeiterinnen. Bin ich deshalb eine schlechte Unternehmerin? Ich habe einfach nur ein ganz schlechtes Namensgedächtnis. Ähnlich wie bei den Gründertests sind das selbst gemachte Kriterien, die allein in den Glaubenssätzen ihrer Urheber verwurzelt und in keiner Weise valide sind.

Ein Bild von einem Unternehmer

Selbst gemacht sind die soeben genannten Kriterien, weil sie zum eigenen Bild passen – das zeichnet die meisten von Experten genannten angeblichen Unternehmereigenschaften aus.

Bernward Jopen, Geschäftsführer des Zentrums für Unternehmertum an der TU München, nennt etwa Leistungsmotivation, Treibermentalität, Streben nach Unabhängigkeit, finanzielles Interesse, Glauben an die eigene Leistungsfähigkeit, Sozialkompetenz, Kreativität und systemisches Denken sowie gesunden Menschenverstand.[14] Niemand wird widersprechen, dass diese Eigenschaften im Berufsleben wichtig sind – aber sie sind überhaupt nicht gründungsspezifisch.

Die von Jopen genannten Eigenschaften kennzeichnen jeden, der gern arbeitet und mehr möchte, als im Job eine ruhige Kugel zu schieben. Zudem habe ich durchaus schon Erfolg ohne größeres finanzielles Interesse erlebt (die allermeisten Technologiegründer, etwa Mark Zuckerberg) sowie erfolgreiche Selbstständige mit wenig Kreativität und ausbaufähiger Sozialkompetenz. Es bleibt nur ein wirklich relevanter Unterschied: das so gut wie immer höhere Streben der Unternehmer nach Unabhängigkeit. Dies ist aber keine Eigenschaft, sondern eine Motivation.

Dreamteam

Ein weiteres gängiges Bild ist das des »Dreamteams« nach John B. Miner. Miner unterscheidet zunächst einmal die Existenz- von der Unternehmensgründung. Existenzen gründen demnach Einzelpersonen, Unternehmen ein Team. Die Idealbesetzung eines solchen Unternehmens sei:

- ein leistungsmotivierter Unternehmer (nach Miner »the real Manager type«),
- ein Experte für neue Ideen (jemand, der ein Produkt entwickeln und weiterentwickeln möchte) und
- ein empathischer Superverkäufer.

Nach Miner gibt es weiterhin den »komplexen Unternehmer«, der alle drei genannten Persönlichkeiten in sich vereint.[15]

Auch dieses Modell lässt die Gründungsrealität außer Acht, denn es bezieht sich wiederum nur auf den Typ des Entrepreneurs, und selbst hier gilt es nur eingeschränkt. Der bereits erwähnte Lars Hinrichs etwa ist ein erfolgreicher Alleingründer und weder ein »real Manager type« noch Experte für neue Ideen oder ein empathischer Superverkäufer. Er passt in kein Raster, wie so viele andere nicht.

Nicht einmal Entrepreneure müssen sich also an Miner halten.

Apropos Team: Laut KfW-Monitor gründet mit 3 Prozent nur eine verschwindend kleine Zahl an Teams im Vollerwerb, im Nebenerwerb sind es 8 Prozent, möglicherweise weil hier aufgrund des Hauptjobs eine Lastenverteilung noch wichtiger ist.[16]

Doch kein Bild?

Schauen Sie sich um. Sehen Sie auch Selbstständige, die den gängigen Bildern nicht entsprechen? Ich jedenfalls habe im Laufe der Jahre viele Unternehmer gesehen, die in keine Schublade passen.

Da waren zum Beispiel die geselligen Lebensfreude-Gründer. Menschen, die die Gesellschaft anderer brauchen und deshalb leidenschaftlich gern in Bürogemeinschaften oder den neuen Co-Working-Places arbeiten. Das sind Bürohäuser, in denen Unternehmer, aber auch Angestellte sich sporadisch oder dauerhaft einen Arbeitsplatz mieten können. Sie werden dadurch motiviert, dass sie mit anderen zusammen sind. Mir sind auch Menschen begegnet, die wenig leistungsorientiert waren, weiterhin solche, die das genaue Gegenteil eines führungslustigen Alphatiers waren.

Vor einigen Wochen hörte ich, wie sich ein Unternehmer selbst präsentierte und in drei Minuten exakt zwölfmal das Wort »Spaß« verwendete. Er war eindeutig jemand, der seine Motivation aus der Freude daran zog, mit anderen zusammenzuarbeiten und gemeinsam etwas zu bewegen – ein Mensch, dem es unangenehm wäre, diese anderen zu dominieren. Auch dieser Unternehmer war erfolgreich, aber ohne Mitarbeiter. Er hatte sich für das Prinzip entschieden, mit anderen Selbstständigen zusammenzuarbeiten. Bei einem Unternehmertest wäre er glatt durchgefallen.

Was ist Erfolg?

Wenn Tests angeblich unternehmerischen Erfolg vorhersagen können – welche Art von Erfolg ist damit überhaupt gemeint? Da das Thema »Gründung« an den Lehrstühlen der Universitäten und Hochschulen ausschließlich im Fachbereich Wirtschaft zu Hause ist, eventuell auch im Maschinenbau oder bei den Ingenieurwissenschaften[17], wird Erfolg weit überwiegend wirtschaftlich definiert und an der Umsatzentwicklung oder der Entwicklung der Mitarbeiteranzahl gemessen. Manche Autoren berücksichtigen auch Faktoren wie Gewinn, Unternehmensgröße oder Liquidität.

Niemand hat sich je mit der subjektiven Wertung des Unternehmers beschäftigt: Als wie erfolgreich betrachtet er sich selbst? Was bedeutet für ihn überhaupt Erfolg? Oder sind das gar zwei verschiedene Zustände: der Erfolg und die Zufriedenheit? Nein, wenn man Wikipedia glauben soll: »Der Begriff Erfolg bezeichnet das Erreichen selbst gesetzter Ziele.«[18] Gewinn und Liquidität sind jedoch selten solche selbst gesetzten Ziele. Sie entspringen einer betriebswirtschaftlichen Renditedenke. Wenn Persönlichkeit untersucht wird, dann meist unter dem Blickwinkel, welche Persönlichkeit nötig sei, um wirtschaftlichen Erfolg zu erzielen – aber nicht, welche Persönlichkeitsfaktoren helfen, um subjektiven Erfolg, also selbst gesetzte Ziele, zu erreichen.

Was wirklich für Ihren Erfolg zählt

Mein Fazit: Vergessen Sie John Miner und 99 Prozent der Gründertests, denn diese berufen sich auf Klischees. Deutlich aussagekräftiger sind Persönlichkeitstests. Diese messen zwar keine vermeintlichen Unternehmerqualitäten, sondern zeigen lediglich an, welche Eigenschaften Sie haben. Den eigenen Typ zu kennen, hilft Ihnen jedoch in entscheidendem Maße dabei, Ihre Stärken und Schwächen zu sehen – und damit die für Sie geeignete unternehmerische Form sowie Potenziale für persönliches Wachstum zu entdecken.

Ein Instrument, der Persönlichkeit auf den Grund zu gehen, ist der genannte Big-Five-Test, der auch als EBS-Gründertest »verkauft« wird. Er ermittelt fünf verschiedene Merkmale und deren Ausprägungen, die eine Persönlichkeit teilweise beschreiben. Es handelt sich dabei, anders als manchmal dargestellt, aber nicht um Merkmale, die Gründer beziehungsweise Selbstständige auszeichnen. Es sind lediglich Merkmale, die erfolgreiche Menschen – ob angestellt oder selbstständig – signifikant häufiger besitzen.

Wer an sich selbst Mängel in dem einen oder anderen Bereich feststellt, kann diesen gezielt entwickeln, etwa in einem Coaching. Wenn Sie den Störer auf Ihrem Weg zum Erfolg ausgemacht haben, hilft aber manchmal auch einfach nur eine neue Denkweise oder schlicht eine Veränderung des Blickwinkels. Ich hielt mich selbst lange Zeit für chaotisch und unstrukturiert, bis mir andere spiegelten, dass sie selten jemanden erlebt hätten, der so strukturiert und zielorientiert an die Dinge herangeht. Seitdem nutze ich die Eigenschaft: Was ich früher als Schwäche gesehen habe, aus welchem Grund auch immer, ist so eine Stärke geworden.

Die Persönlichkeitsmerkmale nach Big Five

Extraversion Extravertierte Menschen gehen auf andere zu, mögen Menschen und Kontakte. Sie sind gesellig, aktiv, optimistisch, empfänglich für Anregungen und Aufregungen. Introvertierte Personen dagegen sind zurückhaltend bei sozialen Interaktionen, gern allein und unabhängig. Sie können zwar aktiv und kommunikativ sein, bewegen sich aber nicht so gern in Gesellschaft. Sie gewinnen Energie durch das Alleinsein und die Kontemplation. Es stimmt aber nicht, dass extravertierte Menschen viel reden und introvertierte eher ruhig sind. Am Kommunikationsverhalten ist der Wert für »Extraversion« nur bedingt abzulesen.

Extravertierte Menschen haben es grundsätzlich leichter, wenn sie eine Unternehmensform gründen, die mit Beziehungen zu tun hat, weil sie beispielsweise eher netzwerken und vielleicht nicht leichter, aber lieber auf andere zugehen. Introvertierte können jedoch genauso gut eine passende Form der Selbstständigkeit finden. Sie fühlen sich zum Beispiel wohl als Experten oder mit Tätigkeiten, bei denen sie eher im Hintergrund agieren, wie Softwareentwicklung.

Neurotizismus Menschen mit einer hohen Ausprägung von Neurotizismus erleben häufig Angst, Nervosität, Anspannung, Trauer, Unsicherheit und Verlegenheit. Sie machen sich mehr Sorgen und sind stressempfindlich. Personen mit niedrigen Neurotizismuswerten sind dagegen ruhig, zufrieden, entspannt und sicher. Negative Gefühle sind bei ihnen selten.

Wer Angst hat und sich viele Sorgen macht, steht sich im Beruf und bei einer Gründung leicht selbst im Weg. Unsicherheit und Verlegenheit sind dagegen keine größeren Hindernisse. Wer die Gründung als Herausforderung sieht, sich auch in einigen Punkten selbst zu überwinden, muss sich von höheren Neurotizismuswerten nicht bremsen lassen.

Offenheit Offene Menschen haben Fantasie, können ihre positiven und negativen Gefühle deutlich wahrnehmen, sind wissbegierig, experimentierfreudig und künstlerisch interessiert. Sie hinterfragen bestehende Normen und lassen sich leicht auf Neues ein.

Demzufolge ist es logisch, dass weniger offene Menschen sich normalerweise eher an feste Strukturen und Vorgaben halten. Trotzdem können auch sie gründen, zum Beispiel mit einem Fachthema, im Team mit einem offeneren Partner oder im Franchising.

Verträglichkeit Verträgliche Menschen begegnen anderen mit Verständnis und Wohlwollen. Sie sind freundlich und bemüht, anderen zu helfen. Sie sind kooperativ und nachgiebig. Menschen mit niedrigen Verträglichkeitswerten sind dagegen häufig durchsetzungsstärker und machen sich auch schon mal unbeliebt – Hauptsache, das Ziel wird erreicht.

Somit ist offenkundig, dass ein verträglicher Mensch besser zu serviceorientierten Ideen passt und ein eher unverträglicher dort gefragt ist, wo es um Durchsetzung geht. Es hängt stark von der Gründungsidee ab, ob mehr oder weniger Verträglichkeit besser passt. Grundsätzlich gilt aber auch hier: Entscheidend ist die Idee.

Gewissenhaftigkeit Gewissenhafte Menschen handeln organisiert, sorgfältig, planend, effektiv, verantwortungsbewusst, zuverlässig. Sie führen ihre Aufgaben aus eigenem Antrieb aus. Weniger gewissenhafte Menschen tun das nicht, sind ungenau, manchmal sogar schlampig.

Sicher ist von einer Tätigkeit als Buchhalter eher abzuraten, wenn die Gewissenhaftigkeitswerte extrem niedrig sind. Aber es gibt eindeutig auch wenig gewissenhafte Selbstständige, die erfolgreich sind. Und man kann ja an allem arbeiten ...

Bitte beachten Sie bei all dem, dass die eigene Wahrnehmung die Testergebnisse beeinflusst. Wenn Sie sich beispielsweise für unkreativ halten, schlägt sich das nieder. Eine veränderte Selbstwahrnehmung kann also sehr viel bewirken!

Auch der langfristige Gründungserfolg hängt mit den Big-Five-Werten zusammen. Meine persönliche Erfahrung ist, dass Offenheit für neue Erfahrungen eine ganz wichtige Voraussetzung für Erfolg ist.

Doch keine Regel ohne (viele) Ausnahmen: Einer meiner Bekannten führt ein Unternehmen mit geringen Wachstumsambitionen. Er ist eher introvertiert – trotzdem ist er mit seiner GmbH seit Jahren sehr erfolgreich. Er hat seine zehn Mitarbeiter, mit denen er teilweise befreundet ist und die akzeptieren, dass er nur ein- bis zweimal pro Woche reinschaut, weil er sonst lieber vor sich hinwerkelt. Von Bedeutung ist also die Frage, was Sie machen wollen und wie Sie es in einem Stil realisieren, der Ihnen entspricht.

Selbstwirksamkeitserwartung

Entscheidend ist letztendlich vor allem aber der Glaube an sich selbst, die sogenannte Selbstwirksamkeitserwartung. Das ist ein Wert, der Ihre subjektive Wahrnehmung der persönlichen Fähigkeiten misst, die Sie benötigen, um Ihre eigene Arbeit erfolgreich erledigen zu können. Selbstwirksame Menschen glauben zum Beispiel: »Wenn ich vor einer neuen Aufgabe stehe, bin ich sicher, ihr gewachsen zu sein.« Forscher haben sogar einen Zusammenhang zwischen Selbstwirksamkeit und Gewinnentwicklung festgestellt, das heißt: Selbstwirksame Menschen sind auch finanziell erfolgreicher.[19]

Unternehmer, die sich selbst verantwortlich für ihr Schicksal fühlen, die wissen, dass sie die Dinge in den Griff bekommen können, und die in einer Gruppe gern dominieren oder versuchen, andere zu beeinflussen, stehen in ökonomischer Hinsicht besonders oft auf sicheren Beinen. Von den Unternehmern, die hohe Werte bei den genannten Persönlichkeitsmerkmalen aufweisen, gehören 89 Prozent zu den sehr erfolgreichen. Dagegen gehören nur 11 Prozent der Unternehmer mit geringen Werten in diesen Bereichen zu den erfolgreichen ihrer Zunft.[20]

Aber auch hier gilt: Selbstwirksamkeit ist kein exklusives Merkmal Selbstständiger, sondern ein Merkmal *aller* Erfolgreichen. Vieles ist möglich, solange Sie daran glauben, etwas bewirken zu können. Der einzige Fallstrick bei einer Gründung ist somit die innere Überzeugung, etwas nicht zu können oder nicht erfolgreich zu sein. Eine reine Kopfbremse.

Pull und Push

Neuere Untersuchungen unterscheiden zwischen Pull- und Push-Gründern, also Gründern, die sich aus freien Stücken für eine Gründung entscheiden, und solchen, die durch äußere Umstände dazu gezwungen werden, zum Beispiel durch Arbeitslosigkeit.[21] Dabei ist deutlich geworden, dass Pull-Gründer sehr viel erfolgreicher sind, denn sie *wollen* wirklich gründen und glauben an ihren Erfolg – halten sich also für selbstwirksam. Auch das entscheidet über den Erfolg. Und wiederum ist der einzige Klotz, der im Weg steht, die Bremse im Kopf. Aber die lässt sich lösen.

Immer wieder habe ich Gründer erlebt, die auf keinen Fall selbstständig sein wollten und, einmal unfreiwillig in das Abenteuer geschleudert, sich nach Jahren nichts anderes mehr vorstellen können. »Ich hätte mir früher niemals vorstellen können, als Selbstständige so dermaßen glücklich zu sein«, erzählt eine Designerin. »Früher hätte ich alles für eine Festanstellung gegeben. Jetzt würde ich um nichts in der Welt tauschen«, sagt ein anderer Unternehmer. Hinter der Veränderung dieser Einstellungen stand immer ein langsamer Prozess, ein *Slow Growing*.

Motivation als wichtigstes Gründungskriterium

Was bleibt also? Gibt es etwas, das Unternehmer von Angestellten unterscheidet – und damit etwas, woran Sie erkennen können, ob Sie erfolgreich zu gründen imstande sind? In den letzten mehr als zehn Jahren habe ich Selbstständige und Gründer mit völlig unterschiedlichen Persönlichkeiten getroffen. Oberflächlich betrachtet hatten sie allesamt verschiedene Gründe und Motivationen, sich selbstständig zu machen, zum Beispiel:

■ flexiblere Gestaltung der Arbeit, vor allem auch der Arbeitszeiten,

- bessere Familienvereinbarkeit, gerade für Frauen,
- das Berufsleben frei und selbstbestimmt zu gestalten,
- etwas für sich selbst aufzubauen und nicht für andere,
- mehr Spaß an der Arbeit und
- keinen Chef mehr zu haben.

Bei genauerer Betrachtung verdichten sich diese Motivationen zu einer einzigen: das Streben nach Unabhängigkeit.

Diese Motivation kennt auch der Karriereanker des Organisationspsychologen Edgar Schein. Edgar H. Schein ist Sloan Professor emeritus für Organisationspsychologie und Management am Massachusetts Institute of Technology (MIT) in Cambridge und einer der Mitbegründer der Organisationspsychologie und der Organisationsentwicklung. Er sieht in unserer modernen Wissensgesellschaft acht Grundmotivationen, beruflich aktiv und zufrieden zu sein: Unabhängigkeit, General Management, Inhalt, Dienst für eine Sache, Sicherheit, Totale Herausforderung, Unternehmerische Kreativität, Lebensstilintegration.[22]

Den Karriereanker »Unabhängigkeit« haben häufig Menschen mit hohem Gestaltungswillen – diejenigen mit den oben genannten Gründungsmotivationen. Es handelt sich dabei um dieselben Persönlichkeiten wie die am Anfang des Kapitels beschriebenen Unabhängigkeitsgründer. Der Karriereanker »Unabhängigkeit« ist der absolute Topfavorit bei den Gründungsmotivationen in der heutigen Zeit. Edgar Schein hat die Gruppe der Personen, die sich durch diese Motivation auszeichnen, als potenzielle Gründer und zudem als Gewinner des Wissenszeitalters erkannt.[23]

Vom Karriereanker »Unabhängigkeit« angetriebene Menschen profitieren von den neuen Anforderungen an Selbstorganisation und Selbstständigkeit. Wer sein eigenes Ding machen will, fügt sich weder gern noch leicht in starre Umgebungen ein. Er oder sie möchte gestalten und bewegen, allein oder mit anderen – beide Typen gibt es. Es macht den Unabhängigen Spaß, Ideen zu entwickeln und nicht lange fragen zu müssen, ob man diese nun umsetzen darf oder nicht. Bei manchen steht auch die finanzielle Unabhängigkeit im Vordergrund. Deshalb geht dieser moderne Gründertyp eher selten große finanzielle Risiken ein – denn im Falle des Scheiterns wäre ja Schluss mit der Freiheit.

Lebensstilintegration

Nicht selten verbündet sich die Unabhängigkeit mit dem Anker »Lebensstilintegration«. Diesen Anker nutzen Gründer, in deren Lebensplanung eine Selbstständigkeit besser passt als eine Angestelltentätigkeit. Ich erlebe besonders viele Frauen in der Familienphase, die davon angetrieben sind, statistisch sind es aber leider immer noch viel zu wenige. Unter den Gründern sind laut KfW-Gründungsmonitor nur 38 Prozent weiblich, unter den erwerbstätigen Selbstständigen sind es 45 Prozent – schade![24]

Trotzdem verändert sich hier einiges. Die Situation von Frauen mit Karriereanker »Lebensstilintegration« ist immer ähnlich: Sie waren erfolgreich im Beruf, hatten vielleicht sogar eine Führungsposition inne. Mit Kindern können sie nicht mehr so arbeiten, wie sie das früher gewohnt waren. Also gründen sie ein Unternehmen, in das sie so viel Zeit einbringen, wie sie bereit sind zu geben. Das kann ein Online-Shop mit freier Zeiteinteilung oder eine freiberufliche Tätigkeit sein. Auch eine Praxis- oder Ladeneröffnung ist typisch.

Wer den Karriereanker »Lebensstilintegration« hat, stellt die Vereinbarkeit von Beruf und Privatleben in den Mittelpunkt. Das muss nicht unbedingt die Familie sein. Mir ist ein Gründer begegnet, der die Natur liebte und keine Lust hatte, sein Leben im Büro zu verbringen. Also wurde er Naturführer, veranstaltete Events in der freien Wildbahn. Menschen mit dem Anker »Lebensstilintegration« können alles werden, Hauptsache, es passt zu ihrem (derzeitigen) Leben. Sie können sich auch später wieder als Angestellter in ein

Unternehmen einfinden. »Wenn die Kinder groß sind, werde ich meinen Shop vielleicht verkaufen«, sagte mir eine Unternehmerin. Hoffentlich sind dann die Personalabteilungen so weit, den Persönlichkeitsmythen über Gründer nicht mehr unkritisch aufzusitzen. Denn derzeit ist es oft leider noch so, dass ehemals Selbstständige aus dem Bewerbungsstapel aussortiert werden. »Nicht wieder einzugliedern« seien diese, erst recht nach mehreren Jahren Erfolg als Unternehmer. Bei den Gründern mit den Zentralmotivationen »Unabhängigkeit« und »Lebensstilintegration« ist dies jedoch schlicht falsch.

Inhalt

Menschen mit der Gründungsmotivation »Inhalt« – Edgar Schein nennt den Anker »technisch-funktional«[25] – haben Spaß an der Tätigkeit selbst, lieben ein bestimmtes Thema oder Fachgebiet. Selbstständige – nicht Entrepreneure –, zum Beispiel Ingenieure, IT-Fachkräfte, Designer und Journalisten, sind sehr oft inhaltsmotiviert. Weil es um den Inhalt geht, ist die Tätigkeit wichtig und selten austauschbar. So werden Sie einen inhaltsmotivierten Designer kaum dazu bewegen können, einen Bonbonladen aufzumachen, denn dann würde er auf seine zentrale Inspirationsquelle verzichten. Allenfalls würde er sich auf Design für die Süßwarenbranche spezialisieren, um durch solch einen klareren Fokus bessere Chancen am Markt zu haben. Für Menschen, die einen Karriereanker »Inhalt« haben, ist es deshalb wichtig, ein Fachgebiet zu besetzen oder sich zu erschließen.

Inhaltsfokussierte werden manchmal Spezialisten, ob selbstständig oder angestellt. Solchen Spezialisten traut kaum jemand zu, eine Managementfunktion auszuüben, erst recht nicht ein Unternehmen zu gründen. Dennoch kenne ich genügend Beispiele dafür, dass auch dieser Karriereanker erfolgsrelevant sein kann, zum Beispiel um Aufgaben in der Qualität zu lösen, die man sich zum persönlichen Maßstab gemacht hat. Beispiel: Ein selbstständiger Projektmanager war nur zufrieden, wenn seine Projekte in Topqualität realisiert wurden. Manches Mal musste er Abstriche hinnehmen, aber letztendlich sprach sich herum, dass Verlass auf das qualitativ gute Ergebnis war, wenn man ihn einsetzte.

Die anderen Anker

Ein Anker kommt selten allein. So ist die »Totale Herausforderung« oft eine Beimischung, aber nur in Ausnahmefällen die zentrale Gründungsmotivation. Dieser Anker steuert Menschen, die das scheinbar Unmögliche erreichen möchten und aus dem Lösen schwieriger Probleme ihre berufliche Zufriedenheit ableiten. Eher beigemischt ist meist auch der Idealismus. Edgar Schein nennt diese Motivation »Dienst für eine Sache«.[26] Wer davon motiviert wird, möchte Gutes tun – für andere Menschen, für die Gesellschaft oder die Umwelt. Dagegen werden Menschen mit Karriereanker »General Management«, falls unternehmerisch tätig, ziemlich sicher Entrepreneure sein und mit höherer Wahrscheinlichkeit in einem Team, vielleicht à la Miner, gründen. Mitarbeiter sind ihnen sehr wichtig, denn aus deren Motivation und Führung ziehen sie ihre Leidenschaft.

Ein weiterer Karriereanker ist nach Schein die »Unternehmerische Kreativität«.[27] Ein Gründer mit dieser Motivation kommt dem eingangs beschriebenen Schumpeter'schen Unternehmerbild am nächsten, also dem Entrepreneur. Personen mit dem Karriereanker »Unternehmerische Kreativität« sind getrieben davon, etwas Eigenes aufzubauen, Ideen zu realisieren und ein Unternehmen zu gründen. Häufig lieben sie das Risiko oder nehmen es zumindest in Kauf, um ihre Motivation auszuleben. Aufgaben sind für sie normalerweise weniger wichtig, es geht ihnen vielmehr um das Gestalten, Machen, Realisieren.

Kurswechsel erlaubt

Sie sehen: Viel entscheidender als eine letztendlich nicht definierbare Unternehmerpersönlichkeit sind die persönlichen Motivatoren. Wer zum Beispiel durch »Unabhängigkeit« angetrieben gründet, wird mit an Sicherheit grenzender Wahrscheinlichkeit erfolgreich sein, wenn er ein passendes Gründungsmodell findet. Welches das ist, hängt ab von den Interessengebieten, dem Können, vorhandenen Netzwerken, Zufällen und der Bereitschaft zu langsamem Wachstum – aber beim Unternehmertypus des Selbstständigen eher selten von Marktlücken und schnellem Wachstum.

Sowohl die Persönlichkeit als auch die Motivation können sich im Laufe der Zeit ändern. Bei Erfolg und positivem Feedback ist es sehr wahrscheinlich, dass der Glaube an die eigene Selbstwirksamkeit wächst. Auch die Motivation wandelt sich im Laufe der Zeit: Sehr oft ist es so, dass am Anfang des Berufslebens etwas anderes im Vordergrund steht als später; zum Beispiel ist »Lebensintegration« oft eher ein Anker für spätere Phasen der Karriere. Die Wertschätzung der Motivation »Idealismus«, im Schein'schen Sinne »der Dienst für eine Sache«, entwickelt sich ebenfalls oft mit dem Alter. Meine Beobachtung steht gängigen Auslegungen entgegen, nach denen persönliche Eigenschaften und Motivationen als mehr oder weniger in Stein gemeißelt angesehen werden.

So wie sich die Motivation grundlegend ändern kann, gewinnen neue Aspekte im Laufe der Zeit an Gewicht. So erlebe ich oft, dass erfahrene Selbstständige nach einigen Jahren noch einmal ganz neu und anders gründen möchten. Vielleicht möchte ein Freiberufler nach einigen Jahren doch Entrepreneur werden, um nicht mehr allein vom eigenen Einsatz abhängig zu sein. Möglicherweise treibt es einen ehemaligen Entrepreneur-Unternehmer dazu, sein Wissen weiterzugeben und sich eine Existenz als Experte aufzubauen – also in einen »selbstständigen« Bereich zu wechseln.

Zum Abschluss noch ein Satz, den ich in den Antragsvoraussetzungen für das Startgeld (einen Kredit für Gründer) der KfW gefunden habe. »Der Antragsteller muss über die erforderliche fachliche und kaufmännische Qualifikation für das Vorhaben [...] verfügen.«[28]

Persönlichkeit entscheidet über Erfolg und Misserfolg, wird aber auch hier nicht einbezogen.

PRAXISTEIL:
Das 4-Faktoren-Modell

Streichen wir also das Wort »Unternehmer« vor der Persönlichkeit. Damit bleibt der Begriff übrig, der für Selbstständige noch relevanter ist als für Entrepreneure: die Persönlichkeit.[29] Und zwar geht es dabei nicht um eine bestimmte Art von Persönlichkeit, sondern darum, überhaupt als Persönlichkeit erkennbar zu sein, das heißt authentisch zu sein, in Einklang mit sich selbst zu stehen. Ihre Persönlichkeit sagt etwas darüber aus, ob Sie besser als Entrepreneur oder als Selbstständiger gründen, und wenn als Entrepreneur, welche Geschäftsideen zu Ihnen passen und welche nicht. Es ist offensichtlich, dass jemand, der überhaupt nicht serviceorientiert ist, lieber kein Café eröffnen sollte, in dem er selbst bedient, und dass ein Buchhalter besser kein Chaot sein sollte. Ebenso klar ist, dass ein Mensch, der durch den Kontakt mit anderen Menschen ausgelaugt wird, den Kundenkontakt in seinem Geschäftsmodell dosieren sollte. Da hört es aber fast schon auf mit den persönlichkeitsbezogenen Geschäftsideen. Alles andere ist allein abhängig von Ihnen. Was Ihnen Spaß macht, ist (meistens) richtig, sofern die entsprechenden Kompetenzen und eventuell Talente dazukommen.

Ich oder die Zahnbürste?

Im Laufe meiner Arbeit wurde mir deutlich, dass unterschiedliche Geschäftsideen unterschiedliche Persönlichkeitsfaktoren fordern. Wenn Sie eine Zahnbürste verkaufen, sind Freundlichkeit und ein Lächeln zwar wichtig, aber Sie selbst sind Thekenpersonal – also austauschbar. Ganz anders, wenn Sie Berater sind. Da stehen Sie mittendrin mit Ihrer ganzen Persönlichkeit. Sie *sind* die Geschäftsidee – nichts da mit austauschen. Sie können sein, wie Sie wollen oder vielmehr können: lustig, ernst, sachlich oder schnoddrig … es hat zentralen Einfluss darauf, welche Kunden Sie anziehen.

Deshalb ist es gerade für den Typus des Selbstständigen so immens wichtig, erkenn- und fassbar zu sein. Wenn Sie das nicht sind, verkaufen Sie doch lieber Zahnbürsten, Software oder etwas anderes, was Sie selbst in den Hintergrund treten lässt.

Wie wichtig ist die Persönlichkeit in Ihrem Fall? Welche anderen Faktoren sind wesentlich? Damit Sie das für Ihr eigenes Vorhaben besser einschätzen können, habe ich ein 4-Faktoren-Modell entwickelt, aus dem sich wiederum vier verschiedene Gründungstypen ableiten lassen, die unterschiedliche Herausforderungen an die Vorgehensweise bei der Gründung und beim Wachstum stellen. Neben der Persönlichkeit handelt es sich dabei um die Faktoren Kompetenz, Angebot und Innovation.

In jeder Gründung spielen alle vier Faktoren eine Rolle, jedoch mit unterschiedlicher Ausprägung – der Mix macht's. Auch der zeitliche Ablauf entscheidet: Kompetenz zum Beispiel ist am Anfang der Selbstständigkeit wichtiger als später. Sie können mit Kompetenz Kunden fangen, in manchen Geschäftsmodellen sogar eher noch als mit Persönlichkeit. Mit Persönlichkeit dagegen binden Sie Kunden an sich. Diese beiden Faktoren sind klar menschen- und nicht produktbezogen und liegen deshalb teilweise dicht beieinander, zum Beispiel bei Beratern. Bei dem einen steht vielleicht die Kompetenz an erster Stelle, bei dem anderen die Persönlichkeit.

So kann es sein, dass die Kompetenz den Markteintritt ermöglicht und die Persönlichkeit den Erfolg sichert. Genauso gut kann es aber auch umgekehrt sein: Mit Ihrer Persönlichkeit öffnen Sie Türen, mit der Kompetenz schreiten Sie hindurch.

Persönlichkeitsfaktor

Den Persönlichkeitsfaktor bestimme ich mithilfe einer Punkteskala von 1 bis 10 anhand der folgenden Fragen:

- Wie wichtig ist die Persönlichkeit des Gründers in diesem Bereich? (Extrem wichtig = 10, unwichtig = 1)
- Mit welcher Wahrscheinlichkeit entscheidet sich der Kunde aufgrund der Person des Gründers für eine Dienstleistung oder ein Produkt? (100 Prozent = 10, 0 Prozent = 1)

Je höher der Wert, desto mehr stehen Sie selbst im Vordergrund – Sie machen den Unterschied, nicht die Dienstleistung oder das Produkt.

Beispiel: Bei Coachs ist die Persönlichkeit sehr wichtig. Trotz teils gleicher Ausbildungen ist jeder Coach anders und zieht andere Kunden an. Deshalb geht es bei Angeboten mit hohem Persönlichkeitsfaktor vor allem darum, möglichst authentisch rüberzukommen.

Bitte beachten Sie, dass der Persönlichkeitsfaktor zum Beispiel durch einen höheren Kompetenzfaktor gesenkt wird. Beispiel: Ein ausgewiesener Experte ist vielleicht nicht besonders sympathisch, aber er ist der einzige auf seinem Gebiet. Auch Spezialisierung senkt mithin den Persönlichkeitsfaktor, außerdem gute Referenzen oder Weiterbildungsnachweise (die wiederum den Kompetenzfaktor erhöhen).

Kompetenzfaktor

Neben dem Persönlichkeitsfaktor spielt – wie schon erwähnt – der Kompetenzfaktor eine Rolle beim Geschäftserfolg. Den Kompetenzfaktor ermitteln Sie mithilfe der folgenden Fragen:

- Wie wichtig sind Wissen und Erfahrung des Selbstständigen? (Extrem wichtig = 10, unwichtig = 1)
- Wie wichtig sind Qualifikationen und Abschlüsse oder Zertifikate? (Extrem wichtig = 10, unwichtig = 1)

Angebotsfaktor

Bei vielen Dienstleistungen sind Persönlichkeit und Angebot miteinander verzahnt. Beispiel: Wer Berufsfindungsseminare anbietet, transportiert dies über die eigene Persönlichkeit, aber auch über ein entsprechendes Angebot, beispielsweise über ein Seminarkonzept für das gesamte Bundesgebiet. Der Angebotsfaktor liegt hier im Mittelfeld. Im E-Commerce dagegen ist der Angebotsfaktor sehr wichtig: Die Warenauswahl muss möglichst speziell oder individuell präsentiert sein. Die Persönlichkeit dagegen spielt kaum eine Rolle, ebenso wenig wie Kompetenz (es sei denn, diese unterstreicht eine bestimmte Auswahl) und (normalerweise) Innovation.

Den Angebotsfaktor ermitteln Sie mithilfe der folgenden Fragen:

- Mit welcher Wahrscheinlichkeit entscheiden sich Kunden aufgrund des Angebots für Ihr Unternehmen? (100 Prozent = 10, 90 Prozent = 9 usw.)
- Inwieweit stehen Waren, handwerkliche Tätigkeiten oder besondere andere Dienstleistungen im Vordergrund? (stehen absolut im Vordergrund = 10, überhaupt nicht = 1).

Innovationsfaktor

Der Innovationsfaktor schließlich fragt danach, wie wichtig der Neuheitswert Ihres Angebots und damit auch die Abgrenzung von der Konkurrenz ist. Fragen dazu sind:

- Wie wichtig ist, dass das Angebot innovativ ist? (Extrem wichtig = 10, unwichtig = 1)
- Wie wichtig ist, dass es das Angebot bei der Konkurrenz (so) nicht gibt? (Extrem wichtig = 10, unwichtig = 1)

Die vier Faktoren im Überblick

Hier sehen Sie eine Tabelle mit meinen Einschätzungen darüber, inwieweit die vier Faktoren in unterschiedlichen Branchen eine Rolle spielen. Bei selbstständigen Unternehmern stehen am Anfang einer Gründung meist der Persönlichkeitsfaktor und der Kompetenzfaktor im Mittelpunkt. Der Angebotsfaktor kommt oft später dazu. Beispiel: Ein Coach beginnt mit beruflichem Coaching, nach einigen Jahren formt er Produkte (Angebote), zum Beispiel bestimmte Workshops oder Kombinationen aus genau definierten und benannten Dienstleistungen. Bei Entrepreneur-Unternehmern stehen demgegenüber der Angebots- und Innovationsfaktor im Mittelpunkt.

Wie hoch die jeweiligen Faktoren genau sind, hängt vom Einzelfall ab:

Gründung	Persönlich-keitsfaktor (PF)	Kompetenz-faktor (KF)	Angebots-faktor (AF)	Innovations-faktor (IR)
Beratung	8 – 10	8 – 10	2 – 5	0 – 2
Gastronomie	5 – 8	0 – 2	5 – 9	0 – 2
Handel stationär	5 – 8	0 – 3	8 – 10	0 – 2
Handwerk	4 – 8	5 – 10	0 – 5	0 – 2
Helfende Berufe (Pflege etc.)	5 – 7	3 – 7	0	0
Internetportal	0	0 – 2	9 – 10	8 – 10
Kreativberufe (Text, Design, Foto etc.)	6 – 9	5 – 10	5 – 7	0 – 2
Kulturberufe	5 – 10	5 – 10	0 – 5	0 – 2
Lehre, Training, Coaching etc.	5 – 7	5 – 10	2 – 5	0 – 2
Servicedienst-leistungen (von Hundeausführen über Stadt-Guide bis hin zu haushaltsnahen Dienstleistungen)	7 – 10	5 – 10	0 – 5	0 – 2
Talentgründung (z. B. Schauspiel, Artis-tik, Kunsthandwerk)	5 – 10	0 – 2	0 – 5	0 – 10
Therapie	8 – 10	5 – 10	0 – 5	0 – 1
Entrepreneur (alle Ideen und Innovatio-nen, z. B. produzieren-de Unternehmen oder E-Commerce)	0	0	8 – 10	8 – 10

Praxistipps zum 4-Faktoren-Modell

Warum dieses 4-Faktoren-Modell? Ganz einfach: Es ist der Aus-gangspunkt für den Aufbau und die Weiterentwicklung Ihrer Exis-tenz im Einklang mit dem Slow-Grow-Prinzip:

- Bei hohem Persönlichkeitsfaktor hat es beispielsweise wenig Sinn, Fantasie-Firmennamen zu erfinden. Persönlichkeitsgrün-der sollten Nähe herstellen und als Person fassbar sein. Der Aufbau des Unternehmens ist vor allem beziehungsorientiert, entwickelt sich über Netzwerke und somit über bestehende oder neue Verbindungen. Sie werden empfohlen, weil Sie freundlich, hilfreich, wertschätzend etc. sind – oder weil Sie je-manden kennen, der Sie mag.

- Je höher der Kompetenzfaktor, desto wichtiger sind formale Abschlüsse, Zertifizierungen oder sonstige Kompetenznach-weise wie Titel oder Publikationen. Für Kompetenzgründer ist es wichtig, Sachargumente in den Vordergrund zu stellen. Bei der Akquise entscheiden diese Argumente; Sie werden empfoh-len aufgrund Ihrer Kompetenz, bestimmter Ausbildungen, Zer-tifizierungen oder anderer Kompetenzbeweise wie etwa Bücher und Zeitschriftenbeiträge.

- Je höher der Angebotsfaktor, desto entscheidender ist die rich-tige Auswahl von Waren und Dienstleistungen. Es ist wichtig, etwas Besonderes anzubieten, was anderswo so nicht erhältlich ist, beziehungsweise Ihr Produkt oder Ihre Leistung in einem besonderen Ambiente zu präsentieren. So ist auch die Kombi-nation von Waren oder Dienstleistungen von zentraler Bedeu-tung, wenn der Angebotsfaktor hoch ist.

- Je höher der Innovationsfaktor, desto wichtiger ist es, sich vom Wettbewerb abzugrenzen und die Einzigartigkeit des Geschäfts-modells zu betonen.

Anders als Gründer mit hohem Persönlichkeits- oder Kompetenzfaktor (Selbstständige) kommen Gründer mit hohem Angebots- oder Innovationsfaktor (Entrepreneure) auch mit herkömmlichem Marketing weiter, zum Beispiel mit Online-Anzeigen und (Direkt-) Mailings. Für Persönlichkeits- und Kompetenzgründer sind diese Maßnahmen meiner Erfahrung nach so gut wie immer rausgeschmissenes Geld. Mehr dazu lesen Sie in den Kapiteln 5 und 6 dieses Buches.

Das Fazit der 1. Slow-Grow-Regel: Machen Sie sich frei vom Glauben, Sie müssten eine bestimmte Unternehmerpersönlichkeit sein, um Erfolg haben zu können. Es gibt keine Unternehmerpersönlichkeit, sondern nur persönliche Eigenschaften, die alle beruflich erfolgreichen Menschen häufiger haben als weniger erfolgreiche. Wachsen Sie entsprechend Ihrer Persönlichkeit, fordern Sie sich, ohne sich zu überfordern.

Behalten Sie im Kopf, dass es unterschiedliche Möglichkeiten gibt, als Unternehmer zu arbeiten, und sich eine passende für jeden finden lässt. Entscheidend ist dabei, wie sehr oder wenig Sie selbst im Vordergrund stehen wollen, also wie sich die vier Faktoren bei Ihnen verteilen. Startklar? Dann wollen wir jetzt den nächsten Schritt unternehmen und Ihre Gründungs- oder Wachstumsidee Ihrer Persönlichkeit gemäß planen.

2. Slow-Grow-Regel

FALSCH: Sie müssen planen!
RICHTIG: Probieren Sie es erst einmal aus.

*Zu früh erstellte Businesspläne mit ihren Bluff-Zahlen sind Erfolgs-
verhinderer. Sie stehlen Ihre Zeit und verhindern das Ausprobieren.
Die 2. Slow-Grow-Regel lautet: Vergessen Sie die herkömmliche Businessplanung und drehen Sie die bisherige Reihenfolge beim Gründen
um. Damit steigt die Erfolgswahrscheinlichkeit um 100 Prozent.*

Sie werden jetzt vielleicht überrascht sein: Ich habe nichts langfristig geplant. Früher habe ich manchmal gedacht, ich hätte »es«
tun sollen: einen Businessplan schreiben, mir finanziell also mess-
bare Ziele setzen und meine Geschäftsentwicklung sauber planen.
Schließlich habe ich einige der erfolgreichsten Existenzgründungs-
bücher auf dem deutschsprachigen Markt geschrieben, die auch
Kapitel über den Businessplan enthalten. Nicht zuletzt habe ich
in frühen Seminaren die nervige SMART-Formel zitiert, die alle
Trainer kennen und nennen. Sie besagt unter anderem, dass Ziele
aktiv und messbar sein müssen.

Ich habe SMART zu den Akten gelegt. Denn ich habe gelernt, dass
weder Existenzgründung noch Wachstum so funktionieren, wie es
uns die meisten Berater – ob aus der Steuer- oder Wirtschaftsecke –
und andere »Experten« weismachen wollen. Diese behaupten,
Planung sei der erste und wichtigste Schritt für Existenzgründer.
Seit etwa 15 Jahren wird so der Businessplan für die breite Masse

propagiert, noch bevor ein einziger Auftrag da ist oder ein Kunde in Sicht. Ich halte ihn inzwischen für den größten Stolperstein bei einer Gründung überhaupt. Und jetzt wollen Sie sicher wissen, warum.

Erfolgreiche Nicht-Planer

Es ist ganz einfach: Ich habe beobachtet, dass unter den Selbstständigen diejenigen erfolgreicher sind, die anfangs keinen Plan hatten. Für die Entrepreneur-Unternehmer sieht das etwas anders aus, wobei auch sie mit der in diesem Kapitel beschriebenen Umkehr der üblichen Abfolge besser fahren.

»Planlose« kommen schneller in die Gewinnzone und akquirieren leichter. Dies gilt umso mehr in den Bereichen der Existenzgründung, die unsere moderne Wissensgesellschaft zutage bringt, also bei vielen personen- und unternehmensbezogenen Dienstleistungen.

Das hat einen einfachen Grund: Während ich zuverlässig planen kann, wie viele Fahrräder ich als Fahrradvermieter täglich auf die Reise schicken muss, um einen Gewinn zu erwirtschaften, sind kreative Dienstleistungen oder auch Beratung unplanbar, wenn noch keine oder nur ganz kleine Kunden da sind. Folgerichtig laufen die in diesen Bereichen erstellten Pläne fast immer ins Leere. Da der Businessplan aber als das Nonplusultra verkauft wird, ist es den Gründern peinlich, das zuzugeben.

Einige Kunden drucksten rum, wenn ich sie fragte, ob sie »mit« oder »ohne« gegründet hätten. Andere gaben sofort zu, dass sie »keinen Plan« hatten, weil auch sie die gängige Businessplanung für eine große Show halten. Nicht wenige formulierten die These, dass der zu früh, also vor dem ersten Auftrag erstellte Businessplan letztendlich das größte Hindernis auf dem Weg zum persönlichen

Erfolg gewesen sei. Auch einige Berater beichteten mir, für ihr eigenes Geschäft keinen Plan geschrieben zu haben. Wenn, dann hatten sie es nur getan, um Kredite zu bekommen. Und dann war der Plan nicht selten sogar im Wege gestanden. In dem Moment nämlich, in dem der Zufall ganz andere Türen öffnet, greift der »planlose« Gründer frank und frei zu, während den Businessplan-Gründer das schlechte Gewissen plagt. Ich habe Ähnliches übrigens bei Angestellten gesehen, die ihre Karriere planen wollten und aufgrund des Plans in beruflichen Sackgassen steckengeblieben sind, anstatt Chancen zu nutzen und so zu neuen Ufern zu kommen.

Ich dachte, ich würde …

Wenn sich bei mir erfolgreiche Unternehmer melden, um ihre nächsten Wachstumsschritte zu reflektieren, so haben diese in den allerwenigsten Fällen einen tauglichen Plan gehabt. Ich möchte als Beispiel folgenden Dialog aus einem Vorgespräch mit einer Kundin wiedergeben:

»Haben Sie einen Businessplan?«
»Ähm, naja, sowas musste ich abgeben. Aber damals dachte ich noch,
*   ich würde einfach nur als Designerin arbeiten wollen.«*
»Und was tun Sie jetzt?«
»Ich habe eine Agentur mit vier Mitarbeitern.«
»Das war nicht geplant?«
»Nein, ich hätte mir das vor zwei Jahren auch gar nicht so vorstellen
*   können.«*
»Ist von dem Plan noch was zu gebrauchen?«
»Ehrlich gesagt: nein.«
»Nun ja, schicken Sie ihn mir trotzdem mal zur Vorbereitung unseres
*   Termins. Man weiß ja nie.«*

Nachweislich erfolglos

Bitte verstehen Sie mich nicht falsch: Es ist absolut sinnvoll, seine Idee durchzurechnen, und bei innovations- und angebotsorientierten Unternehmensgründungen wie beispielsweise in der Gastronomie oder im Handel führt kein Weg an einem Plan vorbei (wobei ich auch hier den Jahresplan vorschlage – für drei oder gar fünf Jahre zu planen, macht nur für die Banken Sinn). Und natürlich hat auch ein nicht eingetretener Plan seine Funktion: Oft hilft so ein Plan zumindest bei der Gedankenklärung, bevor er in der Schublade verschwindet.

Doch der Businessplan wird von allen Seiten als *das* Instrument gelobt, das jeder braucht. Eine Art Erfolgsgarantie, so wird suggeriert. Und das passt nicht zu seiner nachweislichen Erfolglosigkeit. Bevor der Siegeszug des Businessplans auch die Kleingründung erreichte (um etwa 1990 und insbesondere schon mit der Einführung des Überbrückungsgelds 1986[1]), lag die Insolvenzquote bei 3,4 Prozent. 20 Jahre später liegt sie bei 10,1 Prozent. Dazwischen liegen die Jahre der Krise, als es einen Anteil von 13,5 Prozent Insolvenzen gab.[2] Wir beachten: In all den Jahren hat die Gründungsaktivität kaum signifikant zu- oder abgenommen, nur die Geschäftsideen veränderten sich. Sie wurden nämlich immer schwerer planbar.

Mich wundert das nicht. Von Hunderten Businessplänen mit persönlichkeits- oder kompetenzorientieren Geschäftsideen, die ich gesehen habe, ist nicht einer auch nur annähernd in Erfüllung gegangen. Viele Gründer sagen zwar im Nachhinein, der Plan habe ihnen geholfen, sich über bestimmte Dinge klar zu werden. Doch diese Klarheit führt vor allem dann in eine erfolgreiche Gründung, wenn *vor* der Planung bereits erste Aufträge vorhanden waren. Mein Credo lautet also: Erst Aufträge, dann planen!

Ich habe Gründer beraten, die der Plan sechs Monate bis ein Jahr gekostet hat, weil sie mit diesem schriftlichen Dokument stramm in die falsche Richtung gerannt sind. Besser wäre es gewesen, sie hätten die Zeit zur Akquise erster Aufträge genutzt. Dann hätten sie auch früher gemerkt, wo die Stolpersteine liegen: bei ihnen selbst und in der Idee.

Ja, es ist sogar vorgekommen, dass jemand mit Plan seine Gründung wieder aufgegeben hat, um nach dem Umweg über eine erneute Festanstellung ohne Plan noch mal zu starten. Das war bei Anna-Maria der Fall. Die Journalistin wollte ein Portal eröffnen, hatte alles gut durchgeplant, kam aber in der Praxis überhaupt nicht voran. »Ich versuchte alles so zu realisieren, wie ich es geplant hatte, aber allein zu arbeiten demotivierte mich.« Enttäuscht ging sie zurück in ihren Job – um nach sechs Monaten wieder zu kündigen. Jetzt arbeitet sie wieder als Journalistin und vermarktet gemeinsam mit einem Kollegen ein Portal, mit wachsendem Erfolg, aber ohne Planung.

Studienabbrecher Erich Sixt sagt: »Die ganze Betriebswirtschaft basiert doch auf einem einzigen Axiom: dass der Mensch rational handelt. Aber er tut es nicht. Und deshalb können Sie das alles vergessen.«[3]

Handlung statt Planung

Es gibt nur sehr wenige Kritiker der gängigen Businessplanungs-Praxis. Der von mir geschätzte Autor und Unternehmercoach Stefan Merath gehört dazu: »In den letzten 10 bis 15 Jahren werden Businesspläne für Unternehmensgründungen ›zwangsdurchgesetzt‹.« Unterstützt werde »dies in der Regel von Banken, Businessplan-Wettbewerben, Fördergeldvergaberichtlinien und Vorgaben für Gründungszuschüsse.« Diese aber dächten eindimensional, seien nur an Zahlen interessiert und hätten für Gründer, für die ein umfangreiches Wachstum gar keine zentrale Rolle spielt, nichts übrig. Investoren erwarteten, dass sich der Wertzuwachs von Unternehmen in fünf Jahren um das 40- bis 100-fache erhöht. Dies könne nur zu einer zahlengetriebenen Denkweise führen, die ihren Niederschlag im Businessplan finde.[4]

Sic! Genau so sehe ich das. Und möchte ergänzen, dass es hier nicht allein um Zahlen geht, sondern auch um alles andere: Von der Geschäftsidee bis zum Marketing bleibt von einem normalen Zwangsbusinessplan nach einem Jahr am Markt bei den schwer planbaren Unternehmungen des Selbstständigen, zumal im 4. Sektor (also Wissensgründungen), kaum noch etwas übrig.

Deshalb gehe ich sogar so weit zu behaupten, dass ohne Zwangsplanung am Anfang und mit einer handlungs- statt planungsorientierten Vorgehensweise mehr Gründer auf dem Markt sein könnten und auch die Erfolgsquote anstiege. Kein Plan ohne erste Aufträge und Verkäufe!

Ein Gefängnis für die freie Entwicklung

Wenn Sie gründen, können Sie sich bestimmte Entwicklungen oft noch gar nicht vorstellen. Sie erreichen vielleicht mehr Menschen, als Sie sich zutrauen, oder merken, dass Sie Tätigkeiten ausüben könnten, die Ihnen vorher fremd schienen. Sie entdecken Neues und auch neue Talente. Das lässt sich einfach nicht planen. Im Gegenteil: Eine starre Planung ist das Gefängnis für jede freie Entwicklung. Umgekehrt gibt eine weiche, kurzfristig angelegte Planung für ein Jahr der Entwicklung eine Richtung und Leitplanken – das ist sinnvoll.

Je mehr ich mich mit den Unternehmerpersönlichkeiten und ihren Gründungsgeschichten beschäftige, desto klarer wird mir, warum starre Ziele und Vorgehensweisen hinderlich sind. Wer plant, neigt dazu, nur noch seinem Ziel entgegenzusehen. All die kleinen und großen Chancen, die sich auf Nebenpfaden ergeben, werden weder gesehen noch angenommen. »Ich habe doch diese tolle Geschäftsidee geplant – und jetzt beauftragen die mich mit etwas ganz anderem, Frau Hofert! Was soll ich tun?«

Viele Gründer konzentrieren sich in der Planungsphase auf die Ausarbeitung möglichst spezialisierter Angebote (siehe 3. Slow-Grow-Regel), werden dann aber aufgrund von Persönlichkeit und Kompetenz für etwas anderes gebucht – was im Zweifel sogar noch viel mehr Spaß macht. In solch einer Situation »Nein« zu sagen, würde bedeuten, Chancen zu verpassen. Und wieder verschwindet ein Plan in der Schublade. Die engagierte Zielsetzung im Businessplan hat also gar nichts bewirkt. Überhaupt finde ich, dass vor dem Ziel noch etwas anderes kommt: die Vision.

Visionen statt Ziele

Eine Vision ist für mich kein smartes Ziel. Ich sehe das anders als Helmut Schmidt, der einmal anmerkte, wer eine Vision habe, müsse zum Arzt. Visionen helfen Ihnen, sich darüber klar zu werden, wie Sie arbeiten wollen.

Was aber sind Visionen? Der Begriff wird gern für Businesspläne und fürs Marketing missbraucht. Eine Vision ist aber nicht, in fünf Jahren 50 oder 500 oder 5000 Mitarbeiter zu haben. Eine Vision ist auch nicht, eine Million Umsatz zu machen. Die Vision von Bill Gates war »ein Computer in jedem Wohnzimmer«; die eines weniger ambitionierten Gründers mag sein, »einen Ort zu haben, an dem Kunden gemütlich zusammenkommen und zugleich etwas lernen«. Der Coach und Autor Stefan Merath sagt: »Eine Vision ist ein möglichst großes und emotionales Leitbild, das dem Kunden etwas sagt und in der konkreten Planung eine Richtschnur bietet.«[5]

Anders als Ziele sind Visionen frei, und sie verändern sich. Sie sind nicht von Zahlen gesäumt, sondern von Wünschen und Ahnungen. Sie haben auch etwas mit Lebenssinn zu tun. Ziele nicht. Deshalb arbeite ich im ersten Schritt lieber mit Visionen. Eine Vision, wie zum Beispiel die folgende, hilft auch, passende Geschäftsideen zu finden: »Ich möchte drei Monate im Jahr leben, wo es warm ist, und den Rest des Jahres mit Unternehmen zusammenarbeiten. Ich möchte meine Zeit frei einteilen. Mein größtes Potenzial sollen meine Ideen sein. Dafür werde ich eingekauft.« Dies lässt sich noch konkreter beschreiben, die Kunst ist aber, die wesentlichen Eckpunkte zu finden, das, was wirklich wichtig ist, die Essenz.

Ziele dagegen breche ich am Anfang einer Gründung oder bei Wunsch nach Veränderung auf kleinste Einheiten von drei Monaten oder einem halben Jahr herunter. Maximal eine flexible, also sich den Änderungen anpassende Jahresplanung finde ich sinnvoll. Das hat sich bewährt.

»Das hat sich jetzt komplett anders entwickelt. Was mache ich denn mit meinem Businessplan?«, fragte ein Gründer, der sich plötzlich ohne Französisch- und Landeskenntnisse einen Vertrieb für sein Produkt in Frankreich aufbauen sah. Aus der Einzelgründung war ein Dreiergespann geworden. Das hatte sich alles zufällig ergeben. Er machte sich Sorgen, weil er ja unter anderen Voraussetzungen einen Kredit und den Gründungszuschuss bekommen hatte.

»Vergessen Sie den Plan«, sagte ich. »Schauen Sie einfach, dass Sie diesen ersten großen Auftrag bekommen. Alles Weitere sehen wir später.«

Der große Zahlen-Bluff

Wir haben nun gesehen, dass Businesspläne manchmal recht langweilige Märchenbücher sind, mit Erzählungen, die selten in Erfüllung gehen. Jetzt möchte ich Ihnen erläutern, wie diese Märchenbücher entstehen, damit Sie noch besser nachvollziehen können, wo meine Kritikpunkte liegen. Ich möchte Ihnen zeigen, wie die gängige Zwangsplanung eigentlich vor sich geht. Sie werden dann erkennen, dass schon im Ansatz ein Denkfehler liegt.

Fangen wir hinten an, an dem Punkt, an dem der Businessplan seinen Segen von einer sogenannten fachkundigen Stelle erhält, sofern es sich um eine Gründung aus der Arbeitslosigkeit handelt, die derzeit 30 Prozent aller Vollzeitgründungen ausmacht.[6] Die Bundesagentur für Arbeit verlangt für die Genehmigung des beliebten Gründungszuschusses, dass die fachkundige Stelle den Businessplan für tragfähig befindet.

Das verflixte dritte Jahr

Dabei gibt es klare Vorgaben, die auf dem alten Spruch beruhen: »Was im dritten Jahr ist, das bleibt.« Wo dieser herkommt? Es lässt sich nicht mehr nachvollziehen, aber er wird zitiert, seitdem ich (unternehmerisch) denken kann. Banken erwarten, dass spätestens im dritten Jahr der sogenannte Return on Investment (ROI) erzielt wird, jener Punkt, an dem sich rote in schwarze Zahlen drehen, der Gewinnpunkt also. Die Bundesagentur für Arbeit ist da rigoroser: Um die zweite Runde der Förderung zu erhalten, soll das Vorhaben bereits nach Ablauf der ersten Förderungsrunde (ab November 2011 heißt das: nach sechs Monaten Arbeitslosengeld I plus 300 Euro) eine Existenzgrundlage bieten. Das ist bei unternehmens- oder personenbezogenen Dienstleistungsgründungen allerdings überwiegend illusorisch, erst recht, wenn nicht bereits Aufträge oder Rahmenverträge da sind.

Erst Ausgaben, dann Einnahmen

Die Tragfähigkeit des Konzepts bezeugt der Berater mit Kreuzchen, die zum Beispiel anzeigen, dass eine sogenannte Rentabilitätsvorschau gesehen worden ist. »Die Zahlen stimmen«, sagen die Berater, wenn diese schlüssig sind. Schlüssig heißt für sie, dass die Einnahmen die Ausgaben übersteigen und ein ausreichendes Einkommen eine Existenzgrundlage verspricht. Wenn jemand einen sogenannten kalkulatorischen Unternehmerlohn von 3500 Euro im Monat hat (das macht – mal 12 Monate gerechnet – 42 000 Euro im Jahr), so müssen die Einnahmen mindestens diesen Wert erreichen und dürfen nicht darunter liegen.

Die innere Zahlenlogik jedoch, also die Frage, wie sich die Zahlen begründen lassen, kann kein Externer im Detail überprüfen, es sei denn, er ist Branchenexperte. Es gibt zwar Spezialisten, die die rechnerische Logik der Bilanzen von Dönerbuden und Kaffeehäusern beurteilen können, bei Wissensgründungen jedoch finden sich weit und breit kaum Branchenspezialisten, die zufällig auch noch als selbstständige Unternehmensberater aktiv sind und überdies einen kaufmännischen Schwerpunkt haben. Echte Expertise ist schwer einzukaufen. Schon beim E-Commerce wird das rein theoretische Zahlenspiel kompliziert, da zum Beispiel schwer planbar ist, welche der angebotenen Produkte vom Kunden angenommen werden. Da bei modernen Gründungen selten tragfähige Vergleichszahlen vorliegen, muss man, falls der eigene Erfahrungsschatz nicht reicht, die Glaskugel bemühen … oder eben den altbekannten Kaffeesatz.

Kaffeesatz lesen

Ob Bank oder Bundesagentur oder beides: Drei oder sogar fünf Jahre lang soll man Kaffeesatz lesen, fundierten Kaffeesatz, denn Sie sollen wissen, wie viel Kaffee Sie in den Filterbeutel geben, aber gleichzeitig auch sehr großzügig sein, denn die Banken mögen starken Kaffee. Am besten zählen Sie die Bohnen, bevor Sie sie zermahlen.

Der Kaffee ist die »Marktforschung« und die Zahl der Löffelchen bezieht sich auf die Daten, die Sie aus irgendwelchen Studien beziehen, die in den seltensten Fällen das eigene Business betreffen oder gar abdecken. Meist sind es Zahlen von anderen – aus Studien, die mit Ihnen nichts zu tun haben, außer der Tatsache, dass Sie in einem mit etwas gutem Willen annähernd verwandten Geschäftsfeld unterwegs sind. Mit Glück geben solche Zahlen einen groben und sogar aktuellen und marktkonformen Überblick. Doch leider stammen sie meist von einer jener Institutionen, die mit Zahlenwerken Werbung oder Politik machen wollen und die Daten und Fakten deshalb so gestaltet und ausgewählt haben, dass sie dem Ziel und Zweck dienlich sind, nicht aber dem Gründer. Solche Werbung kommt oft von Unternehmen und Consultingfirmen, die Studien in Auftrag geben, um diese in die Öffentlichkeit zu tragen und Aufmerksamkeit zu erhaschen. Der Normalgründer baut seine Zahlenwerke auf diesen Annahmen auf; nur wenige betreiben eine eigene Marktforschung, die manches relativiert, allerdings auch kein Allheilmittel ist, wie wir noch sehen werden.

Wie lange?

Ich werde oft gefragt, wie lange ein Aufbau »wirklich« dauert, also was jenseits der Businessplan-Logik passiert. Das ist schwer zu beantworten. Den großen Unterschied zwischen schnellem und langsamem Erfolg macht ein einziger Punkt: Starte ich mit Aufträgen oder ohne? Alle, die mit Aufträgen starten, kommen deutlich leichter in Schwung. Bis Sie aber eine neue Geschäftsidee durchgesetzt oder zum Beispiel einen breiteren Bekanntheitsstatus aufgebaut haben, können Jahre vergehen. Die clevere Nutzung sozialer Netzwerke und Twitter beschleunigt ohne Frage – aber Wunder werden dadurch auch nicht wahr. Deshalb plädiere ich dafür, als selbstständiger Unternehmertyp grundsätzlich nur hauptberuflich zu starten, wenn Aufträge winken oder bereits da sind – wie laut einer Studie des Deutschen Instituts der Wirtschaft in rund 63 Prozent der Gründungsfälle.[7] Eine Alternative oder zusätzliche Möglichkeit, um auf sicherem Boden anstatt mit grauer Theorie sich selbst und die Idee auszuprobieren, bietet ein Gründungsprojekt. Dazu mehr im Praxisteil.

Anfang Ausgaben, Ende Einnahmen

Einen Stempel vom Gründungsberater oder von der Bank bekommen Gründer normalerweise schon allein dafür, dass ihre Einnahmen ihre Ausgaben so deutlich übersteigen, dass der Lebensunterhalt vom Gewinn gedeckt werden kann. Das heißt in der Praxis auch: Die meisten Zahlenkalkulationen beginnen bei den Ausgaben! Ja, richtig gelesen, bei den Ausgaben. Das ist vom Blickpunkt der Tragfähigkeit auch durchaus logisch: Einnahmen müssen Ausgaben decken, sonst rechnet sich das Ganze nicht. Wenn Sie im Jahr 40 000 Euro private und betriebliche Kosten haben, was völlig normal und selbst für Freiberufler noch eher niedrig angesetzt ist, dann müssen Sie diese 40 000 Euro ja auch wieder einnehmen. Sonst können Sie Ihre Ausgaben nicht decken und gehen bankrott, sofern es keine Rücklagen gibt oder einen Partner, der ordentlich zuschießt.

Ordentlich kalkuliert

Dass Sie Ausgaben absetzen können, etwa den schicken Designerstuhl im Warteraum als Möbelstück über 13 lange Jahre verteilt, spielt bei dieser Betrachtung erst mal keine Rolle, denn dies wirkt sich ja erst nach der ersten Steuererklärung aus, im Normalfall also rund zwei bis zweieinhalb Jahre, nachdem Sie mit Ihrem Geschäft begonnen haben. Dann erst zahlen Sie die Steuern. Nicht selten gleich ordentlich, denn es geht um zwei oder gar drei Jahre: Das Jahr der Gründung, das abgelaufene Jahr und das laufende. Es wäre deshalb gut, wenn das Geld dann auch sofort verfügbar ist, denn das Finanzamt mag Fristüberschreitungen überhaupt nicht. Wenn es einen Termin in drei Wochen festsetzt, zu dem, sagen wir mal, 8000 Euro Steuernachzahlung und -vorauszahlung fällig werden, so wird es keine drei Mahnungen schicken, bis diese Summe eingegangen ist. Da wird das Konto ohne weitere Ankündigung gepfändet. Ich habe das selbst erlebt, wegen 2,53 Euro, die ich versehentlich zu wenig überwiesen hatte. Mahnung? Vom Finanzamt doch nicht!

Schlagen wir also lieber noch mal Geld für Steuern auf unser schönes Ausgabenpaket von 40 000 Euro. Somit sind wir bei 48 000 Euro, die wir besser einnehmen sollten. Und einen Gewinn haben wir damit noch lange nicht erzielt, lediglich die Kostendeckung. So weit, so frustrierend, so die Normalrechnung. Die ich auch gut und notwendig finde, damit mich hier niemand missversteht. Nicht in der Form zu planen wie sonst üblich heißt nicht: nicht zu rechnen.

Heilsamer Schock

Im Gegenteil: Es heißt, mehr zu tun beziehungsweise anderes. Sie sollten zum Beispiel immer wissen, wie viel Geld Ihr Portemonnaie verlässt. Deshalb gehört eine Ausgabenkalkulation für mich immer dazu. Sich die eigenen Ausgaben einmal bewusst zu machen, führt nicht selten zu Schocks. So viel! Ja, so viel. Solche Schocks sind super für die Honorarfindung. Sie denken dann gleich in richtigen Kategorien und verstehen sofort, dass zum Beispiel manch Unternehmensberater 800 bis 1600 Euro am Tag nehmen muss. Und da Nebenberufler immer daran denken müssen, dass sie irgendwann von ihrem Business leben wollen, sollten sie auch gleich von »echten« Zahlen ausgehen.

Zahlenschieberei

Wenn man das jetzt so stehen lassen könnte, wäre alles gut. Ist es aber nicht. Wenn die Ausgaben zu hoch sind, dann wird meist an den Einnahmen geschraubt, ohne weiter zu hinterfragen, wie realistisch das ist. Die Gründer erhöhen ihre Verkäufe, Stundenhonorare und Tagessätze, damit sie mit den Ausgaben an die Einnahmen heranreichen. Das meine ich mit Zahlen-Bluff: Die Plan-Einnahmen werden geschönt, damit sie die Plan-Ausgaben auf dem Papier decken. Dabei helfen die Marktstudien oft sehr, denn hier finden sich tendenziell ohnehin oft höhere Zahlen, als realistisch durchsetzbar sind. Ein Beispiel aus einem Markt, den ich gut kenne: Coaching. Laut der Coaching-Umfrage Deutschland 2007 (Middendorf & DBVC) kostet eine Coaching-Stunde durchschnittlich 155 Euro. Das Amtsgericht Kamen hat in einem Urteil vom 6. Mai 2005 (12 C 519/03) entschieden, dass für Coaching-Dienstleistungen von einem Rahmen von 115 bis 300 Euro Nettostundensatz ausgegangen werden kann.[8]

Rechnen = Planen?

Da kaum ein Coach achtmal am Tag seinen Nettostundensatz berechnen kann, sondern manchmal nur ein- oder zweimal, sind solche Honorare mehr als angebracht. Trotzdem kann nicht jeder Neu-Coach gleich so viel berechnen – 115 Euro sind bei einer Privatkundschaft und auch bei kleineren Unternehmen und Institutionen kaum durchzusetzen. Viele Gründer merken das erst, wenn sie aktiv werden. Doch hätte man dies durch erste Aufträge nicht schon viel früher herausfinden können? Kein Mensch, der mit Stunden- oder Tagessätzen rechnet, kann sauber kalkulieren, wie viele Stunden er verkaufen wird, wenn er noch gar keine Aufträge hat. Er kann bestenfalls errechnen, wie viel er verkaufen müsste, um seine Kosten zu decken. Das ist aber keine Planung, das ist Rechnen. Ein sehr wichtiger, ein zentraler Unterschied!

Ich rate jedem dazu, zu rechnen:

- Wie viel gebe ich privat und betrieblich aus?
- Wie viele Steuern sind für mich fällig?
- Wie viel kann ich arbeiten?
- Wie viel muss ich pro Stunde oder Tag einnehmen?

Aber verwechseln Sie das nicht mit Planen. Planen würde voraussetzen, dass Sie zum Beispiel im Juni die notwendigen 5000 Euro auch wirklich einnehmen. In einem normalen Businessplan setzen Sie die 5000 Euro einfach an, weil Sie sie zur Kostendeckung brauchen. Wenn Sie die Einnahme wirklich planen würden, dann müssten Sie auch genau die Aktivitäten benennen können, die dazu führen. Und das geht nicht, jedenfalls wenn Sie keinen Fahrradverleih eröffnen.

Sie verstehen, was ich meine? Den Bundesagenturen und Banken werden reihenweise auf drei Jahre ausgedehnte Science-Fiction-Rechnungen als Planung vorgelegt. Und diese Rechnungen sind dann auch noch geschönt. So weit zum Businessplan-Märchen. Es handelt sich vielmehr um eine Businessrechnung, in 99 Prozent der Fälle leider oft eine schlechte.

Ein Must: Einnahmeerfahrungen

Die Regel ist: Haben Einnahmen und Ausgaben rechnerisch Sinn, so gilt die Planung als okay. So denken offensichtlich die meisten Steuerberater und Unternehmensberater. Nur so kann ich mir erklären, dass kein Gründer, mit dem ich spreche, je darlegen konnte, wie er »von der anderen Seite«, also von den Einnahmen ausgehend, zu seinen Annahmen gekommen ist. Fast alle aber sagen dann: »Ist ja eh Kaffeesatz, Frau Hofert.« Stimmt: Deshalb bin ich davon überzeugt, dass sich realistische Einnahmeszenarien nur erstellen lassen, wenn Sie bereits Einnahmen haben. Wenn nicht, setzen Sie lediglich Honorare und Preise fest, um Kosten zu decken. Das ist ein ganz entscheidender Unterschied.

In manchen der sogenannten fachkundigen Stellungnahmen steckt auch Politik. Verbände, die für die Bundesagentur für Arbeit fachkundige Stelle sein dürfen, neigen dazu, jene Zahlen abzunicken, die in ihren »Honorarempfehlungen« stehen. Sie schätzen es zudem, wenn die Gründungen, die sie bewerten, möglichst genau zum Verbandsinteresse passen. Honorarempfehlungen entsprechen aber, wie wir bereits gesehen haben, sehr selten dem Markt, sondern liegen überwiegend weit über dem Marktniveau. So wurde ich vor einigen Jahren gebeten, für einen Verband eine realistische Ergänzung zum bestehenden Honorarleitfaden zu schreiben. Ich nahm meinen Job ernst, relativierte die Honorarempfehlungen und gab Tipps, wie sich unter den realen Bedingungen dennoch eine sichere Existenz aufbauen ließe. Meine Ausführungen verschwanden in Schubladen. »Zu politisch, zu brisant«, sei das, klärte man mich auf.

Pfuschen und blenden

So wird lustig gepfuscht und kräftig geblendet: Sofern die Einnahmen die Ausgaben übertreffen, werden die meisten Gründungsberater ihren Stempel zücken und das Gründungsvorhaben fachkundig begrüßen, also das Formular für die »Fachkundige Stellungnahme« abstempeln. Das geht auch gar nicht anders, denn gerade Gründungsberater sind nicht spezialisiert auf irgendwelche Branchen, sondern begutachten »alles«, was ihnen so unter die Finger kommt. »Ihr Business kenne ich ohnehin nicht«, sagte ein Unternehmensberater zu meiner Kundin. »Das müssen *Sie* kennen.« Das dachte sie auch, doch am Ende akquirierte sie trotzdem ganz andere Aufträge als eingangs geplant.

Nun werden einige Berater, die dies lesen, entrüstet sein. Natürlich schauen sie sich auch die Kalkulationsgrundlage an. Und natürlich sehen sie, wenn da viel zu große Gewinnspannen, zu niedrige Kosten, zu hohe Honorare, Stundenverrechnungssätze oder sonstige Ungereimtheiten stehen. Dem einen oder anderen fällt sicher auf, dass ein Newcomer ohne Erfahrung kaum 180 Euro pro Stunde Coaching einnehmen wird oder dass Sie nicht davon ausgehen können, Beratung auf Stundenbasis bedeute, man könne acht Stunden à Summe X berechnen. Brancheninsider werden Vergleichszahlen zitieren und eventuell darauf hinweisen, dass die kalkulierten Tages- oder Stundensätze unrealistisch hoch (oder auch unrealistisch niedrig) sind. Solche Hinweise sind gut und wichtig – aber selten. Deshalb empfehle ich das im Praxisteil vorgestellte 3-Kritiker-Tischgespräch. Das bringt Sie wesentlich weiter.

Marktforschungsfalle

Kommen wir zum nächsten Punkt, der mit der Planung / Rechnung in engem Zusammenhang steht. »Ja« – werden alle engagierten Unternehmensberater sagen. Wer nicht einfach blind das »Gebot« erhöht, sondern richtig nachdenkt und intensiv forscht, kurzum versucht zu planen, anstatt nur zu rechnen, unternimmt eine eigene Umfrage in seiner Zielgruppe. »104 im Quartier« nennt es das Enigma Gründungszentrum in Hamburg, weil die Gründer in diesem Inkubator 104 Personen aus der Zielgruppe befragen müssen, zum Beispiel auch zu ihrer Zahlungsbereitschaft. Das ist ein gutes System und verbessert die Rechnung in Richtung echte Planung, aber solange nichts verkauft worden ist, ist Planung jenseits der Dönerbude oder des Fahrradverleihs immer noch nicht wirklich möglich. Viele Beispiele haben mir gezeigt: In so einer Umfrage handelt der Interviewer mit »Spielgeld«. Wenn er fragt »Würden Sie für so eine Dienstleistung pro Stunde … über 70 Euro … über 80 Euro … oder über 90 Euro zahlen?«, so mögen viele mit dem Finger auf die 80 zeigen (weil im Zweifel immer die Mitte gewinnt) – und am Ende das Geld doch nicht bezahlen. Solange kein echtes Geld fließt, bleibt letztendlich unklar, wie hoch die Zahlungsbereitschaft wirklich ist.

Ein Beispiel liefert Karin: Ihre Idee war es, ganz besondere Bilder an Praxen, Musikschulen und Unternehmen zu verleihen, so eine Art Leasing für Kunst. Ihre Umfrage ergab eine hohe Zahlungsbereitschaft. Als es aber mit dem Start der Unternehmung um echtes Geld ging, sah das schon wieder ganz anders aus. Nach einem Jahr des erfolglosen Ausprobierens eines an sich gut durchdachten »Plans« entwickelte sie ein ganz neues Konzept. Und das, obwohl mehr als 100 befragte Unternehmen Beifall geklatscht und ihre Bereitschaft zur Zahlung signalisiert hatten.

Gründungsprojekt statt Umfrage

Um das klarzustellen: Es ist absolut empfehlenswert, genau nachzufragen. Es ist viel besser als nur nachzulesen. Aber die Praxis kann sich trotzdem ganz anders entwickeln. Deshalb ist Fragen wichtig, aber Ausprobieren noch viel besser – in Form eines Gründens vor der Gründung. Ich nenne es »Gründungsprojekt« und zeige Ihnen im praktischen Teil dieses Kapitels konkret, wie Sie so etwas durchführen können. Eine »echte« Akquise sagt mehr aus als jedes Interview mit Spielgeld. Karin jedenfalls hätte mindestens ein Jahr gespart und wäre schneller ins Geldverdienen gekommen, hätte sie nicht nur gefragt, sondern gleich konkret etwas zu verkaufen versucht. Was sich zunächst aufwendig anhört, spart am Ende Zeit, Nerven und Geld.

Das Gründen vor der Gründung wird aber von Gründungsberatern, Banken und anderen fachkundigen Stellen nicht gefördert. Den Stempel unter das Formular der Arbeitsagentur oder das Geld von der Bank gibt es ohne jedwede Praxis. Ja, im Gegenteil: Praxis wird sogar teilweise bestraft.

Dabei wäre gerade bei Dienstleistungsgründungen ein schrittweiser Übergang in die Selbstständigkeit – also über eine langsame Reduzierung der Angestelltentätigkeit – ideal. Wenn Sie so gründen, kann es Ihnen aber passieren, dass der Gründungszuschuss abgelehnt wird, weil Sie bereits als hauptberuflich selbstständig eingestuft werden. Der Bezug von Gründungszuschuss für die Umwandlung einer neben- in eine hauptberufliche Selbstständigkeit ist zwar im Prinzip erlaubt, sofern es wirklich eine Neben-Selbstständigkeit war. Doch das Arbeitslosengeld I und damit der Gründungszuschuss sinken. Zur Berechnung des Arbeitslosengeldes I werden nur die letzten 24 Monate herangezogen. Wenn Sie da durch Teilzeit wenig verdient haben, fällt auch der Gründungszuschuss schmaler aus, denn das durch die Selbstständigkeit verdiente Geld wird bei der Berechnung der Höhe des Gründungszuschusses nicht berücksichtigt.

Zu spätes Testen

So wird erst der Start in die Selbstständigkeit für viele Bezieher eines Gründungszuschusses zu einer Phase des Ausprobierens, die den Anspruch einer echten Gründung haben soll, aber nicht mal ein echtes Gründungsprojekt ist – in dem Sinne, in dem ich es verstehe. Dass beim Ausprobieren und dem Versuch, einen Businessplan umzusetzen, der märchenhafte Züge trägt, noch nicht viel Geld umgesetzt wird, liegt nah. Vielleicht reifen in dieser Zeit Erkenntnisse, klärt sich die eigene Position, aber Umsätze gibt es oft noch kaum.

Doch die Businessplan-Fraktion sendet die Strafe auf den Fuß: Wer während der neun Monate, in denen er Gründungszuschuss bezieht, nicht genügend Geld eingenommen hat, dem kann es passieren, dass er in den nächsten sechs Monaten nichts mehr bezahlt bekommt. Die Argumentation der Arbeitsagentur: Wenn in den ersten Monaten nicht gleich genügend Geld verdient worden ist,

ist auch das Gründungsvorhaben nicht tragfähig. Das Sozialgesetz-
buch beschreibt das so: »Der Gründungszuschuss kann für weitere
sechs Monate in Höhe von monatlich 300 Euro geleistet werden,
wenn die geförderte Person ihre Geschäftätigkeit anhand geeig-
neter Unterlagen darlegt. Bestehen begründete Zweifel, kann die
Agentur für Arbeit die erneute Vorlage einer Stellungnahme einer
fachkundigen Stelle verlangen.«[9]

Alles anders

Letztendlich ist alles, was ich bisher erläutert habe, auf eine einfache Formel zu bringen: Die bisherige Gründungsphase ist viel
zu theorielastig. Anstatt zu machen und auszuprobieren, müssen
Gründer sich in einer zu frühen Phase mit einer Businessplanung
beschäftigen, die sie nur mit anonymen Marktzahlen, aber ohne
eigene Praxiserfahrung füllen müssen. Eine Gründerwerkstatt oder
andere Praxisszenarien machen das nur bedingt besser – und In-
kubatoren wie das Hamburger Enigma Gründungszentrum sind zu
selten. So versuchen sich viele Gründer an einer Idee, der ich schon
aus der Ferne ansehe, dass sie *so* nicht funktioniert – trotz des vom
Steuerberater abgesegneten Businessplans.

Die etwas besser aufgestellten Gründer, das sind so gut wie immer die während der Gründungsphase professionell Gecoachten,
verändern nach den ersten Erfahrungen ihr Geschäftsmodell. Man
könnte auch sagen: Sie entwickeln es. Die schlechter aufgestellten,
die nicht oder schlecht Gecoachten, fangen nicht selten ganz von
vorne an. Wenn sie überhaupt weitermachen. Die Abbruchquote
in den ersten drei Jahren ist mit 24 Prozent hoch.[10]

Es gibt für mich keinen Zweifel, was die wichtigste Ursache dafür
ist: Der Gründer wird angeleitet, vor dem Planen zu handeln, und
allzu oft fällt die Phase »Denken« zu kurz, klein und eindimensional aus.

Der bisherige Ablauf lautet:

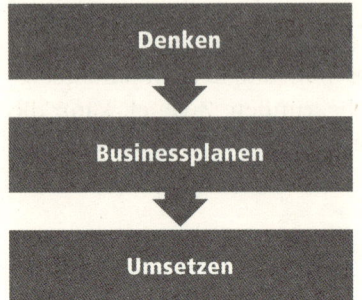

Besser aber wäre es folgendermaßen:

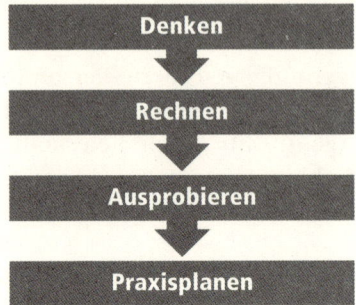

Bevor ich Ihnen die Details meiner praktischen Lösung präsentiere, möchte ich Ihnen gern noch die Ursachen für diese radikalen Schwenks nach der Businessplanungsphase erläutern. Diese zu kennen, ist zentral für Slow-Grow-Gründungen, die die Persönlichkeit des Gründers in den Vordergrund stellen. Es fängt schon in der ersten Phase an: beim Denken. Diese Denkphase muss wesentlich anders aufgebaut und strukturiert werden, als es bislang in den meisten Fällen gängige Praxis ist. Professor Günter Faltin hat mit *Kopf schlägt Kapital* gute Anregungen bezogen auf die Geschäftsidee geliefert. Sehr kluge Ideen für diesen Part liefert auch *Der Blaue Ozean als Strategie* – beide Bücher finden Sie im Literaturverzeichnis. Was diese Werke außer Acht lassen, sind Faktoren, die mit der Persönlichkeit des Gründers zu tun haben. Zudem beziehen sie sich ausschließlich auf Entrepreneur-Unternehmer. Aber: Ob eine Gründung gelingt oder scheitert, hat gerade beim Typus des Selbstständigen-Unternehmers mit der Persönlichkeit zu tun – und nicht mit der Geschäftsidee.

Tätigkeit an sich ist falsch

Es geht dabei nicht um die unternehmerische Qualifikation, die es, wie wir gesehen haben, ohnehin nicht gibt, sondern um den Menschen selbst. Dieser realisiert in der westlichen Welt seine Vorhaben vor allem auch deshalb, weil er Erfüllung im Job finden will. Das ist ein gewisser Luxus, aber so ist es bei den meisten Gründungen – anders als in Afrika, wo das Überleben im Fokus der kleinen Gründungen steht.

In der Traumjobwelt, in der wir leben, gilt: Selbstständigkeit soll Spaß machen! Doch nicht immer ist das so. Dass das Unternehmen oder die Umsetzung des Gründungsvorhabens keinen Spaß macht, ist eine wichtige Ursache dafür, mit der theoretischen Planung zu brechen. Sehr oft passt die theoretische, erdachte Idee nämlich gar nicht zur Persönlichkeit. Es gab vielleicht eine Marktlücke – aber die Tätigkeiten, die nötig sind, um das Business zu betreiben, sind ungeliebt, verunsichern, lösen ein unangenehmes Bauchgrummeln aus.

Wer etwa einen Online-Shop aufbaut, muss sich lange Zeit schwerpunktmäßig mit Suchmaschinenoptimierung beschäftigen, will er nicht viel Geld für Agenturen verschleudern. Und selbst dann bleibt sein Job eine Tätigkeit im Hintergrund. Entspannend bis wunderbar für tüftlerisch veranlagte Voll- oder Teil-Introvertierte (siehe Big Five), aber unangenehm für alle, die Menschen um sich herum brauchen und den direkten Kundenkontakt.

Oft zeigt sich auch während der Realisierung, dass das Können nicht oder noch nicht ausreicht, um sich selbstständig zu machen. Das verdirbt den Spaß. Vielen Gründern ist das nicht bewusst, und für Berater ist es schwierig, richtig einzuschätzen, ob jemand in der Lage ist, eine Tätigkeit auszufüllen oder nicht. Der Lebenslauf, der zum Beispiel auch bei der Genehmigung von Krediten Beurteilungsgrundlage ist, reicht da nicht aus. Auch das persönliche Auftreten kann täuschen – vor allem dann, wenn der Gründer in der Phase der Businessplanung noch überzeugt war, den Anforderungen gerecht zu werden. Wie gesagt, bis dahin war ja alles theoretisch.

Warum gute Ideen nicht reichen

Dass die beste Idee nichts wert ist, wenn die falsche Person sie realisiert, möchte ich anhand dreier Beispiele aus der Praxis zeigen.

1. Barbara Barbara lernte ich als Ideensprudlerin kennen. Sie hatte eine tolle Idee, die es so noch nicht gab. Sie wollte Büroplätze mit angegliederter Individualkinderbetreuung an berufstätige und selbstständige Frauen vermieten, eine Art Co-Working für eine spezielle Zielgruppe. Das Zahlenwerk stimmte, und die Banken waren bereit, einen ordentlichen Kredit zu geben. Doch als sie ins operative Geschäft einstieg, merkte sie, dass ihr das Organisieren und Verhandeln überhaupt nicht liegen. Beides zusammen machte allerdings den Hauptteil ihrer Arbeit aus. Barbara hatte nur für die Idee gebrannt, aus einem idealistisch-weltverbessernden Impuls heraus. Für die Tätigkeit hatte sie dagegen gar nichts übrig. Heute arbeitet Barbara wieder da, wo sie herkam: im Marketing. Zufrieden, denn sie kann eigene Ideen entwickeln und hat genug Abwechslung.

2. Stefan Stefan wurde von einer Marktlücke zu seiner Idee getrieben. Er ist Optiker und besaß einen Online-Shop, um bestimmte Linsen- und Gläserformen zu vertreiben, die es bisher online noch nicht gab. Als er zu mir kam, lief das Geschäft blendend. Es gab drei Angestellte, und finanziell hatte er überhaupt kein Problem. Doch Stefan war unglücklich. Er hatte versucht, eine Beratungsfunktion in seinen Shop zu integrieren, weil er das als Alleinstellungsmerkmal erkannt hatte. Doch in Wahrheit steckte etwas anderes dahinter: Er wollte so gern in Kontakt mit Kunden treten. Doch das rechnete sich überhaupt nicht. Außerdem war der Internetkontakt unbefriedigend – es ging immer nur um Beschwerden und Reklamationen. Wir fanden schnell heraus, was die Ursache war: Stefan ist jemand, der gern verkauft, redet, mit Menschen zu tun hat. Aber er hasst die Arbeiten, die mit dem Betrieb eines Online-Shops verbunden sind: Konkurrenzbeobachtung, Suchmaschinenmarketing oder Auswerten von Zahlen, um nur einige Beispiele zu nennen. Dazu hatte er keine Lust. Und alles die Mitarbeiter machen lassen? Macht auch keinen Spaß, denn dann hätte sich der Job auf Führungsaufgaben beschränkt. Nach unserer Analyse verkaufte Stefan seinen Shop an jemanden, dem die Arbeit im Hintergrund Spaß macht. Er selbst machte ein spezialisiertes Geschäft für Sonnenbrillen in einem Badeort auf. Hier ist er zufrieden. Trotz niedrigeren Gewinns und zeitweiliger finanzieller Engpässe.

3. Marianne Ganz anders lag der Fall bei Marianne. Die Kommunikationswissenschaftlerin hatte als Redakteurin gearbeitet und wollte nun ein Redaktionsbüro eröffnen. Das war ihr Traumjob: endlich von Zuhause arbeiten, ohne Stress mit Chef und Kollegen – ein schöner Plan! Es kamen sogar Aufträge herein. Nur konnte sie diese kaum oder nur mit viel Zeitaufwand bewältigen. »Ich hatte gedacht, dass ich über fremde Themen recherchieren und schreiben kann, aber das ging nicht. Ich brauchte viel zu viel Zeit und war sehr unsicher. Die Auftraggeber waren sogar ganz zufrieden, aber die kleinste Kritik warf mich aus der Bahn«, sagte sie. Sie entschied sich dafür, wieder eine Festanstellung zu suchen.

Akquisequal

Es kann auch sein, dass die Tätigkeit an sich nicht der Knackpunkt ist, sondern die Aufbauarbeit. Vielleicht passt die gewählte oder vom Berater empfohlene Akquise nicht zum Gründer. Viele Dienstleistungsgründer fühlen sich zur unbeliebten Kaltakquise gezwungen. Spätestens mit Zeitdruck im Nacken und begrenzten finanziellen Mitteln wird diese zur Qual.

Natürlich kann man das Akquirieren lernen. Doch wenn es ein halbes oder sogar ein Jahr lang im Mittelpunkt des Lebens steht und dauerhaft mehr Belastung als Herausforderung bedeutet, wird dieser Weg entweder gar nicht, nicht konsequent oder mit dem falschen »Gefährt« begangen. Vielleicht passen andere, langsamere Formen der Akquise besser, zum Beispiel Networking. Vielleicht reicht es, den Druck herauszunehmen und langsamer zu gründen. Vielleicht brauchen Akquisehasser einen Partner, weil sie sich nicht für eine Alleingründung eignen.

Auch dies begegnet mir als Grund für mangelnden Spaß: Es gibt Menschen, deren wesentliche Berufsmotivation aus dem Miteinander entsteht. Wenn diese etwas mit anderen zusammen machen, funktioniert es plötzlich. Noch mal ein Faktor, der unplanbar ist, aber in der Praxis schnell rausgefunden werden könnte.

Weg von statt hin zu

All das kristallisiert sich mit der gängigen Businessplanung meist erst viel später heraus. Viele Gründer machen sich selbstständig, weil sie keine Lust mehr auf Chefs, Arbeitsstress und Kollegen haben. Sie wünschen sich Freiheit und Unabhängigkeit. Vielleicht entstand dieser Wunsch nach beruflichem Mobbing oder einem Burnout, vielleicht war er schon immer da. Für diese Gruppe von Gründern ist der Inhalt des Geschäfts nicht selten zweitrangig. »Hauptsache weg«, denken sie. Sie sind getrieben von einer Weg-von-Motivation. Besser wäre aber ein Hin-zu. Es ist ja klar: Wenn Sie »flüchten«, bewegt Sie das Wegkommen – aber Sie wissen nicht so recht, wohin. Vielleicht vermuten Sie das »gelobte Land« irgendwo und rennen deshalb falschen Vorbildern hinterher. Vielleicht greifen Sie auch einfach nach dem nächstbesten Strohhalm und zimmern eine feine Idee aus einer Marktlücke, die Sie in Ihrer früheren Tätigkeit entdeckt haben. Es mag sein, dass es diese Marktlücke wirklich gibt. Jede Bank würde bei einer echten Marktlücke »Hurra!« schreien, sofern die fachlichen Voraussetzungen erfüllt sind. Doch keine Bank der Welt untersucht die persönlichen Motivatoren. Aber genau diese sind es, die den Ausschlag für die Gründung geben. Passt das Gründungsvorhaben nicht dazu, wird es mit hoher Wahrscheinlichkeit scheitern. Beispiel: Jemand startet mit starker Unabhängigkeits- und Inhaltsorientierung in einer Nische, die Konzentration auf nur eine Sache verlangt. Er wird die Idee anfangs vielleicht gut finden, sich aber schon bald eingeengt fühlen.

Der Inge-Effekt

Es gibt Gründungen, bei denen schon der Gesichtsausdruck des Inhabers anzeigt, dass sie das Falsche machen. Ich erinnere mich mit Schrecken an »Inges Imbiss« an der Ostsee. Inge hatte ihren Wagen in schöner, zentraler Lage aufgestellt. Aber sie selbst war völlig ungeeignet für den Job. »Was Milch? Gibt es nicht. Kaffee? Muss ich erst wieder aufsetzen, kommen Sie in 'ner Stunde wieder.« Die Frikadellen waren von Aldi und die Brötchen von gestern. Das Verkaufen lag Inge überhaupt nicht, vermutlich hatte sie den Imbiss mangels Alternative aufgemacht.

Der Inge-Effekt beschreibt den Unterschied zwischen Arbeit und Aufgabe: Die Aufgabe erfüllt einen persönlich, Arbeit wird für Geld erledigt. Das funktioniert schon in Angestelltenjobs schlecht. Selbstständige, die nur einer Arbeit nachgehen, werden allenfalls mittelmäßig erfolgreich sein, aber niemals zufrieden.

Würmer schmecken nicht jedem Fisch

Ein anderer Grund, warum Planung oft nicht funktioniert, sind diese unberechenbaren Fische, also Kunden. Sie wissen nie, ob dem Fisch der Wurm schmeckt, den Sie ausgeworfen haben, solange Sie es nicht ausprobiert haben. »Bevor du einen Blumenladen aufmachst, verkaufe Maiglöckchen auf der Straße«, hallt mir der Spruch meiner Tante in den Ohren. Und genauso ist es: Nur so können Sie herausfinden, ob Ihnen das Verkaufen liegt, und weiterhin, ob die Menschen Maiglöckchen kaufen wollen oder vielleicht doch lieber Tulpen.

Der Unternehmensberater Frank wünschte sich Führungskräfte als Zielgruppe, als er gründete. Mit ihnen hatte er als angestellter Berater und Geschäftsführer schon mehr als 20 Jahre erfolgreich zusammengearbeitet. Da sollte das Gleiche doch auch allein klappen! Frank entwickelte Angebotspakete, ließ diese pfiffig texten, drehte Videos, baute sich eine Website nach allen Regeln der Kunst und Nischenbildung. Er plante seine Zahlen, so wie es sein sollte, auf der Basis seiner Erfahrungen mit der Zahlungsbereitschaft der Klientel. Doch seine Produkte blieben liegen. Statt der anvisierten Zielgruppe kamen ganz andere Kunden, nämlich Vertreter der eigenen Branche – Berater, die etwas wollten, das eigentlich gar nicht auf der Homepage stand: Begleitung von Gründungen im Personalbereich. Also richtete Frank sein Unternehmen neu aus. Bis dahin hatte er allerdings schon 25 000 Euro für den bis dahin so sorgfältig »geplanten« Auftritt in den Wind geschrieben.

Hecht an der Angel

Es gibt, seltener, natürlich auch das umgekehrte Beispiel: Da schmeckt der Wurm so gut, dass der Fisch die ganze Angel mit in die Tiefe reißt. Dann überrollt eine Erfolgslawine den überraschten Gründer. Das Geschäftsmodell findet in der Praxis eine derart gute Resonanz, dass nicht mehr gemanagt werden kann, was dann passiert. Die schlimmste Folge sind 80-Stunden-Wochen, chaotische Zustände, unzufriedene Kunden und teure Fehler.

Beate startete mit einer Geschäftsidee im medizinischen Bereich. Schnell erhielt sie einen ersten Auftrag im Wert von 100 000 Euro.

Da damit ein ganz anderer Aufwand verbunden war, als sie jemals berechnet hatte, bekam der Kunde nicht im versprochenen Zeitraum, was er gebucht hatte. Somit startete die Selbstständigkeit trotz wirtschaftlichen Erfolgs unter schlechten Vorzeichen. Auch hier hätte ein Gründungsprojekt geholfen, die Nachfrage klarer abzuschätzen.

Lachs statt Forelle

Plötzliche auftretende glückliche Fügungen oder Zufälle kann auch ein Businessplan nicht voraussehen. Martin hatte sich alles sehr konkret ausgemalt. Sogar eine eigene Marktforschung hatte er unternommen. Wie im Gründer-Bilderbuch. Seine Nische war klar und, so bestätigte die Marktforschung, auch gefragt. Er wollte Marketingabteilungen zeigen, wie sie mit einem von ihm gemeinsam mit einem Bekannten entwickelten Tool deutlich geringere Streuverluste in ihrer Online-Werbung erzielten und dadurch enorm viel Geld sparten. Auch die Bank jubelte. Vier Monate später war Martin Interimsmanager in einem mittelständischen Unternehmen. Er hatte den Geschäftsführer in einer Kneipe kennengelernt, ein Bekannter eines Bekannten, der ihm den Job angeboten hatte. Das kleine schlaue Online-Tool? Vergessen, ebenso wie der Businessplan.

Fischen verboten

Alles ist akribisch durchdacht … und doch scheitert ein Vorhaben, weil ein kleiner Punkt nicht gesehen werden konnte. Die SWOT-Analyse im Businessplan möchte dies verhindern. Doch sie kann es nicht. Sie können Stärken, Schwächen, Chancen und Risiken drehen und wenden – und trotzdem an diese *eine* Sache nicht denken: Plötzlich wird das Fischen im Meer verboten! Eine überraschende Gesetzesänderung, der plötzliche Konjunktureinbruch oder

-aufschwung, ein Gegenbeweis für sicher geglaubte Vorhersagen, Veränderungen, die keiner so vorausgesehen hat ... Es gibt jede Menge Gründe, weshalb eine gut geplante Unternehmung nicht funktioniert wie geplant. So gut wie immer hätte aber viel finanzieller Schaden und Ärger abgewendet werden können, wenn das Ausprobieren der erste und nicht der zehnte Schritt gewesen wäre.

PRAXISTEIL:
Wie Sie mit der Slow-Grow-Methode gründen

Vergessen Sie also das Businessplanen als ersten Gründungsschritt. Starten Sie stattdessen mit einer Kombination aus Denken und Rechnen und anschließendem Handeln. Sofern bereits eine Geschäftsidee vorliegt – wunderbar. Wenn Sie erst noch auf Ideen kommen wollen, helfen Ihnen die 3. Slow-Grow-Regel und der praktische Teil auf die Sprünge – oder zu der Erkenntnis, dass Sie auch ohne richtige Idee schon mal loslegen könnten. Auch wenn Sie noch unentschlossen sind, unterstützt Sie die in diesem Kapitel vorgestellte Slow-Grow-Methode, denn sie dient auch der beruflichen Orientierung, die jeder Gründung vorausgehen sollte und die unabhängig davon ist, auf welche Art Sie am Ende tätig sein werden.

Zunächst einmal führe ich Sie ein in die unterschiedlichen Phasen einer Slow-Grow-Gründung im Unterschied zu einer normalen Businessplan-Gründung. Das Prinzip dahinter folgt dem Grundgedanken: Denken – rechnen – handeln – planen. Und nicht, wie üblich: Denken – planen – handeln. Dadurch steigen die Erfolgsaussichten erheblich, und zwar egal, welche Art von Unternehmen Sie betreiben beziehungsweise betreiben möchten.

Wenn Sie für Phase 1 und 2 ein Jahr oder länger brauchen, ist das in Ordnung, wenn dazu nur wenige Wochen notwendig sind – auch gut. Die Gründung nach dem Slow-Grow-Prinzip kann auch ein Prozess sein, in den Sie immer neu hineingehen, weil Sie Entdeckungen machen, die bisher Geglaubtes relativieren und verändern. Je mehr Ihre Persönlichkeit noch wachsen und sich für das Dasein als Unternehmer vorbereiten muss, desto länger kann dieser Prozess dauern. Je klarer Sie sich darüber und je reifer Sie für das sind, was Sie machen wollen, desto schneller wird es gehen. Bereit? Zunächst einmal möchte ich Ihnen das 5-Phasen-Modell im Unterschied zu einer normalen Gründung vorstellen:

	Slow-Grow-Gründung	Normale Gründung
1.	**Die 360°-Analyse für mehr Klarheit:** Analysieren und Sortieren bezogen auf Ihre Persönlichkeit	Finden Sie eine Idee, am besten eine Nische.
2.	**3-Kritiker-Tischgespräch + Rechnen:** Ideen sortieren, begutachten, bewerten, durchrechnen	Betreiben Sie Marktforschung.
3.	**Das Gründungsprojekt:** Handeln und Ausprobieren!	Erstellen Sie einen Businessplan.
4.	**100 Aktionen:** Maßnahmenkatalog für die ersten 3 Monate	Beantragen Sie Kredite und Förderungen.
5.	**Positionieren und Planen:** Erstellen Sie einen Praxisplan für das nächste halbe Jahr. Dazu kann gehören, dass Sie eine CI entwickeln, vielleicht reicht aber auch ein XING-Profil oder etwas anderes.	Positionieren: Erstellen Sie eine Corporate Identity, eine Website, Flyer etc. (ohne Kunden zu haben).
Fazit	Sie gründen frei und gleichzeitig strukturiert, ohne Hektik und finanziellen Druck und bei minimalem Risiko. Die Wahrscheinlichkeit, dass Ihr Unternehmen scheitert, sinkt. Die Wahrscheinlichkeit, dass Sie etwas machen, womit Sie zufrieden sind, dagegen steigt.	Sie gründen theoretisch. Die Wahrscheinlichkeit, dass Ihre Unternehmung und die Art des Unternehmensaufbaus nicht zu Ihnen passen, ist groß. Sie erstellen Businesspläne, die zu 90 Prozent für den Papierkorb sind, und Marketingunterlagen, die Sie mit großer Wahrscheinlichkeit später ohnehin erneuern müssen.

Hier sind noch einmal zusammengefasst die fünf Schritte der Slow-Grow-Gründungsmethode:

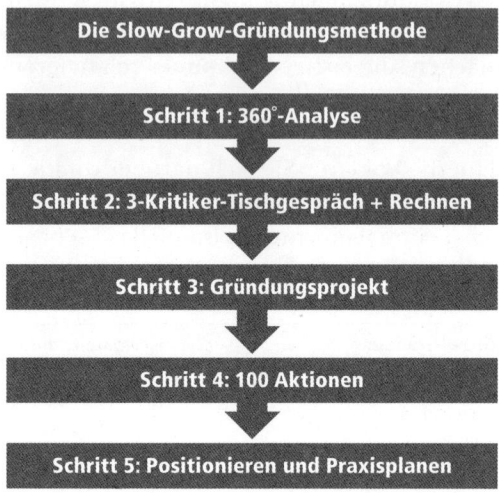

Das Prinzip ist für jede Art von beruflicher Veränderung tauglich und eignet sich auch gut, wenn Sie Ihr Unternehmen neu ausrichten möchten:

	Slow-Grow-Wachstumsmethode	Normales Vorgehen in der Wachstumsphase
1.	**Die 360°-Analyse für mehr Klarheit:** Analysieren und Sortieren bezogen auf Ihre Persönlichkeit	Analysieren Sie die betriebswirtschaftlichen Zahlen wie Umsatz-Gewinn-Verhältnis, Deckungsbeiträge etc.
2.	**Recherchieren mit dem 3-Kritiker-Tischgespräch + Rechnen:** Ideen bzw. neue Angebote sortieren, begutachten, bewerten, durchrechnen	Planen Sie, wie Sie Ihre betriebswirtschaftlichen Zahlen verbessern können.
3.	**Das Wachstumsprojekt:** Handeln und Ausprobieren!	Entwickeln und formulieren Sie eine unternehmerische Vision.

4.	**10+ Aktionen:** Der Maßnahmenkatalog für die ersten drei Monate. Mindestens zehn einzelne Teilprojekte.	Erstellen Sie einen Businessplan.
5.	**Re-Positionieren:** Definieren Sie, was Sie verändern wollen, führen Sie Produkte ein und/oder ändern Sie Ihr Auftreten nach außen (während Sie bereits sicher sein können, dass die Richtung passt). Erstellen Sie einen Praxisplan für das erste Jahr nach der Veränderung.	Re-Positionieren: Verändern Sie die Corporate Identity, die Website, Flyer etc. (während Sie keine Ahnung haben, ob dieser Schritt richtig und erfolgreich sein wird).
Fazit	Sie verändern sich in eine Richtung, mit der Sie sich persönlich identifizieren können und die Sie glücklich macht.	Sie machen sich zum Sklaven betriebswirtschaftlicher Kennzahlen und veralteter Marketingstrategien.

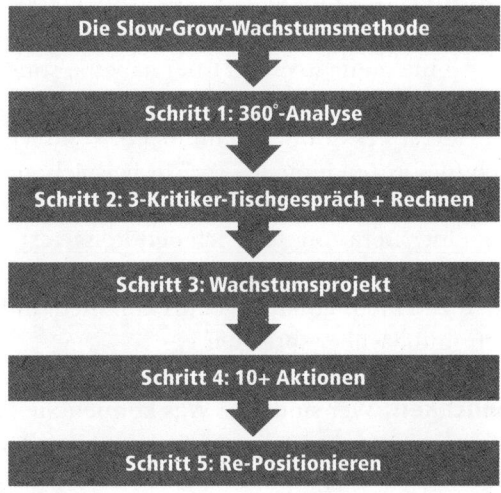

Und hier sind noch einmal zusammengefasst die fünf Schritte der Slow-Grow-Wachstumsmethode:

Schritt 1: Die 360°-Analyse für Klarheit

Die normale Gründung beginnt bei der Geschäftsidee – kein Wunder, dass da so oft so viel schiefgeht. Als könnte jeder alles realisieren, wenn es nur »gut« genug ist und eine Nische abdeckt! Die Wahrheit ist: Jede Persönlichkeit braucht ein Vorhaben, das zu ihr selbst, zu ihrer Erfahrung, persönlichen Reife, ihren Möglichkeiten, Interessen, Talenten, Kompetenzen und auch zu ihren Grenzen passt.

Beginnen Sie bei sich selbst. Betrachten Sie Ihre Motivatoren, Ihre Vision, Ihre Persönlichkeit und Rahmenbedingungen. Das sind fünf verschiedene Blickrichtungen, aus denen Sie sich als Mensch beleuchten – einmal rundherum im Kreis. Deshalb 360°.

1. **Die Motivatoren:** Was motiviert Sie zu gründen oder sich zu verändern? Wichtig: Denken Sie in Hin-zu-Motivationen, also *nicht:* »Ich will nie mehr so einen Chef haben«, sondern: »Endlich selbst entscheiden, wie ich meine Zeit einteile«. Ein Blick auf den Karriereanker bringt Sie auf Ideen. »Endlich entscheiden, wie ich meine Zeit einteile« spricht beispielsweise für den Anker »Unabhängigkeit« (siehe Kapitel 1). Auch ein Test kann helfen. In meiner Beratung setze ich den Reiss-Test ein.[11] Doch viele Wege führen nach Rom beziehungsweise zur Lösung. Sie können auch zu einem guten Ergebnis kommen, indem Sie nachdenken und darüber sprechen.

2. **Die Persönlichkeit:** Wer sind Sie? Was können Sie gut? Was machen Sie gern? Wo sind Talente, die bereits entdeckt sind oder vermutet werden? Schauen Sie sich dazu auch die Big Five aus dem letzten Kapitel an. Denken Sie aber auch an Talente, Fertigkeiten und Fähigkeiten sowie Interessen. Beziehen Sie auch Ihre Selbstwirksamkeit mit ein. Wie hoch schätzen Sie diese ein? Was bedeutet eine mittlere oder niedrige Einstufung?

3. **Die Visionen:** Welche berufliche Vision haben Sie? Wie wollen Sie leben und arbeiten? Sie können Ihre Vision aufschreiben oder aufmalen. Sie können sich auch ein bereits bestehendes Gemälde oder Foto aussuchen, das Ihre Vision wiedergibt. Wichtig ist: Im Slow-Grow-Prinzip gibt es keine Trennung zwischen Leben und Arbeiten, beides gehört zusammen. Um sich das »Leben« für später aufzuheben, ist es zu kurz.

4. **Die Basis:** Was ist Ihre Ausgangsbasis? Welche Erfahrungen haben Sie? Wie ist Ihre Basis im Vergleich zu anderen Menschen, die etwas Vergleichbares tun? Fehlt etwas? Ist von irgendetwas mehr vorhanden als bei anderen? Wenn Ihnen zum Beispiel Wissen und Erfahrung oder auch Kontakte fehlen, ist Ihre Basis vergleichsweise schlechter als bei anderen.

5. **Der Rahmen:** Was sind Ihre Rahmenbedingungen? Wie viel Geld und Zeit können Sie für das Gründungspraktikum aufwenden? Wer unterstützt Sie? Auf welche Kontakte können Sie zurückgreifen? Je fester und klarer der Rahmen, desto besser!

Frei assoziieren

Die 360°-Analyse erstellen Sie Schritt für Schritt. Nehmen Sie sich fünf DIN-A3-Blätter oder verschiedene Dateien und zeichnen Sie Mindmaps oder kleine Illustrationen. Lassen Sie Ihren Assoziationen freien Lauf, streichen Sie lustig durch und verändern Sie. Wichtig ist, dass die Mindmaps über einen Zeitraum von mindestens vier Wochen immer mal wieder hervorgeholt werden, damit Sie sie ergänzen können. Hier ein Beispiel:

Motivatoren

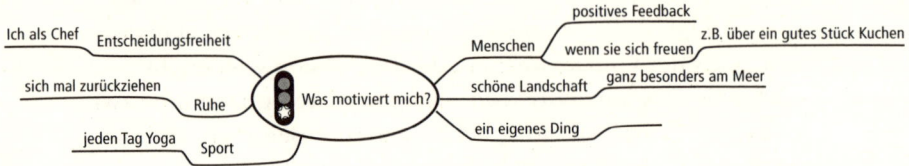

Ich als Chef — Entscheidungsfreiheit

sich mal zurückziehen — Ruhe

jeden Tag Yoga — Sport

Was motiviert mich?

Menschen — positives Feedback — wenn sie sich freuen — z.B. über ein gutes Stück Kuchen

schöne Landschaft — ganz besonders am Meer

ein eigenes Ding

Persönlichkeit / Ich

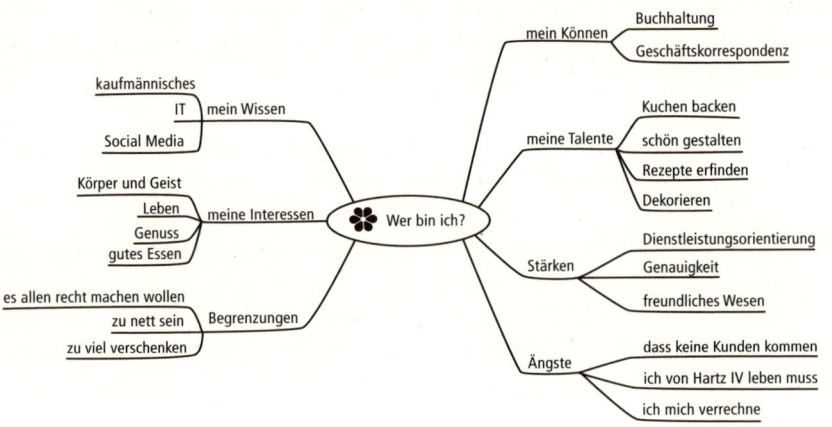

kaufmännisches
IT — mein Wissen
Social Media

Körper und Geist
Leben — meine Interessen
Genuss
gutes Essen

es allen recht machen wollen
zu nett sein — Begrenzungen
zu viel verschenken

Wer bin ich?

mein Können — Buchhaltung — Geschäftskorrespondenz

meine Talente — Kuchen backen — schön gestalten — Rezepte erfinden — Dekorieren

Stärken — Dienstleistungsorientierung — Genauigkeit — freundliches Wesen

Ängste — dass keine Kunden kommen — ich von Hartz IV leben muss — ich mich verrechne

Visionen

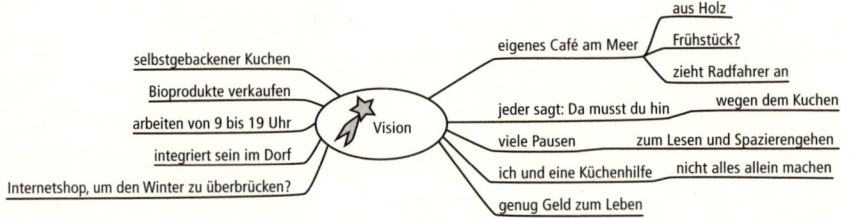

selbstgebackener Kuchen
Bioprodukte verkaufen
arbeiten von 9 bis 19 Uhr
integriert sein im Dorf
Internetshop, um den Winter zu überbrücken?

Vision

eigenes Café am Meer — aus Holz — Frühstück? — zieht Radfahrer an

jeder sagt: Da musst du hin — wegen dem Kuchen

viele Pausen — zum Lesen und Spazierengehen

ich und eine Küchenhilfe — nicht alles allein machen

genug Geld zum Leben

Basis

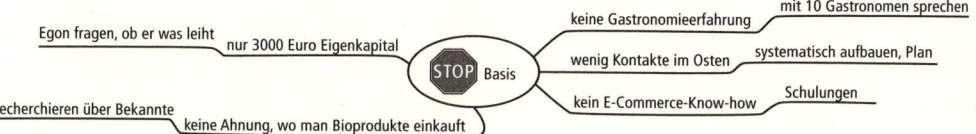

Rahmenbedingungen

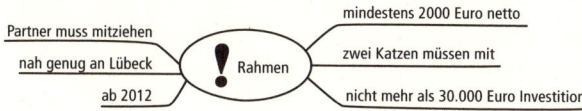

Gehen Sie bei der Analyse in die Tiefe und fragen Sie sich selbst auch: Was steckt dahinter? Hinterfragen klärt das Bild. Im Zusammenhang mit dem Punkt »Persönlichkeit« (»Wer sind Sie?«) sollten Sie sich auch überlegen, was Sie gern tun wollen. Am einfachsten ist es dabei, wenn Sie nicht Substantive formulieren, sondern verbal beschreiben, zum Beispiel »denken«, »beraten«, »reden«. Gewichten Sie die Tätigkeiten. Wenn Sie bereits eine Geschäftsidee haben oder sich verändern wollen, überlegen Sie, ob das, was Sie aufgeschrieben haben, zu Ihrem Vorhaben passt. Beispiel: Ihre Motivation ist es, sich die Zeit selbst einteilen zu können. Folgende Fragen könnten Sie sich stellen:

- Was genau bedeutet das für Sie?
- In welcher Form möchten Sie Ihre Freiheit leben?
- Was darf auf keinen Fall passieren?

Kein Zwang

Beim Punkt »Visionen« rate ich zu einer Art progressiven Denk-Entspannung. Ich weiß, dass es Menschen gibt, die große Schwierigkeiten haben, weit zu denken, die eher in der Gegenwart leben und die sich deshalb die Zukunft schwer vorstellen können. Andrerseits ist eine Vision eine Vision und keine Zukunftsplanung. Menschen mit hoher Offenheit bei den Big Five fällt es meistens leichter, Visionen zu entwickeln. Es gibt auch verschiedene Zugänge: über sportliche Aktivitäten oder das Malen von Bildern etwa.

Manche Menschen können Visionen nicht aus der Theorie, sondern erst aus dem Tun heraus entwickeln. Wenn dies bei Ihnen so ist, verschieben Sie die Vision auf später. Oft hilft es auch, das »große« Wort Vision durch die Frage »Was wäre schön zu haben?« zu ersetzen.

Bis Testende

Beim Punkt »Rahmenbedingungen« empfehle ich, die Gedanken nur auf die Testphase zu fokussieren und Auswirkungen auf die spätere Gründung erst einmal auszublenden. Der Grund ist, dass Sie sich sonst zu früh Grenzen setzen. Wenn Sie ausprobieren möchten, ob es Ihnen liegen würde, Kekse zu verkaufen, und Sie sich entscheiden, dies drei Monate im Straßenverkauf zu testen, brauchen Sie sich noch nicht mit dem Gedanken an die 50 000 Euro zu beschäftigen, die Sie vermutlich brauchen, um ein Ladengeschäft zu eröffnen. Denn: Nach dem Test ist das Ladengeschäft sowieso kein Thema mehr (weil Sie entdeckt haben, dass es einen Markt für einen Keks-Lieferservice gibt) oder es haben sich ganz andere Türen geöffnet.

Die Beispielkundin, die Sie aus den Mindmaps kennen, wollte sehr gern ein Café im Grünen eröffnen, verbot sich diesen Gedanken aber, da die Kosten sie erschreckten. In ihrer Testphase übernahm sie einen Monat vertretungsweise ein Café in Mecklenburg – und fing endgültig Feuer. Ein Kredit war danach kein Ausschlusskriterium mehr und die Sicherheiten ließen sich auch beschaffen. Hätte ich sie vorher schon aufgefordert, so weit zu denken, sie hätte diesen großen Schritt nie gewagt.

Schreiben Sie eine Zusammenfassung. Fügen Sie einen Absatz hinzu, der beschreibt, was das 5-Punkte-Programm für Ihre Gründung beziehungsweise Neuausrichtung bedeutet. Notieren Sie weiterhin offene Fragen für den Schritt 2.

Schritt 2: Das 3-Kritiker-Tischgespräch

Vielleicht hat sich mit Schritt 1 Ihre Geschäftsidee verändert, vielleicht auch nicht. Jetzt geht es jedenfalls darum, sich der Geschäftsidee, oder, bei bestehenden Unternehmen, der Geschäftsveränderung zu widmen. Schreiben Sie diese auf einer DIN-A4-Seite verständlich für einen Außenstehenden auf. Rechnen Sie weiterhin durch, was Sie Ihre Idee respektive der geplante Wachstumsschritt kostet und welchen Stunden- oder Tagessatz beziehungsweise welche Warenkosten Sie ansetzen. Je mehr Details, desto besser. Stellen Sie sich darauf ein, Fragen wie die folgenden zu beantworten:

- Was kostet Ihr Produkt?
- Wie viel davon verkaufen Sie?
- Wo kaufen Sie es zu welchem Preis ein?

Erstellen Sie dann eine Liste mit den Fragen, die Sie noch klären müssen.

Beachten Sie: Wenn Sie sich in einer fremden Branche selbstständig machen wollen, müssen Sie mehr Grundlagen recherchieren und tiefer tauchen. Wenn Sie neu in einer Branche sind, legen Sie die Recherchephase deshalb großzügig an: Sechs Monate und mehr können angemessen sein – das ist auch abhängig davon, wie viel Zeit Sie investieren können und wollen.

Recherchieren heißt für mich vor allem eins: mit Leuten sprechen, die sich auskennen. Googeln ist kein Recherchieren. Es bringt vielleicht mal die eine oder andere Info, doch wer in Spezialgebiete vordringen will, schafft das nur mit Gesprächen. Wenn Sie nicht so viele Leute kennen, kosten solche Gespräche meist Überwindung. Doch sich selbst zu überwinden, um fremde Personen anzusprechen, ist die beste Übung zur Vorbereitung auf die Selbstständigkeit, vor allem wenn Sie introvertiert sind und Glaubenssätze wie »Das kann ich doch nicht tun« Sie in Ihrer Entfaltung behindern. Wenn Sie grundlegende Fragen für sich geklärt haben, bleiben vielleicht nur noch wenige oder gar keine offen. Jetzt ist es Zeit für den wichtigsten Schritt.

Das kann ich doch nicht tun …

Nun kommen die drei Kritiker ins Spiel. Das sind Experten, die Ihre Idee kritisch bewerten und beurteilen. Es gibt Menschen, die Fallstricke bei Vorhaben sehen – entweder weil sie sich auskennen oder weil sie einen Blick für Fallstricke haben, am besten beides. Je nach Fragestellung ist der erste oder zweite Punkt wichtiger. Nicht immer sind diese Leute als Berater tätig, sodass Sie sie so einfach buchen können. Es können auch Menschen aus Ihrem Umfeld sein, Experten oder Praktiker. Je hochkarätiger (also selbst erfolgreich), desto besser für Ihre Idee.

Entscheiden Sie, welche drei Personen geeignet sind, um Ihre Idee von allen Seiten zu beleuchten und sie auf den Prüfstand zu stellen. Laden Sie diese zu einem gemeinsamen Termin in einen Konferenzraum ein. Dort führen Sie das 3-Kritiker-Tischgespräch. Präsentieren Sie Ihre Idee und stellen Sie sich dann den Fragen, bevor Sie Ihre präsentieren. Natürlich sollten Sie vorher die Kosten klären. Expertise gibt es nur von Freunden kostenlos. Beispiel: Eine

Unternehmerin wollte ihr Online-Geschäft erweitern und bei Zwischenhändlern gelistet werden. Ihr war weder klar, wie das geht, noch welche Margen üblich sind. Ihre drei Kritiker waren:

- ein branchenerfahrener Controller, der sich die Deckungsbeiträge genauer anschaute,
- ein Zwischenhändler, der bereit war, die Geheimnisse der Branche auszuplaudern, und
- ein auf Vertrieb spezialisierter Unternehmensberater.

Diese Personen waren nicht leicht zu finden. Und als sie mithilfe intensiver Internetrecherche – Plattformen wie XING, Twitter oder auch die Competence-Site sind hier sehr hilfreich – einmal gefunden waren, auch nicht leicht dazu zu bewegen, den »Job« als Kritiker anzunehmen. Es kann Überzeugungsarbeit sein.

Sie können Ihre drei Kritiker nacheinander konsultieren oder alle drei zu einem Termin bitten. Dies ist die Idealform, da sie so verschiedene Aussagen koordinieren, Widersprüche direkt klären und Ergebnisse zusammenfassen können. In solch einem Fall ist es hilfreich, wenn ein Coach die Expertenrunde moderiert. Ein solches Vorhaben kann Sie einiges an Geld kosten – aber dies ist ein Klacks gegen das, was Sie aufwenden müssen, wenn Sie darauf verzichten.

Nicht so »pushy« sein

Nicht jeder Experte ist mit Geld zu bewegen, etwas zu verraten. Gehen Sie taktisch vor und überlegen Sie, wie Sie die Wunschperson ansprechen und wann Sie mit Ihrem Anliegen rausrücken. Ich erinnere mich an eine Personalerin, die mich zum Kaffee einlud. Dies geschah, wie sich im Nachhinein rausstellte, um mich auszuquetschen. Die Rechnung überließ sie mir. Seitdem lasse ich mich nicht mehr von Wildfremden zum Kaffee einladen, sofern diese nicht deutlich kommunizieren, was sie wollen. Was ich damit sagen will: Wenn Sie zu aufdringlich und aggressiv vorgehen, werden Ihnen die Türen reihenweise vor der Nase zugeschlagen werden. Machen Sie es offiziell und versuchen Sie nicht, sich Informationen zu erschleichen.

Best Practice ist immer gut

Meine Café-in-Meckpomm-Kundin wollte mit ihren drei Kritikern – einem erfolgreichen Café-Besitzer, einem Unternehmensberater mit Spezialgebiet Gastronomie und einer Unternehmerin, die ihren Lebenstraum verwirklicht hat – Folgendes klären:

- Welche Best-Practice-Beispiele gibt es, also Cafés, die sehr gut im Geschäft zu sein scheinen?
- Wie überwintern Café-Besitzer?
- Was ist ein attraktives Angebot (zum Beispiel Frühstück in der Nähe von Ferienhaussiedlungen)?
- Mit welchen Geschäftsideen lässt sich das Café kombinieren (zum Beispiel Vermietung von Ferienhäusern)?
- Und adressiert an die Unternehmerin: Wie schaffe ich es, mutige Schritte zu gehen und Ängste und Sorgen zu überwinden?

Schritt 3: Das Gründungs- oder Wachstumsprojekt

Meine Tante (Sie erinnern sich?) schickte mich zum Maiglöckchenverkauf. Dieser Versuch führte dazu, dass ich mich bereits mit elf Jahren gegen eine kaufmännische Laufbahn entschied. Es war mir einfach zu langweilig. Ich mag auch nicht die ganze Zeit lächeln. Das aber muss tun, wer erfolgreich verkaufen will (Sie erinnern sich an den Inge-Effekt?). Meine Freundin zeigte mir, dass ein Lächeln den Unterschied macht. Sie hatte am Ende wesentlich mehr Geld in der Kasse als ich.

Fast jedes Geschäft und erst recht jede Veränderung von Geschäftsmodellen ermöglicht einen Testlauf. Bei einigen größeren Unternehmen sind diese auch ganz normal. Neue Zeitschriftenkonzepte werden erst ein Jahr in einer Entwicklungsredaktion erfunden, bevor eine sogenannte Nullnummer verkauft wird. Süßwarenhersteller testen neue Leckerlis in ausgewählten Testmärkten, bevor sie ein großes Ding daraus machen. Seltsam also, dass Gründer bestenfalls googeln, nicht aber testen sollen.

Testläufe sind sogar möglich, wenn Sie etwas produzieren. Sie müssen dann eben Prototypen herstellen und verkaufen. Beispiel: Ihre Idee ist es, besondere Brotaufstriche zu verkaufen, wobei Sie noch nicht genau wissen, ob Sie auf das Internet oder auf den Fachhandel setzen sollen. Beides probieren Sie über sechs Monate neben Ihrem Job aus, den Sie vorher auf vier Tage reduzieren (geht einfacher als viele denken). Da Sie noch nicht in den Aufbau eines Shops investieren wollen, setzen Sie im Internet auf Ebay und Amazon. Parallel dazu suchen Sie nach drei Geschäften, die Ihre Brotaufstriche vertreiben. Oder: Sie haben einen Wellness-Drink erfunden, von dem jeder in Ihrem Umfeld begeistert ist. Bevor Sie nun ein teures Corporate Design entwickeln und in die Massenproduktion gehen, finden Sie Kooperationspartner, die Ihren Drink ausschenken, verkaufen Sie ihn auf der Straße (Achtung: Erlaubnis einholen!), am Strand, auf einem Trödelmarkt oder in einem Wellness-Hotel.

Auch Freiberufler, die ja in der Regel mit ihrem Wissen Geld verdienen, können ein Gründungs- oder Wachstumsprojekt absolvieren. Trainer können erst mal Co-Trainer sein oder assistieren. Wer Berater werden möchte, könnte schon mal in seinem Umfeld nach Kunden suchen, mit dem Ziel, mindestens einen zu finden, der für die Beratung einen normalen Marktpreis bezahlt. Das ist wichtig und macht den entscheidenden Unterschied zur normalen Vorgehensweise: Kostenlose Beratung ist immer gefragt, aber sobald die Geldbörse gefordert ist, zucken selbst gute Bekannte.

Wer sich noch unsicher ist, kann den ersten Schritt über einen Tauschring machen. Tauschringe verzichten auf Bares. Sie tun etwas und sammeln Punkte, die Sie dann woanders gegen eine Dienstleistung eintauschen können. Das ist ideal, um zu testen, ob einem die Tätigkeit überhaupt liegt. Wichtig ist: Ein einzelner Auftrag reicht hier nicht aus. Das Gründungsprojekt sollte immer so angelegt sein, dass am Ende ein voll bezahlter Auftrag oder ein normal bezahltes Produkt steht.

Weitere Ideen für Gründungsprojekte sind zum Beispiel:

- Urlaubsvertretungen übernehmen.
- Einen Sport- / Englisch- oder sonstigen Kurs in der eigenen Wohnung oder einem Vereinsheim anbieten.
- Eine erste Komposition erstellen und verkaufen.
- Eine Website im Internet vermarkten, die Teil eines größeren Portals werden könnte.
- Sein eigenes Produkt in einem fremden Online-Shop vertreiben.
- Ein Unternehmen finden, mit dem zusammen Sie Ihr Gründungsprojekt durchführen können.
- Eine Prozessoptimierung in einem kleinen Betrieb durchführen.

1000 Möglichkeiten

Es gibt 1000 Möglichkeiten, Ideen schon vor der Gründung oder der Veränderung eines Geschäftsmodells zu testen. In fast allen Bereichen lässt sich etwas finden, mit dem am Ende auch Geld verdient wird. Ausnahme sind kapitalintensive Ideen, die Entrepreneur-Unternehmer realisieren. Hier ersetzen umfangreiche Umfragen und akribische Marktforschung sowie Hospitationen bei erfolgreichen Unternehmern in ähnlichen Branchen das Gründungsprojekt.

Machen Sie sich frei von dem Anspruch, in dieser Phase schon perfekt sein zu müssen und mit professionellem Corporate Design an den Markt zu gehen. Es geht hier ausschließlich darum, Erfahrungen zu sammeln. Und wie Sie noch sehen werden, verkaufen sich gute Produkte und Dienstleistungen eine Zeitlang auch ganz gut ohne ein Corporate Design. Ja, Sie können sogar sicher sein: Wenn es auch »ohne« geht, haben Sie wirklich etwas Gutes und nicht nur eine schöne Verpackung.

Bedenken Sie, dass so ein Gründungsprojekt eine Investition in Ihre Zukunft ist. Es kann sein, dass Sie für die Realisierung Ihres Tests Geld bezahlen müssen, weil Sie vorher etwas herstellen oder einkaufen müssen. Das gehört dazu. Viel wichtiger ist aber, dass Sie viel Geld einsparen können, weil Sie in kleinem Rahmen etwas testen, für das Sie sonst von Anfang an einen großen und damit teureren Rahmen geschaffen hätten.

Fragen Sie sich aber:

- Wie viel Geld zahlen Sie auf Ihr (vorgestelltes oder real existierendes) Gründungsprojektkonto ein?
- Wie lange soll das Gründungsprojekt dauern?
- Welche Bausteine hat das Gründungsprojekt?
- Welche Meilensteine gibt es?
- Was müssen Sie verändern, damit Sie mehr Zeit für Ihren Test haben?
- Wie können Sie sicherstellen, dass der Test möglich ist, auch wenn Sie angestellt sind oder mit Ihrem derzeitigen Unternehmen genug zu tun haben?

Denken Sie quer. Vielleicht gibt es einen Kellerraum für Ihr Geschäft oder Sie können doch mehr Zeit investieren, als Sie dachten. Vielleicht reduzieren Sie Ihren Job auf 25 Stunden, nehmen sich ein Sabbatical, unbezahlten Urlaub oder auf anderem Weg die Zeit, die Sie bis dahin nicht zu haben glaubten.

Meine Café-Gründerin absolvierte ihr Gründungsprojekt während eines unbezahlten Urlaubs. Der Arbeitgeber stellte die Kundin frei.

Das ist problemlos möglich, sofern Sie auf das Entgelt verzichten können. Wenn diese Phase nicht länger als vier Wochen dauert, besteht der Sozialversicherungsschutz weiter.

Für die Besitzerin des Cafés bot die Vertretung eine willkommene Gelegenheit, einmal selbst wegzufahren. Und die »Gründerin im Projekt« konnte testen, ob das Kochen, Bedienen, Abrechnen und Rund-um-die Uhr-freundlich-Sein wirklich so viel Spaß macht wie gedacht.

Wachstumsinteressierte Unternehmen absolvieren statt des Gründungs- ein Wachstumsprojekt. So wie Peter. Er hatte eine erfolgreiche Praxis für Physiotherapie betrieben. Nun wollte er Kurse zur Stressprophylaxe von Managern geben. Seine langfristige Vision: Praxis aufgeben, nur noch 50 Trainings im Jahr. Dazu hatte er ein besonderes Konzept entwickelt. Sein Wachstumsprojekt: Ein Unternehmen beziehungsweise einen Betriebsrat finden, mit dem er dieses Konzept einmal durchführen konnte.

Erst wenn Schritt 3 erfolgreich abgeschlossen werden kann, erreichen Sie die nächste Stufe: Schritt 4. War es kein Erfolg, sollten Sie das Gründungsprojekt wiederholen. Fragen Sie sich dazu, was Sie anders machen wollen. Wichtig ist: Schritt 4 beginnt erst, wenn Sie mit einer Bilanz abschließen, die Sie selbst ermutigt weiterzumachen!

Schritt 4: Die 100 Aktionen

Wissen Sie, was erfolgreiche von erfolglosen Gründern unterscheidet? Nur eine einzige Sache: Die einen tun's, die anderen nicht. Die Phasen 3 und 4 sind Handlungsphasen. Wer hier schon hängenbleibt, ist noch nicht reif für die Selbstständigkeit. Phase 4 schließt an den Abschluss des ersten Gründungsprojekts an und leitet in die Full-Power-Umsetzung. Sie haben ein Fazit gezogen und Ihr

Vorhaben »sortiert«. Möglicherweise haben Sie sich auch für einen kleinen Kurswechsel entschieden? Dann können die 100 Aktionen starten.

Handlungs- statt Businessplanung

Das Motto dieser Phase könnte lauten »drei Monate weiterprobieren« oder »alle Maßnahmen zur Realisierung einleiten«. Wenn Sie sich entschieden haben, in Vollzeit zu gründen, rate ich dazu, einen Katalog von 100 Aktionen für drei Monate zu erstellen – das heißt jeden Tag mindestens eine Aktion. Das kann ein Anruf sein, eine E-Mail, ein Nachfassen, ein Textentwurf, ein Treffen, eine Reise zu einer Messe ... je nach Schwerpunkt Ihres Geschäfts. Es hört sich viel an, ist es aber nicht. Die 100 Aktionen sind nicht Businessplanung, sondern Handlungsplanung. Sie zielen direkt auf die Umsetzung, anstatt theoretische und abstrakte Gedankengebäude aufzustellen.

Wie wir schon gesehen haben, ist die Gründungszeit bei Bezug von Gründungszuschuss ohnehin in den meisten Selbstständigkeiten zu knapp bemessen. Sie müssen Gas geben – und genau das tun wenige, weil sie eben so lange mit der Findung und Neuausrichtung ihres Businessplans beschäftigt sind. Gewichten Sie die Aktionen in Ihrer Liste, fangen Sie mit dem Naheliegenden und Einfachen an. Sehen Sie jeden einzelnen Punkt als Projekt, das nicht nur einen Anstoß braucht, sondern auch ein weiteres Fortführen. Sie werden mit Ihren 100 Aktionen voll beschäftigt sein. Starten Sie nur, wenn Sie in jeder Beziehung bereit dazu sind.

Vorsicht: Akquisekrankheit

Zwingen Sie sich nicht zur Umsetzung, wenn Sie Widerstände spüren. Diese führen mit hoher Wahrscheinlichkeit zur bereits in meinem *Karrieremacherbuch* beschriebenen Akquisekrankheit. Bei der Akquisekrankheit streikt erst die Seele und dann der Körper.

Manche Akquisekranken bekommen Pusteln, andere sagen Termine plötzlich ab, weil sie krank sind. Sie tun alles, um die Akquise zu umgehen, teilweise ohne sich dessen bewusst zu sein. Wenn so etwas auftritt, gibt es zwei Möglichkeiten: Entweder ist die Zeit noch nicht reif oder die beschlossenen Aktionen passen nicht zu Ihnen. Wenn die Zeit noch nicht reif ist, heißt es einfach: noch mal abwarten, einen klaren Kopf bekommen. Wenn die Aktionen nicht passen: Überlegen Sie, was zu Ihnen passt, und ändern Sie Ihre Aktionen entsprechend. Beispiel: Ein Unternehmensberater setzte auf Kaltakquise, merkte aber, dass diese überhaupt nicht zu ihm passte. Er konnte sich einfach nicht überwinden, anzurufen. Folglich verlagerte er seine Akquise auf Networking, engagierte sich in mehreren Netzwerken und gründete eine Akquisegruppe. Ab diesem Zeitpunkt »flutschte« es.

So könnte ein Aktivitätenplan aussehen:

No.	Aktivitätenplan	Erledigt
1	XING-Profil optimieren	✔
2	Facebook-Seite aufbauen	✔
3	Kontakte der Kontakte bei XING für Akquise ermitteln	✔
4	3 Textbausteine für Ansprache neuer Kontakte	✔
5	10 Zielgruppenbesitzer ermitteln (= Menschen, die Zugriff auf Ihre Zielgruppe haben)	✔
6	Twitter-Account anlegen	✔
7	Projekt Twitteraufbau: 50 Erste Follower einladen	✔
8	5 interessante Weblogs finden und abonnieren	✔
9	8 Bekannte einladen, um meine Dienstleistung vorzustellen	✔
10	Präsentation planen	✔

10+ Aktionen

Wenn Sie bereits selbstständig sind und sich verändern möchten, reichen zehn Aktionen oft völlig aus. Beispiel: Sie möchten ein neues, teureres Produkt einführen, das für eine Zielgruppe bestimmt ist, die bisher nur teilweise die Ihre war. Sie waren bisher erfolgreich darin, Seminare zur Rauchentwöhnung zu geben. Jetzt haben Sie keine Lust mehr darauf, immer dasselbe zu machen, und wollen lieber das Produkt »Coachlauf« verkaufen. Während des Laufens coachen Sie gesundheitsbewusste Menschen zu speziellen Lebens- und Arbeitsfragen.

Ihr Plan kann folgende Punkte umfassen:

1. Produkt detailliert formulieren und bepreisen.
2. Neuen Bereich auf der Website schaffen.
3. Erfahrungsbericht Coachlauf von Referenzkunden aus Wachstumsprojekt schreiben lassen.
4. Zehn weitere positive Bewertungen von Referenzkunden sammeln.
5. Fanpage bei Facebook einrichten.
6. Video Coachlauf aufnehmen.
7. Zehn Portale finden, auf denen Ihr Angebot unbedingt präsent sein muss, sowie Wege, dieses dort unterzubringen.
8. Mailing an Kunden verschicken, die zur Zielgruppe gehören.
9. Mailing an Kunden verschicken, die nicht zur Zielgruppe gehören, aber andere auf das neue Produkt hinweisen können.
10. Ausgewählte Empfehlungsgeber auf das neue Produkt hinweisen.

Finanzoptimierung

Wenn Sie sich als Wachstumsunternehmen in der Aktivitäten-Phase befinden, dann war oft der Wunsch nach finanzieller Optimierung der Auslöser für die Veränderung. So wie bei Harry und Sally.

Die beiden, die natürlich anders heißen, betreiben ein Büro für Lektorat und Schlussredaktion. Auftraggeber sind Zeitschriftenverlage, die ihre Schlussredakteure in den letzten Jahren outgesourct haben. Schon seit Langem nervt die beiden die Tatsache, dass diese Verlage sie permanent im Preis drücken. Also entscheiden sich Harry und Sally, neue und weniger preissensible Kunden zu gewinnen. Viel Potenzial scheint, so haben Recherche und Gründungsprojekt ergeben, bei Unternehmensberatungen zu liegen, die Studien und Texte herausgeben. Harry und Sally starten 30 Akquiseaktionen innerhalb dieser Zielgruppe, wobei sie jedes Mal unterschiedlich vorgehen, um den besten Weg auszutesten.

Schritt 5: Positionieren und Praxisplanen

Der normale Weg verläuft so: Bevor Sie an den Markt gehen, entwickeln Sie Ihr Corporate Design einschließlich Website und Flyer sowie allem, was dazugehört. Der Slow-Grow-Weg führt Sie über die 100 Aktionen zu diesem Punkt (vielleicht aber auch zu einem anderen). Dies setzt voraus, dass Sie aus den 100 Aktionen ein Fazit ziehen können, das Sie ermutigt, die bisherigen Erfolge weiterzuverfolgen. Wenn die 100 Aktionen ergeben, dass Sie doch eine Kurskorrektur vornehmen müssen, planen Sie erst einmal weitere Maßnahmen, bevor Sie an Ihrem Außenauftritt arbeiten.

Meine Erfahrung ist, dass 90 Prozent der Gründer sich nach 100 Aktionen klarer darüber sind, wohin die Reise geht. Sie sind jetzt bereit für die letzte Phase. Ich nenne sie »Positionieren und Praxisplanen«, weil Sie nun Ihre Position auf dem Markt sichtbar für andere bestimmen – und zwar zu einem Zeitpunkt, zu dem Sie durch die gemachte Erfahrung bereits wissen, was ankommt und wie Sie etwas verkaufen müssen. Dadurch können Sie sehr viel zielgerichteter vorgehen, Sie vermeiden überflüssige und teure Experimente.

Positionieren bedeutet: Finden Sie die Antwort auf die Frage, wofür Sie sich aufstellen und wie Sie erkennbar sein wollen. Was ist Ihr Unterschied zum Wettbewerb, was bieten Sie an und woran sind Sie erkennbar? Sofern die 100 Aktionen Klarheit gebracht haben, ist es jetzt auch an der Zeit, über ein Corporate Design nachzudenken. Das Positionieren bereiten Sie wiederum vor, indem Sie einen aktivitätsorientierten Wachstumsplan schreiben, der in der Ich- oder Wir-Form (zum Beispiel: »Ich werde folgende Kontakte bis zum 1.2.2012 anrufen, um sie zu einem Workshop einzuladen.«) vorgibt, was Sie machen und umsetzen werden, um sich am Markt zu etablieren. Gehen Sie dabei zum Beispiel von den folgenden Fragen aus:

- Wie und womit stelle ich mich selbst dar?
- Was biete ich dem Kunden an?
- Wer genau ist mein Kunde?
- Was nutze ich zur Außendarstellung?
- Was will ich tun, um Kunden zu gewinnen?
- Welche Kontakte kann ich nutzen?
- Was will ich tun, um mich bekannt zu machen?

Meine Erfahrung ist, dass das aktive und konkrete Beschreiben erst einmal befremdlich ist, aber eine sehr viel bessere Grundlage als ein trockener und theoretischer oder abstrakter Businessplan. Ich möchte Ihnen einmal den Unterschied der zwei verschiedenen Schreibarten an einem Praxisbeispiel zeigen:

- In einem traditionellen Businessplan würde stehen: »Kunden für Stilberatung finden sich im Privat- und Unternehmensbereich. Bei den Unternehmen benötigt zum Beispiel die Gastronomie Beratung. Zusatzwissen im Bereich Corporate Design ist hier hilfreich.«

- In einem praxisorientierten Wachstumsplan könnte stehen: »Ich konnte bereits einen ersten Unternehmenskunden gewinnen, das Hotel Mercure in Beispielstadt. Mit diesem Kunden werde ich eine visuelle Vorher-Nachher-Geschichte erstellen, die bei der Akquise weiterer Hotels hilft. Die Direktorin konnte mir dazu bereits Ansprechpartner nennen und erlaubt mir, mich auf sie zu berufen.«

Hinter schwammigem Businessplan-Deutsch kann man sich leicht verstecken, hinter einer Praxisplanung nicht. Je detaillierter Sie auch hier Ihre Aktionen planen – und zwar in allen Bereichen – und diese aktiv und konkret niederschreiben, desto eher werden Sie diese auch umsetzen.

Ihr Praxisplan sollte außerdem eine Rechnung für das erste Jahr enthalten, die die in Schritt 2 vorgenommene Rechnung konkretisiert. Was geben Sie aus? Welche Honorare müssen Sie einnehmen, um kostendeckend zu arbeiten? Anstatt nun für drei Jahre zu planen, erstellen Sie als Anbieter von personen- oder unternehmensbezogenen Dienstleistungen monatliche Vorausschauen, die mindestens zwei Eckdaten brauchen:

- Welche Einnahmen erwarte ich im nächsten Monat?
- Was kann ich schon jetzt tun, um die Einnahmen im übernächsten Monat oder in den folgenden Monaten zu sichern oder zu erhöhen?

Sie brauchen einen Kredit und dafür einen »richtigen« Businessplan? Ihr Praxisplan ist ungewöhnlicher Bestandteil eines solchen, aber einer, den jeder gut und nützlich finden wird. Erweitern Sie ihn einfach so, wie es erwartet wird. Hinweise zur Vorgehensweise auf eine »bankfeste« Businessplanung finden Sie in meinem *Praxisbuch Existenzgründung.*

Was wurde aus Harry und Sally? Durch ihre »10+ Aktionen« gewannen die beiden innerhalb von drei Monaten zwei neue Kunden, die 20 Prozent besser zahlen als die Verlage. Sie erweiterten ihr Angebot und bieten fortan auch Texterstellung und Grafik. Mit dieser Rundumdienstleistung re-positionierten sie sich als Textdienstleister speziell für Unternehmensberatungen. Die schlecht zahlenden Zeitschriftenkunden gaben sie ab an eine Lektorin, die diese Kunden fortan eigenständig betreut. Dafür kassierten sie in den ersten zwei Jahren eine Provision von 15 Prozent. Mit diesem Wachstumsschritt waren am Ende alle zufrieden. Ohne neue Mitarbeiter einstellen zu müssen, konnten jetzt höhere Umsätze erzielt werden. Gleichzeitig konnte eine junge Selbstständige dabei unterstützt werden, sich »freizuschwimmen«. Und das alles mit einer Geschäftsidee, die alles andere als »besonders« ist. Womit wir beim nächsten Thema wären.

3. Slow-Grow-Regel

FALSCH: Sie müssen sich spezialisieren!
RICHTIG: Sie sollten Ihre Idee entwickeln.

Überall ist von Spezialisierung die Rede. Was ist Ihre Nische, Ihr Alleinstellungsmerkmal? Die Wahrheit ist: Am Anfang stört aggressives Nischendenken nur. Viel besser ist es, die Aufträge und Kunden anzunehmen, die Sie bekommen können, und sich dann langsam weiterzuentwickeln. Evolution statt Revolution – darum geht es bei der 3. Slow-Grow-Regel.

»Sie brauchen eine Nische!« – »Erfolg durch Spezialisierung!«[1] Sie können das nicht mehr hören? Oder Sie wissen nicht, auf was Sie sich denn spezialisieren sollen und wo Sie Ihre Nische ausgraben sollen, weil Sie weit und breit keine sehen? Dann geht es Ihnen wie vielen anderen Gründern auch. Kaum 2 Prozent aller Gründer bieten eine deutschland- oder weltweite Innovation an, wie wir bereits gesehen haben (sind also Entrepreneur-Unternehmer). Das heißt, die absolute Mehrzahl der Gründer hat entweder ein spezielles Produkt oder eine Dienstleistungsnische entdeckt. Diese Selbstständigen-Unternehmer sind meist auch nicht besonders spezialisiert.

Wenn ich mich so umschaue, sehe ich lauter Selbstständige ohne Nischen. Umgekehrt habe ich einige Nischenbesitzer in ihrer Nische verschwinden sehen, zum Beispiel weil diese zu klein war oder sich in der Nische kein oder nicht genug Geld verdienen ließ.

Das hat mich zu dem Fazit gebracht: Weg mit dem Nischendenken in der Gründung. Hier wird das Erfolgskonzept eines kleinen Teils der Gründer auf alle übertragen. Nischen sind wie sogenannte dritte Seiten in Bewerbungen: Oft braucht man sie nicht. Und wer sie krampfhaft sucht, bewirkt damit den gegenteiligen Effekt – Misserfolg statt Erfolg.

Friedrich

Ich möchte Ihnen die Geschichte von Friedrich erzählen, weil sie zeigt, dass das in Büchern und überall in der Gründungsszene verbreitete Nischendenken schlimmstenfalls zu ungesunden Denkblockaden führt. Friedrich saß in der Perfektionismusfalle. Er redete wieder und wieder über seine Geschäftsidee, zweifelte, schlief schlecht. Dabei hatte er 10 000 Euro in seinem Gründungsprojekt eingenommen, die Sache lief also mehr als rund. Ich fand, dass er es nun wagen und seine Existenz anmelden könnte. Doch Friedrich sah das anders. »Meine Idee ist noch nicht ausgereift und abgegrenzt genug«, insistierte er. Für mich war seit Wochen klar, dass er als Unternehmensberater seine Expertise für die Optimierung der Unternehmensprozesse von kleinen und mittleren Unternehmen innerhalb einer bestimmten Region anbieten würde. Das wollte er tun, das mochte er und darin war er gut. Da gab es zu diesem Zeitpunkt nichts mehr weiter zu spezialisieren. Er musste raus, den offiziellen Schritt in die Gründung tun.

Mehrere Monate drehte er sich im Kreis und um die eigene Achse. Da Friedrich durch eine Abfindung kein Geld brauchte, gab es leider keinen heilsamen finanziellen Druck. Die Abfindung würde aber auch nicht für den Rest des Lebens reichen, und wer will schon ein langweiliges Leben als Privatier fristen? Friedrich nicht. Rational betrachtet hätte ihn diese Tatsache zum Handeln bringen müssen, doch die Ratio war genau das Problem. Er dachte und dachte, redete, analysierte – aber unternahm nichts. Eines Tages erklärte ich, dass er nun zehn weitere Jahre viel Geld für mich bezahlen könnte und am Ende immer noch keinen Schritt weiter gekommen sein würde. Deshalb schlug ich vor, dieses Geld schon mal vorab an mich zu überweisen, es war etwa die Höhe seiner Abfindung. Da wurde er blass. Ab diesem Zeitpunkt ging es voran.

Das Trojanische Pferd

Friedrich startete also wie viele als Unternehmensberater ohne besonderen Fokus. Zwei Wochen arbeiteten wir eine Taktik für seine Akquise aus: Um leichter in die Unternehmen reinzukommen, würde er ein von mir sogenanntes Trojanisches Pferd nutzen. Das ist ein Alleinstellungsmerkmal, das eigentlich keines ist, da es lediglich Akquisezwecken dient. Sie bieten damit etwas an, zu dem das akquirierte Unternehmen kaum Nein sagen kann, weil es so attraktiv ist.

Für Friedrich war das Trojanische Pferd eine Software, die half, gesetzliche Vorschriften zu erfüllen. Wenn er mit dem Trojanischen Pferd im Unternehmen gelandet war, holte er sein eigentliches Angebot heraus, eine letztendlich »stinknormale«, auf alle Prozesse bezogene Unternehmensberatung. Das klappte, denn nun kannte man ihn ja schon. Doch die meisten Aufträge ergaben sich ohnehin schlicht und ergreifend durch Empfehlungen. So schaute er in die unterschiedlichsten Bereiche hinein, arbeitete sich in Neues ein und erwarb sich ein übergreifendes Wissen. Er schaffte schon im ersten Jahr hohe Umsätze, ohne eine eindeutige Nische besetzt zu haben.

Wunderwaffe EKS?

Erfolgreich ohne Nische? Dies widerspricht den neueren Positionierungsgesetzen, wonach eine Positionierung das Ziel hat, sich möglichst klar vom Wettbewerb abzugrenzen. Oft werden Positionierung und die Suche nach dem Alleinstellungsmerkmal, der sogenannten USP, in einem Atemzug genannt. Auch der Begriff »Nische« fällt in diesem Zusammenhang. Damit ist gemeint, dass man sich spezialisieren sollte, entweder thematisch oder bezogen auf seine Zielgruppe oder beides.

Manche der Spezialisierungsprediger zitieren die Buchstaben EKS.[2] Das hört sich an wie eine Krankheit, ist aber nur eine dieser Abkürzungen, die sich kein Mensch merken kann. EKS ist eine Methode; die Abkürzung steht für »Engpasskonzentrierte Strategie« und wurde von Professor Wolfgang Mewes in den 1970er Jahren entwickelt und als Methode geschützt. Inzwischen verwendet auch der St. Gallener Professor und Erfolgsautor Fredmund Malik diese Methode mit dem Zusatz »Marktführer werden durch dynamische Spezialisierung«. EKS ist der Dünger fürs Wachstum – und als Strategie, ein Unternehmen oder auch eine einzelne Person nach einigen Jahren am Markt auch richtig großzumachen, wirklich gut.

So geht EKS nicht vom Planungsgrundsatz aus, sondern vom strategischen Denken. Strategie bedeutet nach Mewes »nicht […] langfristige Erfolgsplanung, sondern Strategie ist die Art und Weise, seine und verbündete Kräfte optimal zum Nutzen seiner Zielgruppe einzusetzen.«[3] Das ist mir durchaus sympathisch, sofern der Aspekt hinzukommt, dass die so genutzten Kräfte auch zu einem selbst passen und die Persönlichkeit des Gründers einbeziehen. Aber: Dieser gute Ansatz wird oft zu früh eingesetzt, falsch interpretiert und auf das eine Thema »Spezialisierung« reduziert! Ich möchte Ihnen nun erläutern, warum das nicht nur falsch, sondern auch gefährlich ist.

Leuchttürme für alle

Viele Berater erheben die Spezialisierung zu einem unumstößlichen Gründungsgesetz, ob es nun um Ärzte, Anwälte, Handwerker oder Trainer und Coachs geht. Der Unternehmer soll sich auf seine Stärken besinnen und nur für eine einzige Sache stehen, zum Beispiel Kommunikationstraining für Gebäudereiniger oder Rechtsberatung für international agierende deutsche Online-Händler. Denn Spezialisierungsprediger fordern, dass sich jeder Gründer möglichst spitz, also wie ein Leuchtturm[4], erkennbar aufstellt, um innerhalb dieser Nische der beste Anbieter für seine Kunden zu werden. Der Gedanke dahinter ist auch nicht dumm: Wer spezialisiert ist, ist leichter erkennbar – eben im Idealfall ein Leuchtturm, der von Weitem blinkt –, kann leichter weiterempfohlen werden und meist höhere Honorare erzielen. Nur:

1. Die wenigsten können zu Beginn ihrer Selbstständigkeit gleich Leuchttürme bauen, denn sie wissen nicht, womit und wohin.
2. Nicht in jedem Business sind Leuchttürme gefragt.

Trotzdem finden Dialoge der folgenden Art täglich in Seminaren statt:

BERATER: *»Wer ist Ihre Zielgruppe?«*
KUNDE: *»Kleine und mittlere Unternehmen.«*
BERATER: *»Das ist viel zu unkonkret.«*
KUNDE: *»Keine Ahnung … Vielleicht, äh, Zahnarztpraxen.«*
BERATER: *»Was bieten Sie denn an?«*
KUNDE: *»Äh, Webdesign.«*
BERATER: *»Ah, Webdesign für Zahnärzte, super. Können Sie nicht besondere Pakete für Zahnärzte schnüren?«*
KUNDE: *»Ich wollte doch eigentlich nur eine Internetagentur gründen.«*
BERATER: *»Das reicht heutzutage aber nicht.«*

Quick-Positionierung

So landen Jungunternehmer oft eher zufällig bei Spezialisierungen, die ihnen überhaupt nicht entsprechen und die für den Markt auch keinen Sinn machen. Es entstehen uniforme Quick-Positionierungen. Der Frauen-Handwerker, der Bio-Texter, der Scheidungscoach. Hier wird in Nischen gesucht, die schnell mal dahin skizziert werden. Oh, die Recherche bei Google liefert keinen Treffer für Bio-Texter? Schick, dann machen Sie doch das. Verstehen Sie das nicht falsch: Ich bin immer dafür, innovative Konzepte umzusetzen. Doch das ist weit, weit weg von innovativ. Ich halte auch nichts von der Schnellschnell-Methode, ohne die Persönlichkeit des Gründers einzubeziehen, ein Gründungsprojekt durchzuführen und nur um der Spezialisierungsanforderung des Beraters gerecht zu werden.

Besonders kritisch sehe ich die Quick-Positionierung bei personen- und unternehmensbezogenen Dienstleistungen wie Beratung, Training, aber auch Text und Kreation, also bei sehr vielen Gründungen im Bereich der Selbstständigen-Unternehmer.

Aber auch Beratern wird das Nischenkonzept verpasst. Das nennt sich dann »Sog-Marketing«, zum Beispiel für Coachs.[5] Sie kommen langsam durcheinander? Leuchtturm? Sog-Marketing? Sie finden auf dem Buchmarkt auch noch *Rasierte Stachelbeeren*[6] und diverse Ansätze mehr, die alle das gleiche Prinzip beschwören.

Erst Sie, dann der Kunde

Ich sehe es den Websites sofort an, wenn deren Herausgeber von bestimmten Beratern kommen, die sich für Nischenpäpste halten. Das Problem dabei: Es wird ausgehend vom Markt gedacht und nicht etwa ausgehend vom Gründer oder der Idee. Das ist aber notwendig! Wer etwas persönlich gar nicht leisten kann und will, wird mit der tollsten Nische scheitern. Und umgekehrt: Wer etwas authentisch vertritt, erreicht auch Kunden. Aus der eigenen Lust und Laune heraus zu handeln, ohne krampfhaft nach Nischen zu suchen, kann gerade am Anfang einer Selbstständigkeit ein ziemlich bodenständiges Erfolgsrezept sein. Danach heißt es: Sortieren, immer wieder sortieren und zuspitzen – das ist ein Prozess, der niemals aufhört.

Von der Quick-Positionierung wird ratzfatz alles Weitere in die Wege geleitet, sie ist normalerweise auch Grundlage für den Businessplan. Die in dieser viel zu frühen Phase erfolgte Planung lässt alle Faktoren außer Acht, die zu diesem Zeitpunkt eigentlich besser schon analysiert worden wären. Dass die Ergebnisse so oft mangelhaft sind, haben wir ja schon festgestellt. Im schlechtesten Fall fangen die Gründer etwas an, was sie bald wieder aufgeben, im besten Fall machen sie nach zwei Jahren etwas ganz anderes und werten den ersten Schritt als Lernphase, ohne die sie nie herausgefunden hätten, dass sie auf dem Holzweg waren. Ich denke, der schlechteste Fall überwiegt. Es ist aus meiner Sicht der zentrale Grund, aus dem laut KfW-Gründungsmonitor 2010 jeder vierte Existenzgründer in den ersten drei Jahren wieder aufgibt.[7]

Spezialisierung gar nicht gefragt

Es gibt einen weiteren Haken bei dieser Art der Positionierung. Was tun, wenn der Markt ganz einfach gar keine besonderen Stärken und Angebote will? Realistisch betrachtet liefern, wir haben diese Zahl bereits gelesen, 98 Prozent (!) aller Gründungsprojekte keine Marktneuheiten. Hinzu kommt, dass die allermeisten Gründer überhaupt nichts mit Innovationen und wenig mit Nischen im Sinn haben, denn 83 Prozent starten im Dienstleistungssektor, einige im tertiären und immer mehr im quartären.

Trotz dieser Fakten überträgt man ein Modell, dass für einige wenige Sinn macht, auf alle anderen – und dann auch noch fehlerhaft. Die durch Nischenbildung und Quick-Positionierung erzielte starke »Erkennbarkeit« schreckt dann regelrecht ab und verhindert Aufträge. »Aha, Sie machen ja ›nur‹ soundso … dann brauche ich Sie nicht.« So etwas habe ich mehrfach erlebt. Die Spezialisierung war da ganz eindeutig Erfolgsverhinderer. Dies hätte man durch ein Gründungsprojekt einfacher herausfinden können.

Anna hatte die Idee, Pizzadiensten Lektoratsdienstleistungen als »Pizzatext« zu offerieren. Das war zwar schön spezialisiert, aber innerhalb kürzester Zeit, durch ein Gründungsprojekt etwa, hätte man zu dem Fazit kommen müssen, dass größere Dienste Agenturen haben und kleine kein Geld. Und ob »Thunfisch« nun mit Th oder mit T geschrieben wird, ist denen oft auch egal.

Zielgruppenspezialisierung

Wer keine inhaltliche Nische findet (zum Beispiel »Pizzatext«), versucht es mit einer Zielgruppenspezialisierung. Dies ist die einfachste Art der Spezialisierung. Sie haben sie schon im Eingangsdialog kennengelernt: Wer Webdesign für Zahnärzte anbietet, hat sich für diese Variante entschieden. Oft die völlig falsche Strategie.

Der Agenturbesitzer Torben wollte sich auf die Branche der erneuerbaren Energien spezialisieren, weil darin ja so viel Potenzial stecke, wie sein Berater sagte. Er müsse »vom Markt her« denken und die Frage »welche Branche wächst« in den Mittelpunkt seiner Spezialisierungsüberlegungen stellen. Ein halbes Jahr lang versuchte er seinen Plan zu realisieren, bis er merkte, dass er nicht weiterkam. Also akquirierte er unter seinen vorhandenen Kontakten und siehe da: Nach zwei Jahren hatte er einen bunten Strauß vielfältiger Kunden, die ihm unterschiedliche Aufträge gaben. Sein wichtigstes Ziel war erreicht, er konnte von seiner Arbeit leben und wuchs langsam, indem er sein Angebot erweiterte, anstatt es – wie die Nischenpropheten es predigen – zu verengen.

Gerade bei der Zielgruppenspezialisierung spielen Kontakte die tragende Rolle. Beispiel: Wer sich auf Personalentwicklung in Arztpraxen spezialisieren will, sollte einen guten Draht zu Ärzten und möglichst belastbare Kontakte haben. Und belastbar sind neue Kontakte niemals! Natürlich lassen sich neue Kontakte aufbauen, mit dem Internet und Plattformen wie XING sogar recht schnell, aber diese Jung-Beziehungen sind wie dünnes Eis. Wenn Sie bei null oder wenigen Kontakten starten, kann es Jahre dauern, bis Sie Ihre neue Zielgruppe aufgebaut haben. Auch das spricht dagegen, in Gewässern zu fischen, in denen Sie noch nicht geschwommen sind und wo Sie die Fische nicht kennen.«

Eigenes Produkt um jeden Preis

Zur Gefährlichkeit von Quick-Positionierungen fällt mir eine weitere Geschichte ein. Dieses Mal führte die Spezialisierung über die ebenfalls oftmals empfohlene Produktentwicklung. Das heißt, ein möglichst einzigartiges Produkt soll gestaltet werden. Das nennt sich Produktspezialisierung. Auch Dienstleistungsunternehmen sollten nicht einfach nur zum Beispiel Beratung bieten, sondern irgendetwas mit eigenem Namen, den ganz Clevere sich dann schützen lassen.

Ein Personalberater konnte bei der Gründung keinen Branchen- und damit Zielgruppenbezug vorweisen, suchte verzweifelt nach einer Nische und entschied sich, neben der Personalberatung auch die Integration der neuen Angestellten ins Team anzubieten und das Team und den neuen Mitarbeiter gemeinsam zu coachen. So sollte der neue Mitarbeiter optimal ins neue Umfeld integriert werden, das nannte er »Teamintegration«. Dafür sollten die Firmen dann extra bezahlen. Er sprach mit Dutzenden Unternehmen, die alle von der Idee begeistert waren. Das sollte sein Produkt sein, seine Nische. Aber in der Praxis buchte ihn keiner. Innerhalb eines Gründungsprojekts wäre das eine wichtige Erkenntnis gewesen – wenn der Berater nicht seine gesamten Marketingunterlagen, ja sogar den Firmennamen darauf ausgerichtet und damit viel Geld und Zeit verbrannt hätte.

In lebendiger Erinnerung habe ich einen weiblichen Coach, dem alle Beraterwelt predigte, dass sie unbedingt Produkte entwickeln und sich auf eine bestimmte Zielgruppe spezialisieren müsste. Sie verbrachte ein halbes Jahr mit Zielgruppendefinition und der Entwicklung von Beratungspaketen für Unternehmen, während sie mit schlechtem Gewissen Aufträge bei Institutionen annahm. Diese Aufträge passten nämlich nicht zu der angestrebten Nische – Spaß machten sie ihr trotzdem. Die konstruierte Zwangs-Spezialisierung nahm ihr die Freiheit, diese Aufträge mit Elan auszufüllen.

Empfehlung reicht

Ich will Ihnen ein weiteres Beispiel geben. Ich schätze es zwar, wenn mein Büro-Putzmann mit Bio-Reinigungsmitteln scheuert. Doch wenn ich ihn weiterempfehle, dann reicht es zu sagen: »Der ist gut.« Ob er nun auf Kindergärten oder Arztpraxen spezialisiert ist oder alles putzt, was schmutzig ist: Solange er sauber, zuverlässig und ansprechbar ist, ist mir das egal. Die Bio-Reinigungsmittel wären allerdings ein schönes Trojanisches Pferd für die Neukundenakquise, ein schickes Argument für die Website und Flyer. Und wer weiß, vielleicht wächst er oder irgendjemand anders ja mal zu einem »Green Cleaning«-Unternehmen. Wenn mehr Erfahrungen mit Bio-Putzmitteln, deren Wirksamkeit und mit ökointeressierten Kunden da sind. Und wenn er Lust darauf hat, in dieser Art zu wachsen. Denn: Mit Bio-Putzmitteln könnte er als Unternehmensmarke wachsen, seine Persönlichkeit würde unwichtiger. Das will er aber (noch) nicht. Womit wir wieder beim *Wann* wären. Der richtige Zeitpunkt ist wichtig – und er liegt meist erst einige Jahre nach der Gründung. Hinzu kommt, dass nicht jeder alles vertreten kann und will. Es gibt eine Reihe von Selbstständigen-Unternehmern, die viele Jahre zufrieden sind mit einer Handvoll Aufträge und keinen Wunsch hegen, sich zu verändern.

Wissensspezialisierung

Eine weitere Möglichkeit liegt darin, sich über ein Wissensgebiet zu spezialisieren. Je spezieller das Thema, desto gefragter ist man, so der Gedanke. Auch daran gibt es Haken: Wer sehr speziell ist, muss viel reisen, was nicht zu jedem Geschäftsmodell passt. Wenn Sie beispielsweise Spezialist für Transaktionsbanking sind, kommen Sie an Frankfurt nicht vorbei. Wer lieber in Berlin bleibt, sollte sich besser ein breiteres Thema suchen. So ähnlich ist es in fast allen Bereichen, wenn Sie unternehmensnahe Dienstleistungen anbieten.

Hinzu kommt, dass es ohnehin oft Jahre braucht, Wissen in bestimmten Bereichen aufzubauen. Sie müssen erst einmal die Bedürfnisse der Branche kennenlernen, wissen, wie sie tickt, wie die Prozesse funktionieren, welche Sprache gesprochen wird und so weiter. Spezialwissen wächst nicht auf Bäumen. Man kann sich auch nicht damit impfen. Es geht nur auf herkömmlichem Weg: langsam lernen.

Wer so spezielles Wissen hat, dass damit eine Art Gurustatus erzielt wird, kann auch leicht einsam werden – oder wunderlich. Kürzlich erzählte mir eine Kundin von einer hundertprozentig klar positionierten Beraterin mit Fachwissen in einem Bereich, der so unheimlich speziell war, dass ich es sofort vergessen habe. Irgendetwas im Umfeld des behindertengerechten Wohnens. Diese Beraterin hatte ihr Wissen regelrecht gepachtet und benahm sich wie die Königin von Saba. Völlig ungeeignet für Beratungsjobs. Was mich zu einem weiteren wichtigen Punkt führt: Die schönste Nische nützt nichts, wenn diese einen hohen Persönlichkeitsfaktor hat und man diese nicht mit Persönlichkeit ausfüllen kann.

Experte über Nacht

Die Nischengläubigkeit führt auch dazu, dass inzwischen jeder zum Experten gemacht wird. Für diese Form der Spezialisierung gibt es keinen Begriff, ich nenne sie jetzt einfach einmal »Expertisierung«. Über Nacht ist man dann Experte für chinesische Gesichtsanalyse oder Hormoncoaching. Der Gedanke dahinter: Ein Experte für Gesichtsanalyse ist leichter erkennbar als ein Heilpraktiker mit Schwerpunkt TCM (traditionelle chinesische Medizin). Ich bin immer wieder überrascht, welche Experten plötzlich aus den unterschiedlichen Tiefen des Internets auftauchen, von einem Tag auf den anderen. Das suggeriert anderen, hierin läge ein Erfolgskonzept; liegt es meist aber nur dann, wenn die Spezialisierung auf vorheriger Erfahrung aufbaut. Einige der Neu-Experten haben diese Erfahrung nicht. Ein Experte kann sich zwar ungestraft so nennen, ein Ruf baut sich trotz Nischen-Schnickschnack dennoch nur über Jahre auf und keinesfalls in drei Monaten. Deshalb ist die früher übliche Reihenfolge immer noch die beste: anfangen, selbst lernen, Ruf aufbauen – und für all das als Dienstleister gut drei bis zehn Jahre kalkulieren.

Risiko Nische

Es gibt Menschen wie Joachim Rumohr, der XING-Papst, die sich ein Thema erschlossen haben und dieses rauf und runter deklinieren.[8] Eine Spezialisierung, gerade thematisch oder im Wissensbereich, engt aber auch ein. Je nach Art der Spezialisierung erhöht sich auch das unternehmerische Risiko. Was tun, wenn XING plötzlich alle Nutzer verliert? Genau: Frühzeitig repositionieren und neue Produkte entwickeln.

Spezialisierungen bergen weitere Risiken. Wenn sie in eine zu kleine Nische führen, gibt es dort vielleicht zu wenig Kunden. Wenn diese Kunden dann wegfallen, zum Beispiel aufgrund der Konjunktur, läuft das Geschäft nicht mehr. Nischen können auch ganz verschwinden. So ein Radikalbeschnitt passiert zum Beispiel aufgrund einer Gesetzesänderung. Ein Unternehmen hat sich auf die Vermittlung von Ein-Euro-Jobs spezialisiert. Es stünde mit leeren Händen da, wenn diese wegfallen würden. Ein spezialisierter Bewerbungsfotograf hätte ein Problem, wenn Fotos in Bewerbungen verboten würden, was vielleicht nur noch eine Frage der Zeit ist.

Zum anderen entstehen Nischen oft auch da, wo sich gerade Trends abzeichnen. Und Trends sind Modeerscheinungen: Ob sie sich etablieren, weiß man nicht. Es kann auch sein, dass ein Trend etwas verspricht, was die Praxis nicht einlöst. So gab es im ersten Videoboom vor zwei, drei Jahren einige Gründer, die, teils mit Venture Capital ausgerüstet, glaubten, den Markt mit Bewerbervideos aufmischen zu können. Sie waren zwar wunderbar positioniert, aber trotzdem erfolglos. Woran das liegt? Viele Vorhersagen werden nicht wahr oder sie werden anders als gedacht. Es kann auch sein, dass jemand zu früh am Markt war oder auch schon zu spät. Und wie wir schon im vorherigen Kapitel zur Businessplanung gesehen haben, kann die professionellste Umfrage und Marktforschung nicht ermitteln, ob ein Produkt oder eine Dienstleistung am Ende wirklich gekauft wird oder weiterempfohlen oder beides. Es gibt nur einen einzigen Weg, das herauszufinden: das praktische Testen im Gründungsprojekt.

Freiheit für die einfache Geschäftsidee

Gerade komme ich aus einem Blumenhandel um die Ecke. Dieser gehört einem netten und freundlichen Migrantenpaar. Sie zicken nicht mal, wenn ich eine Quittung will (wie sonst oft üblich, denn im Blumensegment blüht der Schwarzhandel und es herrscht eine entsprechende Abneigung gegen Belege jeder Art). Als Positionierung reicht für sie aus, dass sie glücklich sind mit dem, was sie tun. Nische? Fehlanzeige! Sie verkaufen Blumen wie mindestens 20 andere Geschäfte im Ort. Sie unterscheiden sich weder im Preis noch im Angebot. Ich gehe dorthin, weil ich zum Erfolg gerade *dieses* Unternehmens beitragen will – und da es den Laden nun schon ein paar Jahre gibt, denke ich, das »Nicht-Konzept« der beiden geht auf.

Butterweiche Unterscheidung

Es muss also nicht überall und immer spezialisiert werden. Manchmal sind authentische Unternehmer ohne Nische auch erfolgreich. Je näher am Kunden sie sind, desto wichtiger ist dieser kaum beachtete Faktor. Da reicht dann oft ein einziger Punkt als Unterscheidungsmerkmal, und das kann die Kundenfreundlichkeit sein.

»Raten Sie wirklich von einer Spezialisierung ab?«, fragte kürzlich eine Mitteilnehmerin auf einer Podiumsdiskussion. Ich antwortete: »Nein, aber ich halte nichts von Spezialisierung um jeden Preis, vor allem am Anfang einer Selbstständigkeit.« Gerade am Anfang führt die Positionierung über die Persönlichkeit und das, was bereits da ist. Ich bin zudem überzeugt, dass Spaß an der Arbeit und Erfolg in unmittelbarem Zusammenhang stehen. Und zu starke Spezialisierung macht oft keinen Spaß mehr.

Hausarzt = Hausarzt

So kenne ich viele glückliche Unternehmer, die nicht spezialisiert sind, sondern entweder ewig das Gleiche oder immer mal wieder etwas anderes machen. Es gibt Ladenbesitzer, die seit 20 Jahren Mode verkaufen. Hausärzte, denen es einfach reicht, Hausarzt zu sein. Journalisten, die bei der Themenauswahl nicht allzu festgelegt sind. Eine meiner Bekannten schreibt für Frauenzeitschriften, Drehbücher für Fernsehfilme und coacht nebenbei. Alles sehr erfolgreich, alles mit vernünftigen Gewinnen und alles überhaupt nicht spezialisiert.

Neulich hatte sie einen sehr erfolgreichen Fernsehfilm. Es kann nun sein, dass sie diesen Bereich mehr in den Vordergrund stellt – aber zehn Jahre lang war sie überhaupt nicht spezialisiert und trotzdem zufrieden und erfolgreich.

In fast allen Bereichen finden sich Beispiele für Erfolg trotz Nicht-Spezialisierung. Beispielsweise Anwälte, die als Arbeitsrechtler tätig sind – wie relativ viele andere auch. Das Erfolgsrezept ist meist einfach: Es gibt Kontakte und genug Kunden, die Empfehlungen aussprechen. Je höher der Persönlichkeitsfaktor einer Dienstleistung, desto weniger hilfreich ist Spezialisierung oft, vor allem auch in den ersten Jahren, wenn Ausprobieren und Testen auch für die Entwicklung des unternehmerischen Profils wichtig sind. Wer da zu spitz aufgestellt ist, steht sich selbst im Weg. Ein Rechtsanwalt macht sich selbstständig mit dem Schwerpunkt »Arbeitsrecht«. Ob ihm der Umgang mit Kunden liegt und die unterschiedlichen Projekte gefallen, weiß er da noch nicht. Er kann zu diesem Zeitpunkt noch nichts sortieren, weiß nur, dass er selbstständig arbeiten möchte oder muss. Er sollte sich für den Kunden als Person sichtbar und erkennbar aufstellen, aber spezialisieren muss er sich nicht.

Wildwuchsgründung

Sie sollten allerdings auch nicht ins andere Extrem verfallen. Kennen Sie auch jemanden, der einfach alles macht? Der Nachbar zum Beispiel, der Fliesen verlegt, Wände streicht, Jeans verkauft und Elektroschrott? Mit etwas Glück macht er alles halbwegs gut, meist kann man das Parkett hinterher wieder neu verlegen. Das meine ich nicht mit »Freiheit für die einfache Geschäftsidee«. Wer durch eine zu große Angebotsvielfalt lauter schlechte Leistungen unter einem Dach vereint, sollte schnellstens sortieren und sich auf das konzentrieren, was er oder sie am besten kann. Ich habe selbst einen Fliesenleger, der exzellent Parkett und Laminat verlegt. Wände zu streichen bietet er zusätzlich an. Er hat auch einen Kollegen, der Elektroleitungen verlegt. So funktioniert es: Er angelt die Fische mit Parkett, das ist sein Trojanisches Pferd. Sind die Kunden da, steigt er aus und verkauft alles Mögliche andere, wobei er auf Kooperationspartner zurückgreift. So geht's.

Manchmal entsteht der Wildwuchs im Laufe der Jahre. Viele Kunden fragen, wenn sie einmal zufrieden sind: »Können Sie auch dies oder das machen?« Das freut Sie verständlicherweise, aber so kommt es leicht, dass Sie plötzlich auf zehn Hochzeiten tanzen. Dann heißt es sortieren und rauswerfen, was weder Spaß macht noch Geld bringt.

Wildwuchs ist ein Erfolgsverhinderer, wenn er willkürlich erfolgt, nach dem Motto »Mal sehen, was die Kunden annehmen, irgendwas wird schon hängenbleiben«. Solche wildangelnden Unternehmen befinden sich ohne Unterbrechung in der Testphase, ziehen aber keine Fazits. Erst recht sortieren und ordnen sie nicht. Diese Art von Gründungen sind komplett strategielos, und ich warne entschieden davor.

Der Dschungel-Unternehmer

Ein abschreckendes Beispiel für Wildwuchs, der für den Kunden zum Dschungel geworden ist, sah ich im letzten Sommerurlaub in Mecklenburg-Vorpommern. Ich lieh mit meinem Sohn ein Kettcar und landete in der Garage eines Multiunternehmers. Der Mensch verkaufte alles: esoterische Getränke, Websiteerstellung, Elektroinstallationen und Waschmaschinen. Mit gerümpfter Nase schaute ich mir die Screenshots der von dem Unternehmer erstellten Websites an, die an der Theke hingen, über die der Unternehmer mit grimmigem Gesicht das Pfand für die Kettcars abwickelte. Natürlich waren sie unprofessionell, geschätzter Wissensstand von 1998, das Niveau beherrsche ich in etwa auch noch. Ich fragte ihn, was denn von seinen ganzen Sachen den meisten Umsatz ausmachte. Er verriet das Problem: Im Sommer laufen die Kettcars, im Winter muss er sich mit anderen Dingen über Wasser halten. Ich hatte nicht vor, meinen Urlaub mit einer kostenlosen Beratung zu verbringen, insofern behielt ich für mich, was ich dachte: Raus mit dem Eso-Zeug, weg mit den Websites! Schauen wir uns mal ganz genau an, was reinkommen muss, was du kannst, wirklich willst, authentisch vertreten kannst und welches zweite und vielleicht dritte Standbein dann sinnvoll ist. Aber dividiere die Sachen, kommuniziere so Unterschiedliches nie zusammen – das kann nur in die Binsen gehen!

P R A X I S T E I L :
Wie Sie ohne Nische erfolgreich sein können

Die Wahrheit liegt irgendwo in der Mitte. Etwas breiter an den Markt zu gehen macht sehr oft Sinn, zu breit ist aber kontraproduktiv, weil dann nichts richtig gemacht werden kann – oder zumindest dieser Eindruck entsteht.

Auf den Punkt gebracht ist die ideale Abfolge für alle, die am Anfang keine echte Nische haben, die folgende:

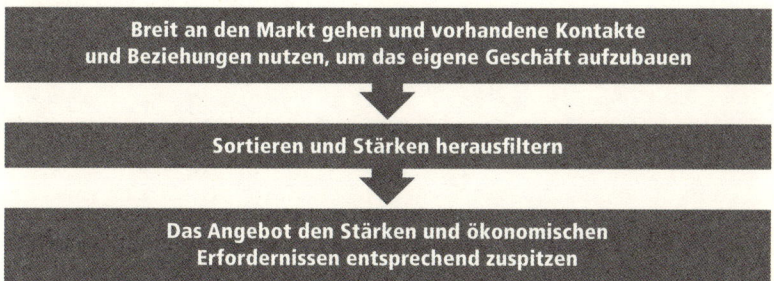

Stellen Sie sich auf

Auch ohne Spezialisierung können Sie sich positionieren! Positionierung ist für mich aber etwas komplett anderes als Spezialisierung. Es ist das Sich-Aufstellen und Erkennbar-Machen für den Kunden. Dazu gehören Fragen wie:

■ Was unterscheidet mich vom Wettbewerb, wo bin ich besser?
■ Was schätzt der Kunde an mir und meinem Angebot?
■ Mit welchem Angebot locke ich Neukunden?

Positionierung ist notwendig – und zwar immer wieder, am besten einmal im Jahr, wie in meiner Slow-Grow-Ablauftabelle im letzten Kapitel beschrieben. Schauen Sie sich zum Beispiel einmal im Jahr an, was für Aufträge Sie haben oder womit Sie sonst Ihr Geld verdienen. Überlegen Sie:

- Was davon gefällt Ihnen am besten?
- Von welchen Kunden hätten Sie gern mehr?
- Welche Richtung würden Sie gern weiterentwickeln?

Überlegen Sie sich dann, mit welchen Maßnahmen Ihnen das gelingen kann. Das alles gehört zur Positionierung. In der 9. Slow-Grow-Regel, in der es um Wachstum geht, greife ich das Thema noch einmal auf.

Sortieren und entscheiden

Positionieren heißt für mich vor allem auch Sortieren und Entscheiden. Dies kann man nur aus Erfahrungen heraus, nicht aus der Theorie. Merkt ein nicht weiter spezialisierter Rechtsanwalt mit dem Fachgebiet Arbeitsrecht beispielsweise in den ersten Gründungsjahren, dass er (oder sie) eine Leidenschaft für das Schreiben hat, so könnte er sich darauf spezialisieren. Bei der Gründung hat er an dieses Thema wahrscheinlich noch gar nicht gedacht, es ist ihm zufällig begegnet, als er merkte, wie unzufrieden ihn das Tagesgeschäft in der Kanzlei machte. Er könnte auch Experte für einen Teilbereich oder eine bestimmte Zielgruppe werden, zum Beispiel gemobbte Karrieremütter. Möglicherweise ist ihm zufällig ein Fall begegnet, der ihn berührt und an dem er Feuer gefangen hat. Nach und nach kann er seine Expertise aufbauen, und nach zwei, drei Jahren hat er eine Spezialisierung, wenn er sich damit wohlfühlt. Wenn nicht und alles super läuft, macht er einfach als unspezialisierter Arbeitsrechtler weiter. Auch Erfahrung positioniert: Erfahrene Arbeitsrechtler ziehen andere Kunden an als Newbies.

Bieten Sie nur, was Sie können

Es kommt noch ein Aspekt hinzu: Menschen können nur für das glaubwürdig einstehen, was sie sich selbst zutrauen. Wenn eine Dienstleistung im Angebotskoffer ist, hinter der Sie nicht hundertprozentig stehen, verkaufen Sie schlecht. Dies erklärt den Erfolg von Menschen, die sich viel zutrauen, also eine hohe Selbstwirksamkeit besitzen. Es erklärt aber auch, warum Menschen mit einer geringeren Selbstwirksamkeit nicht an dem gleichen Punkt anfangen können wie jene mit einer hohen Selbstwirksamkeit und mit maßgeschneiderten Schuhen einen individuellen Weg gehen müssen.

Zwei Journalisten möchten sich mit PR selbstständig machen, haben aber bislang erst Erfahrung im Schreiben von Pressemeldungen, nicht jedoch in der konzeptionellen Beratung. Journalist A ist davon überzeugt, nach der Lektüre eines Buches dazu in der Lage zu sein, Journalist B jedoch nicht. Journalist A stellt diese Kompetenz in einer Präsentation überzeugend dar und bekommt einen Auftrag für eine Rundum-PR-Betreuung. Journalist B fühlt sich unwohl und kommt nicht »aus dem Quark«, obwohl er den Auftrag auch ausfüllen könnte. Weil er sich das aber nicht zutraut, kann er ihn auch nicht aktiv »an Land ziehen«. Bieten Sie deshalb erst einmal nur das an, was Sie sich wirklich zutrauen, denn damit werden Sie dann auch erfolgreich sein. Im Zweifel sogar erfolgreicher als Journalist A, weil es sehr gut sein kann, dass Ihre Leistungen und Ergebnisse besser sind. Aber klar ist auch: Sie brauchen länger – wirken dafür aber auch nachhaltiger.

Dreibeine

Wenn es gelingt, Rahmenbedingungen und persönliche Motivatoren in Einklang zu bringen, können sogar Geschäftsideen mit mehreren Standbeinen funktionieren. Wenn Sie ein Plattenlabel gründen, gleichzeitig Möbel zimmern und als Drittes auch noch

Internetradio-Konzepte realisieren möchten – why not: Drei Dinge bekommen Sie unter einen Hut. Das Dreibein kann ein Konzept sein, um zum Beispiel gut bezahlte Tätigkeiten mit Herzensangelegenheiten zu verbinden oder auch das Risiko zu streuen. Ich beziehe selbst aus unterschiedlichen Quellen Geld, bin nicht nur Beraterin, sondern betreibe auch zwei Online-Shops und mit Karriereexperten.com eine Datenbank.

Allerdings sollten Existenzgründer aufpassen, dass sie sich nicht verzetteln. Deshalb empfehle ich, am Anfang erst einmal in einer Ecke zu graben, bevor das nächste Loch ausgehoben wird. Und zwar möglichst tief, um sicherzugehen, ob unter der Erde Geld und Erfolg liegen. Praktisch bedeutet das: Konzentrieren Sie sich auf ein Projekt, bevor Sie das nächste ins Leben rufen. Das erste Projekt sollte Ihre Existenz mit größtmöglicher Wahrscheinlichkeit am schnellsten sichern. Wenn Sie noch nicht wissen, welche Ihrer Ideen dies gewährleistet, probieren Sie die vielversprechendste aus, führen Sie ein Gründungsprojekt durch und lassen Sie sich über das 3-Kritiker-Tischgespräch Feedback geben.

Angebotsdiät!

Verzetteln verboten! Aus diesem Grund verordne ich am Anfang einigen Kunden eine Angebotsdiät. So wie viele Köche den Brei verderben, verhindern viele Produkte Kunden. Wo soll der eine fette Fisch denn anbeißen, wenn Sie gleich zehn Angeln ins Meer halten? Setzen Sie nicht auf Zufallsfische, sondern stellen Sie wie ein guter Angler ein bis drei Angeln dorthin, wo Sie Ihre Kunden vermuten. Schauen Sie, ob der geangelte Fisch Ihnen schmeckt, und erweitern Sie dann Ihr Angebot.

Beispiel: Die schrägste Angebotskombination, die ich je gesehen habe, war die zwischen – ja, Sie lesen richtig – Milchreisbar und Kinderkleidung auf der Insel Hiddensee. Auf den ersten Blick sah das völlig verrückt aus, auf den zweiten nicht: Kinder lieben Milchreis und während die Eltern Kleidung kaufen, können die Kleinen mampfen.

Wer statt mit einer Nische mit einem ausreichend großen und erweiterbaren Bereich in den Markt geht, kann sich auch leichter verändern. So erschloss sich der Immobilienmakler Hans über Umwege ein Spezialthema: Wohnen im Alter. Er spezialisierte sich mit einem zufällig getroffenen Partner, einem Architekten, auf Wohnkonzepte und die Vermietung von Generationenhäusern und Senioren-Wohngemeinschaften. Ohne den Einstieg über ein nicht spezialisiertes Maklerbüro wäre er nie dahin gekommen.

Gleiches Bedürfnis eint!

An dieser Stelle ist es Zeit, eine Grundregel zu zitieren, ohne die wirtschaftlicher Erfolg kaum möglich ist: Egal wie viele Sachen ich mache, ich muss sie vom Bedürfnis des Kunden her sauber unterscheiden. Sie können nicht Touristen mit dem Bedürfnis »Ausflug mit dem Vierrad machen« und Dorfbewohner mit dem Bedürfnis »billige Elektrogeräte vor Ort kaufen« gleichzeitig ansprechen. Wenn ein Tourist einen Kettcar-Ausflug machen will, dann will er Abwechslung im Urlaub. Vielleicht wird er geführte Kettcar-Touren buchen oder auch mal ein Fahrrad wollen. Aber sicher keine Waschmaschinen kaufen. Um Geschäftsideen zu erweitern, sollten Sie sich die Fragen stellen:

- Welches zentrale Bedürfnis haben meine Kunden?
- Was kann ich ihnen noch anbieten, das dieses Bedürfnis erfüllt?
- Gibt es Bedürfnisse im Umfeld des Kernbedürfnisses?

Vielleicht lässt sich im Internet eine Kettcar-Seite installieren, über die gebrauchte Geräte verkauft werden. Vielleicht auch gleich ein ganzes Portal Kettcar-Vermietungen weltweit, wobei jeder Kettcar-Vermieter seinen Eintrag in die Datenbank mit 60 Euro im Jahr bezahlen muss; das macht bei 500 Vermietungsstationen immerhin 30 000 Euro.

Zu viele Ideen

Wer sich nicht so stark spezialisiert, bleibt flexibler in der Entwicklung von Neuem. Aber: Vorsicht vor einem »Zuviel«! Es gibt eine Reihe Unternehmer, die immer neue Ideen haben, die sie umsetzen müssen, zum Beispiel weil sie vom Karriereanker »Unternehmerische Kreativität« getrieben sind. Bevor ein Angebot richtig angenommen werden kann, setzen sie schon auf das nächste Pferd, kaufen Geräte oder führen neue Produkte oder Maßnahmen ein. »Bremsen Sie unsere Chefin, die hat ständig neue Ideen. Aber wir müssen doch erst mal das eine richtig verkaufen«, klagten die Mitarbeiterinnen einer solchen aktionistisch veranlagten Selbstständigen. Es bestand die absolute Notwendigkeit, auf die Bremse zu treten, denn das Unternehmen machte zu wenig Gewinn. So wenig, dass es die Unternehmerin selbst beunruhigte.

Auch wenn die Lust am Ausprobieren positiven Einfluss auf ein Unternehmen haben kann, tut ein Zuviel nicht gut. Wichtig ist es in so einem Fall, die Motivation für die Abwechslung zu ergründen. Neben der Lust am Ausprobieren kann auch die Angst zu versagen oder mangelnde Geduld dahinterstecken.

Ideen finden

Vielleicht haben Sie schon eine Idee. Vielleicht suchen Sie noch. Da ich versprochen habe, Sie noch auf Ideen zu bringen, geht es zum Abschluss des Kapitels um Ideen für die Idee.

Es gibt viele gute Bücher zum Thema. *Kopf schlägt Kapital* von Günther Faltin ist so ein Buch. Der Ansatz liegt darin, etwas zu finden, das es so noch nicht gibt, und ein rundes und stichhaltiges Konzept zu erdenken. Intelligente Nischen stehen im Mittelpunkt, also alles andere als Quick-Positionierungen. Einen weiteren Ansatz liefert die Blauer-Ozean-Strategie. Diese empfiehlt, sich als Gründer Blaue Ozeane zu suchen, denn in den roten herrschen Konkurrenz und Wettbewerbsdruck – das sind blutige Haifischbecken.[9] Die Idee dahinter ist auf nahezu jedes Geschäftsmodell übertragbar: Je weniger Konkurrenz, desto besser. So empfiehlt sich immer, etwas zu suchen, das möglichst wenige Wettbewerber hat, damit Sie im Markt die Regeln und wenn möglich auch den Preis bestimmen können.

Wissensgründung = sichere Bank

Es gibt Zeitschriften, in denen neue Ideen vorgestellt werden. Davor warne ich. Konkrete Ideen sind schon in dem Moment verbraucht, in dem sie beschrieben werden. Mit Schrecken denke ich an den sogenannten Schokobrunnen, der vor zehn Jahren als *die* Gründungsinnovation schlechthin gefeiert wurde. Heute gibt es solche Brunnen für 20 Euro in Billigkatalogen, und sie sind megaout. Suchen Sie also bloß nicht dort, wo Ideen verkauft werden – das kann nicht gut gehen. Wer mit Ideen Geld verdienen will, hat keine! Eine der einfachsten Regeln, die Güte einer Geschäftsidee zu überprüfen, lautet: Fragen Sie sich, wie leicht die Idee nachzumachen ist. Je schwerer, desto besser. Insofern sind wissensbasierte Gründungen wie eine sichere Bank. Wissen und Erfahrung lassen sich nicht mit Geld einkaufen. Sie können auch nicht nachgemacht werden. Und größere Investitionen sind meist auch nicht nötig.

Nicht nachzuahmen ist auch Ihre Persönlichkeit. Wenn Ihre Persönlichkeit oder aber eine Kombination aus Persönlichkeit und Wissen oder / und Persönlichkeit und Erfahrung das Geschäftsmodell bestimmen, dann halten Sie sich so automatisch die Konkurrenz vom Leib. Daraus entstehen zwar oft nicht unbedingt Großgründungen, bei denen die Venture-Capital-Geber Schlange stehen, aber solide Existenzen.

Der quartäre Sektor als Rettung

Es gibt nur eine wichtige Regel für die Entwicklung von Ideen im Dienstleistungssektor: Sie sollten, wenn Sie mit Wissensdienstleistungen im tertiären Sektor starten, sich möglichst in den quartären Sektor weiterentwickeln (zum Begriff siehe die 1. Slow-Grow-Regel). Das hat mit dem Honorarverfall zu tun. Fast alle Dienstleistungen lassen sich in einen tertiären und einen quartären Teil zerlegen. Nehmen wir Design. Hier existiert der tertiäre Bereich dicht am quartären. So gibt es beispielsweise Logodesign für wenige Euro von der Stange. Damit lässt sich nur Geld verdienen, wenn es in Massen angeboten wird. Studenten arbeiten für wenig Geld und produzieren »Kreatives« in standardisierten Prozessen. Layout ist dank InDesign preiswert geworden: Während früher nur Designer mit den komplexen DTP-Programmen umgehen konnten, können es jetzt immer mehr Texter und Lektoren. Die Arbeit muss so nicht mehr auf verschiedene Schultern verteilt werden, Designer verlieren Aufträge, Honorare verfallen. Wenn Sie sich im Designbereich selbstständig machen, sollten Sie deshalb besser früher als später »höhere« Dienstleistungen anbieten, etwa Beratung oder einen besonders kreativen Ansatz – oder beides. Das hat nichts mit Spezialisierung zu tun, sondern mit der Art der Dienstleistung.

Eine ähnliche Entwicklung gibt es in nahezu allen Dienstleistungsbereichen. Etwa beim Training: Sie können mit Kursen für Kommunikation beginnen, für die es mittlerweile Trainingskonzepte von der Stange gibt. Damit werden Sie über eine bestimmte Honorarhöhe nie hinauskommen – es kann dennoch ein guter Einstieg in die Selbstständigkeit sein. Später individualisieren Sie Ihr

Konzept, greifen sich einen Teilbereich oder eine bestimmte Zielgruppe heraus – und werden so teurer. Erfolg hat in den wissensorientierten und kreativen Bereichen ganz zentral damit zu tun, wie sehr Ihre Tätigkeit von besonderen Kompetenzen abhängt, die oft ein Nebenprodukt von Erfahrung sind. Und hier gibt es eine einfache Regel: Je kreativer, strategischer, konzeptioneller und beratungsorientierter eine Dienstleistung, desto teurer lässt sie sich verkaufen. Das hat alles mit Wissen zu tun, und zwar nicht nur mit Fachwissen, sondern auch Erfahrungswissen, Methoden- und Prozesswissen.

Die Slow-Grow-Regel für Geschäftsideen im Dienstleistungsbereich lässt sich folgendermaßen abbilden:

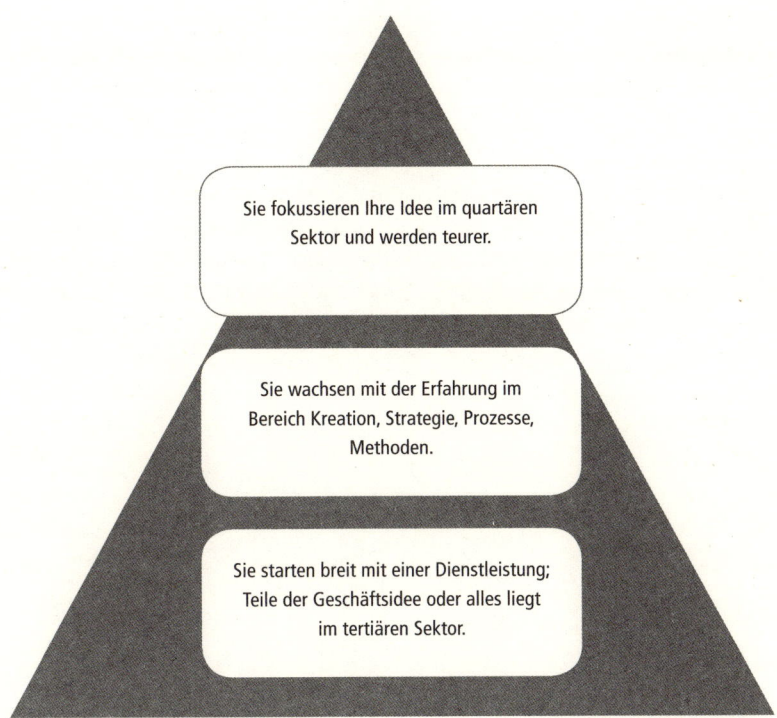

Sie fokussieren Ihre Idee im quartären Sektor und werden teurer.

Sie wachsen mit der Erfahrung im Bereich Kreation, Strategie, Prozesse, Methoden.

Sie starten breit mit einer Dienstleistung; Teile der Geschäftsidee oder alles liegt im tertiären Sektor.

Zutat Leidenschaft

Sie suchen nach genau so etwas? Einer Idee, die auf Sie zugeschnitten ist? Der persönlichkeitsorientierte Ansatz bringt Ideen zutage, die Sie besonders authentisch realisieren können, weil Sie Ihnen Spaß machen – was eine der wesentlichen Voraussetzungen für Erfolg ist. Sabine Hustedt, deren Porträt Sie im Anhang finden, zeigt, wie das gehen kann: Aus den Zutaten »Leidenschaft für Kräuter und Natur« sowie »Freude, Erwachsenen und Kindern etwas zu zeigen« entstanden eine Seifenmanufaktur, eine Eventagentur und eine Kräuterschule, die heute in Hamburg fest etabliert ist.

Der Callcenter-Betreiber Thomas mixte sich seinen Job aus drei Faktoren, die er in der 360°-Analyse ermittelte:

- »Ich quassele gern.«
- »Ich stecke auch Mancsköpfe mit meiner Laune an.«
- »Ich organisiere gut.«

Menschen + quasseln + anstecken + organisieren? Thomas betreibt heute ein kleines, aber erfolgreiches Callcenter mit fünf Mitarbeitern. Nische? Nun ja – die liegt vor allem in Thomas selbst. Die Kunden kommen zu ihm, weil sie wissen, dass er seine Sache gut macht. Reicht doch für den Anfang!

4. Slow-Grow-Regel

FALSCH: Sie brauchen Geld!
RICHTIG: Sie brauchen Zeit.

Es ist eindeutig: Wer mit 5000 bis 10000 Euro startet, ist erfolgreicher als jemand, der ganz viel Geld in seine Gründung einbringt oder gar nichts. Im Übrigen ersetzt bei modernen Gründungen Zeit das Geld.

Es ist nun die Zeit gekommen, über Geld zu reden. Schließlich müssen Sie Ideen ja auch realisieren (können). Dazu will ich Ihnen erst einmal eine kleine Geschichte erzählen, aus der ich nur ein Fazit ableiten kann: Starten Sie lieber erst einmal kleiner, wenn Sie nicht ganz sicher sind, dass Sie Ihr großes Projekt auch »wuppen« können, und zwar nicht nur finanziell, sondern auch persönlich.

Vor einigen Jahren begegnete mir ein Unternehmer, der drei Millionen Euro in den Sand gesetzt hatte. Er befand sich in Privatinsolvenz, in der sogenannten Wohlverhaltensphase. Diese dauert bei uns in Deutschland sechs Jahre. In dieser Zeit ist die Beibehaltung des Selbstständigen-Status zwar möglich, jedoch müssen alle Einnahmen, die eine bestimmte Grenze erzielen, abgegeben werden. Das Geld wird dann für die Kosten der Insolvenz verwendet. Was übrig bleibt, geht an die Gläubiger. Neue Schulden darf ein Insolventer zwar machen, jedoch wandern diese nicht in die Insolvenzmasse und müssen abgetragen werden. »Was ich in den letzten Jahren gelernt habe, ist, dass vieles auch ohne Geld geht«, resümierte der Mann. »Früher hätte ich für Marketing 100000 Euro ausgegeben. Heute weiß ich, dass das überflüssig ist. Ganz vieles lässt sich selbst besser machen. Es braucht nur länger. Dafür kann aber auch weniger schiefgehen.«

Das ist der Hintergrund für meine These. Ich bin überzeugt, dass viele Kredite unnötig sind, sich erheblich reduzieren oder zielgerichteter einsetzen ließen, wenn mehr in die eigene Zeit investiert werden würde. Der positive Nebeneffekt: Das Risiko für Bauchlandungen sinkt, während die Chance, langsam, gesund und glücklich bis zur selbstgewählten Grenze zu wachsen, steigt. Das macht allerdings den herkömmlichen Weg auf den ersten Blick steiniger: Da Banken Kredite mit weniger als 25 000 Euro, in manchen Instituten auch weniger als 50 000 Euro, überhaupt nicht mögen, werden diese außer von den Volks- und Raiffeisenbanken häufig abgelehnt. Hinzu kommt, dass die Beantragung einem Spießrutenlaufen gleichkommt. Aber es gibt eine Lösung: Verzichten Sie zum eigenen Wohlbefinden besser darauf und finden Sie kreative Lösungen der Geldbeschaffung oder Mikrokredite.

Geiz ist nicht geil

Das heißt beileibe nicht, dass Sie gar kein Geld ausgeben sollten. Die Geiz-ist-geil-Gründung führt noch öfter zur Totgeburt als das »Big Plan«-Denken. Nachweislich haben Gründungen mit einem höheren Mitteleinsatz eine höhere Überlebenswahrscheinlichkeit als Gründungen, die mit geringen oder ganz ohne Mittel starten. Der KfW-Gründungsmonitor 2010 kommt zu dem Ergebnis, dass Gründer mit einem Finanzmitteleinsatz von über 10 000 Euro erheblich länger am Markt bleiben.[1] Sie überrunden die 30 Prozent aller Gründungen, die ganz ohne Geldbedarf starten und ausschließlich auf die bereits vorhandene Infrastruktur zurückgreifen, also unter anderem Home Office und Laptop. Hier kann es sich nur um Gründer mit einer Quick-Positionierung handeln: nicht durchdacht, nicht gerechnet, nicht getestet. Ich vermute in diesen 30 Prozent die Gruppe der Gründer, die mit selbstgebastelten Websites und grauenvollen Flyern, auf denen grob gepixelte Fotos prangen, hausieren gehen und sich wundern, dass sie bei 1000 Mailings eine Rücklaufquote von 0,0 Prozent haben. Bei einer Gründung nach dem Slow-Grow-Prinzip würden solche Gründer entweder sofort durchs Raster fallen oder dazu gebracht werden, den eigenen Kopf etwas mehr anzustrengen.

Risikovermeider meiden Erfolg

Die Haltung »Bloß kein Risiko« ist vor allem bei denen ausgeprägt, die noch keine praktische Gründungserfahrung haben, und durchaus auch unter den »Luxusgründern« zu finden. Luxusgründer nenne ich jene meist sehr gut verdienende Klientel, die nach vielen Jahren im gleichen Job »satt« ist wie nach einem ausgedehnten Restaurantbesuch und sich etwas Neues wünscht. Darunter befindet sich meiner Erfahrung nach auch ein wachsender Anteil von Menschen jenseits der 50, die in späteren Jahren entdecken, dass es doch schön wäre, etwas Eigenes zu haben und damit unabhängig von Chef- und / oder Konzernlaunen zu sein. Diese Luxusgründer haben so gut wie immer die Karriereanker »Unabhängigkeit« oder »Lebensstilintegration«. Ihr angestrebtes Business ist weit überwiegend Beratung, Training, Coaching, wenn sich auch manche Yoga-, Wellness- und Intellektuellencafé-Gründungen darunter finden.

»Ich will aber kein Geld ausgeben«, solche Sätze höre ich auch von diesen Luxusgründern, darunter nicht wenige, die 100 000 Euro und mehr im Jahr verdienen. Was mich dann immer fasziniert, sind Aussagen wie: »Aber ich konnte nie etwas zurücklegen, ich musste jeden Tag essen gehen. Und Sie wissen ja, die Reisen …«

Wie stark die Gründungsmotivation wirklich ist, scheidet sich bei Luxusgründern nicht selten am Geld. Denn spätestens, wenn diese vernehmen, wie schwer es ist, 100 000 Euro Gewinn schon im zweiten Jahr zu erwirtschaften, verlagern sie sich entweder auf ein nebenberufliches Vorhaben oder nehmen ganz Abstand von ihrem Vorhaben.

Das Rechenmodell ist simpel: Sie müssen bei gewünschten Einnahmen von 100 000 Euro 100 Trainingstage à 1000 Euro verkaufen. Dabei kommen Sie nicht umhin, in den ersten zwei Jahren ein Zehnfaches Ihrer »verkauften« Zeit in Akquise, Organisation, Vor- und Nachbereitung zu stecken. So bräuchten Sie bei einer solchen Wunscheinnahme 1000 Tage pro Jahr, die es bekanntlich nicht gibt.

In anderen Geschäftsmodellen erkläre ich den Sachverhalt mit der 50-Prozent-Regel: Die besagt, dass Sie maximal (!) 50 Prozent der aufgewendeten Zeit konfektionieren können, also für Geld verkaufen. Das sind bei Vollzeit 20 Wochen- oder 80 Monatsstunden. Wir rechnen für 100 000 Euro Gewinn mit einem Umsatz von 150 000 Euro (damit sind wir bei 30 Prozent betrieblichen Ausgaben, was bei selbstständigen Unternehmern normal ist). Zwei Monate ziehen wir ab: Urlaub, Krankheit und Weihnachten. Bleiben zehn Monate mal 80 = 800. Um auf den gewünschten Umsatz von 150 000 Euro zu kommen, müssten Sie 187,50 Euro netto in der Stunde nehmen – bei Maximalauslastung. Die meisten Luxusgründer schlucken dann und arrangieren sich mit ihrem Job.

Die Luxusgründer

Wenn Sie nicht zufällig ein VIP oder durch ein Buch sehr bekannt sind, wird es extrem schwierig, gleich mit 1500 Euro am Tag anzufangen (das wären 8 mal 187,50 Euro), also in einem Bereich, in dem Honorare doch eher Gagen sind. Ich kann es den Luxusgründern also nur so klar sagen: Es gibt keinen persönlichen und finanziellen Gewinn ohne Risiko und Verzicht. Und wer mir erzählt, von einem Jahresgehalt von 100 000 Euro, macht netto wenigstens 5000 Euro pro Monat, nicht wenigstens 10 000 Euro für sein

Vorhaben zurücklegen und dann investieren zu können, meint es nicht wirklich ernst mit der Gründung.

Potenzielle Luxusgründer kommen erfahrungsgemäß gestärkt und neu motiviert aus Schritt 1 meiner Slow-Gründung heraus, vielleicht mit der Absicht, sich einen neuen Job zu suchen oder aber eine Vier-Tage-Woche anzustreben. Doch wirklich gründen wollen danach nur noch maximal 20 Prozent, und das liegt fast immer am Geld. Deshalb sage ich: Wer sich aus einer gut dotierten Stellung heraus selbstständig machen will, darf das nie wegen des Geldes tun.

PRAXISTEIL:
Wie Sie ohne große Kredite zu Geld kommen

Es gibt keine 0-Euro-Gründung. Wer einmal gerechnet hat, kann nur zu dem Schluss kommen, dass für jedes Gründungsvorhaben Geld gebraucht wird. Mindestens zur Überbrückung der ersten ein bis zwei Jahre und für die Geschäftsausstattung, die im Slow-Grow-Modell in der Phase der Positionierung oder Re-Positionierung entsteht. Auch Gründungsprojekte können Kosten verursachen. Ein gefülltes Bankkonto schadet also nicht.

So dick muss es aber gar nicht sein: Drei von vier Gründern mit externem Finanzierungsbedarf bleiben innerhalb des Mikrobedarfs von bis zu 25 000 Euro, davon wiederum 60 Prozent sogar im Bereich von unter 5000 Euro, sagt der KfW-Gründungsmonitor.[2] Das ist in etwa die Summe, die ich für ein vernünftiges Corporate Design, eine intelligente Internetseite und eine Visiten- oder Postkarte ansetzen würde. Viel mehr wird gerade auch für Gründungen im großen Bereich der unternehmensnahen Dienstleistungen nicht

gebraucht. In diesem Wachstumsbereich ist der Bedarf nach Geld-
mitteln ohnehin am niedrigsten: In Österreich benötigen unter den
Dienstleistern nur 24 Prozent einen Kredit, um ihr Unternehmen
zu gründen, die Zahlen in Deutschland dürften ähnlich sein.[3]

5000 Euro plus Zeit

Der Rest ist Zeit – und Zeit ist Geld. Wer sich etwa über das Internet
einen Namen machen will, braucht dafür neben dem guten strategischen Ansatz anfangs mindestens 1000 Stunden. Dies habe ich
mir bei der Begleitung von Kunden, die in Zeit investiert und dabei
auf das Internet gesetzt haben, ausgerechnet.

Hätten Sie einen externen Dienstleister dafür eingesetzt, bedeu-
teten 1000 Stunden bei einem durchschnittlichen Stundensatz
von 60 Euro pro Stunde einen Geldeinsatz von 60 000 Euro. 40
bis 80 Euro pro Stunde sind bei Aufgaben, die dem Aufbau des
eigenen Unternehmens dienen, absolut angemessen, denn ob Sie
nun Konzepte erstellen oder Kontakte aufbauen – diese Tätigkeiten
fordern Sie heraus!

Sie ahnen jetzt sicher, warum es eigentlich finanziell nur »Klein«
oder »Ganz groß« geben kann. Wer einmal anfängt, Personalkos-
ten zu berechnen, hat die Millionengrenze schnell überschritten.
Die wichtigste Frage beim Thema »Geld« ist für mich deshalb die
nach der Zeit. Wie viel Zeit geben Sie sich, um Ihr Unternehmen
aufzubauen? Und wie finanzieren Sie sich in dieser Anlaufzeit, sofern Sie nicht nebenberuflich starten können oder wollen?

Einfache Arbeiten 40 Euro + Mittlere Arbeiten 60 Euro + Höhere Arbeiten 80 Euro = Investition in mich

Praktisch starten

Investieren Sie stattdessen Ihre eigene Zeit und starten Sie praktisch. Beispiel: Die Recherche und Ansprache von qualitativ hochwertigen und zum eigenen Vorhaben passenden Kontakten in sozialen Netzwerken wie XING, Facebook oder LinkedIn kostet Sie eine Woche. Diese bringt Ihnen mittel- und langfristig garantiert mehr als der mindestens sechswöchige Papierkrieg mit den Banken. Meiner Erfahrung nach beziehen gut vernetzte XINGler alle drei Monate mindestens einen Auftrag aus ihrem Netzwerk. Bei Anke waren es Marktberichte im Umweltsektor mit einem Gesamtvolumen von 10 000 Euro pro Jahr. Hier geht die Rechnung klar zugunsten des Faktors »Zeit« auf. Eine Woche für eine Tätigkeit, die ein mittleres Qualifikationsniveau erfordert (gut vernetzte Experten und andere Personen finden, nette Mails aufsetzen etc.) hat den Wert von 1600 Euro bei einem angenommenen Honorar von 40 Euro in der Stunde. Der Nutzen überschreitet den Geld-Zeit-Einsatz bei Weitem.

Überflüssige Kosten streichen

Einmal hat mir ein Gründer einen Marketingplan gezeigt, den er bei der Industrie- und Handelskammer erstellt hat. Der Gründungskredit in Höhe von 50 000 Euro wurde auf dieser Basis bewilligt. Ich habe nicht für möglich gehalten, dass *sowas* möglich ist. Der Plan setzte für die Vermarktung einer Dienstleistung rein auf kostenintensive Methoden eines altertümlichen, internetfernen Marketings, die heute kaum noch etwas bringen. Die Marketingkosten beliefen sich dementsprechend auf über 10 000 Euro. Dabei war nicht mit einem Mitarbeiter oder externen Dienstleister kalkuliert worden, es ging rein um Druckkosten für überflüssige Flyer sowie Anzeigen mit einer extrem niedrigen Erfolgswahrscheinlichkeit. Ein weiterer Kostentreiber in dem Plan war das eigene Büro, das vollkommen unnötig für dieses Geschäftsmodell war. Ein Büroplatz in einem Co-Working-Office wäre ausreichend gewesen und hätte den Posten von 10 000 Euro in 5000 Euro verwandelt. Kurzum: Wie durch Zauberhand hätten sich aus 50 000 Euro 10 000 machen lassen. Ich frage mich, warum so etwas den Bankern nicht aufgefallen ist, und habe dafür – neben dem schlechten Berater – nur eine Erklärung: Mit 10 000 Euro hätte sich das Vorhaben für die Banken gar nicht gelohnt. Außerdem hat die Bank nur mit dem reinen Zahlenblick auf den Plan geschaut. Und der macht offensichtlich blind für alles andere.

1000 Stunden Investment

Auch Marketingkosten lassen sich deutlich reduzieren. Zehn Stunden Investment in Online-Plattformen die Woche – verbracht mit der strategischen Erweiterung des Netzwerks, intelligenten Forenbeiträgen, Ankündigungen etc. – zahlen sich meiner Erfahrung nach schnell aus. Nach etwa 100 Tagen dürften Sie eine Sichtbarkeit im Netz erzielt haben – und wenn Sie es clever gemacht haben, haben Sie dann auch schon erste Kunden geangelt. Clever – damit meine ich: nicht zu aufdringlich, nicht nur auf die Eigenwerbung abzielend, mit einer interessanten Botschaft und klarer Abgrenzung von anderen Experten. 1000 Stunden bedeuten aber auch: Sie haben 80 000 Euro in sich selbst investiert, wenn Sie einen durchschnittlichen Stundensatz von 80 Euro für solche Vertriebstätigkeiten zugrunde legen. Damit haben Sie auch den Wert Ihres Unternehmens erhöht und einen wichtigen Schritt in Richtung Markenbildung unternommen. Aber halt: Machen Sie nach 100 Tagen nicht Schluss, sondern weiter – vielleicht mit geringerem Tempo und stärker auf eine neue Zielrichtung fokussiert, die Sie nach einem ersten Fazit ableiten. Wenn Sie diese Aktion im Rahmen Ihrer 100 Aktionen planen, werten Sie jede gebündelte Aktion einzeln. Beispiel: Profil ausfüllen, sich in zehn Foren einschreiben, täglich zehn neue Kontakte gewinnen.

Jenseits der Bank

Nur sehr selten bleibt bei Wissensgründungen, so gedacht, ein mehr als 5000 bis 10 000 Euro hoher externer Finanzierungsbedarf. Und auch dafür gibt es inzwischen gute Lösungen. 2010 stellte der Bund mit Unterstützung durch Mittel des Europäischen Sozialfonds ein Kapital von 100 Millionen Euro bereit, das als Sicherung für »Mikrokredite« mit gleichem Volumen dient. Die konkrete Abwicklung hat die sozial-idealistisch ausgerichtete GLS-Bank aus Bochum übernommen. Einen neuen Ansatz spiegelt in diesem Fall die Antragstellung: Institute für Mikrokredite entstehen gerade an vielen Orten in Deutschland.

Wer Mikrokredite genehmigt, ist weniger geldgetrieben und rollt auch bei persönlichen Gründungsmotiven nicht gleich mit den Augen. Ich möchte Ihnen Hans Daumüller vorstellen. Der heute über 60-Jährige ist mit einer von seinem Vater gegründeten Hydraulikfirma groß geworden. Nach drei Jahrzehnten als Chef des Familienunternehmens begann er eine Heilpraktikerausbildung und führt heute eine Heilpraxis in Esslingen. Um anderen Gründern ähnliche berufliche Erfüllung zu schenken, hat er zudem eine eigene Beteiligungsgesellschaft für Kleingründungen ins Leben gerufen.

Echte Ich-AG

Oft sind allerdings nicht einmal Mikrokredite notwendig. Die eigenen Kollegen, Bekannten, Freunde, die Familie – sie alle könnten Geldgeber sein. Ronald wollte sich als Tierarzt selbstständig machen, dafür ist ein siebenjähriges Studium nötig. Die eigentliche Gründung war damit in die Zukunft verschoben. Für das Studium benötigte er indes Geld, sogar mehr als ein normaler Erststudent, da Zweitstudenten höhere Gebühren zahlen müssen. Da Bildungskredite nur bis zum 36. Lebensjahr finanziert werden und es Tiermedizin nicht als Teilzeitstudium gibt, blieb nur eins: private Quellen aufzutun. Er gründete eine private Ich-AG: 50 000 Euro zahlte er selbst ein, weitere 50 000 bekam er von zehn Bekannten und Verwandten, die Anteile kauften. Das Geld legte er mithilfe eines Finanzberaters gemischt an. Die Erträge von durchschnittlich 7 Prozent pro Jahr wurden wieder angelegt und sorgten dafür, dass sich das Kapital nicht aufzehrte:

1. Jahr	100 000 Euro =		+	7 Prozent	=	107 000,00 Euro
2. Jahr	− 12 000 Euro =	95 000,00 Euro	+	7 Prozent	=	101 650,00 Euro
3. Jahr	− 12 000 Euro =	89 650,00 Euro	+	7 Prozent	=	95 925,50 Euro
4. Jahr	− 12 000 Euro =	83 925,50 Euro	+	7 Prozent	=	89 800,28 Euro
5. Jahr	− 12 000 Euro =	77 800,28 Euro	+	7 Prozent	=	83 246,30 Euro
6. Jahr	− 12 000 Euro =	71 246,30 Euro	+	7 Prozent	=	76 233,54 Euro

Fazit: Obwohl jährlich 12 000 Euro entnommen wurden, reduzierte sich das eingesetzte Kapital durch Zins und Zinseszins im Laufe von sieben Jahren nur um 23 766,46 Euro. Und dies bei der eher konservativen Annahme einer Verzinsung von durchschnittlich 7 Prozent.

Die Praxisgründung schlägt mit 45 000 Euro zu Buche. Diese können ganz oder teilweise aus dem vorhandenen Kapital entnommen werden. Das eine Modell: Die Bekannten bekommen ihren Einsatz mit 7 Prozent verzinst nach 5 Jahren zurück, das wären dann 70 127,50 Euro gesamt oder 7012,75 Euro für jeden – macht über 2000 Euro Gewinn pro Person. Gleichzeitig bleiben noch mehr als 12 000 Euro Eigenkapital für eine Kreditaufnahme zur Praxisgründung. Die andere Variante: 12 000 Euro werden als Eigenkapital in den Kredit gegeben. Das Geld der Verwandten bleibt weitere fünf Jahre liegen und vermehrt sich in dieser Zeit von 64 233,54 Euro auf 90 090,86 Euro. Damit hätten die Verwandten ihren Einsatz knapp verdoppelt. Ronald muss sich derweil nicht sorgen, denn die durchschnittliche Kleintierpraxis macht über 200 000 Euro Umsatz im Jahr.[4]

Attraktiv für alle

Sie sehen: Es gibt sehr interessante Modelle jenseits der Bank, die für alle Beteiligten attraktiv sind. Das Ausfallrisiko ist dabei gering – und je nach Zinsentwicklung und Anlageart wären noch höhere Renditen möglich. Das Ich-AG-Modell ist auch auf Direktgründungen übertragbar, Sie müssen nicht vorher studieren. Dabei können Freunde und Bekannte in einen Fonds einzahlen und werden dadurch zu Anteilseignern Ihrer Firma. Dazu können Sie ganz offiziell Anteilsscheine ausgeben.

Beispiel: Henriette möchte eine Schauspielschule für Manager eröffnen. Dazu braucht sie 50 000 Euro. 20 Bekannte beteiligen sich an dem Vorhaben mit unterschiedlichen Summen. Den Einsatz bezahlt Henriette mit einem Mindestzinssatz von 8 Prozent zurück, bei einer besseren Geschäftsentwicklung sogar höher.

So können Sie gründen, ohne beim großen Zahlen-Bluff mitzumachen, und dabei trotzdem ambitionierte Vorhaben langsam und sicher realisieren.

Zwangskorsett BWL

Es ist das Zwangskorsett der BWL mit ihren Kennzahlen, die die individuelle Situation der Gründer außer Acht lässt. Das betriebswirtschaftliche Planungsdenken engt gerade jene große Gruppe der Selbstständigen ein, die aus Motiven gründen, die für Banken und erst recht für Investoren lächerlich bis abstrus sind – zum Beispiel Familienvereinbarkeit, Selbstverwirklichung oder Unabhängigkeit und Entscheidungsfreiheit.

»Also mit diesem Umsatz können Sie nun wirklich noch keinen Mitarbeiter beschäftigen. Sie brauchen mindestens 12 456 Euro im Monat«, sagte der Steuerberater zu einer Kundin. Sie hatte im letzten Monat 11 149 Euro eingenommen. Damit wollte sie eine Mitarbeiterin einstellen, um mehr Zeit für ihre Kinder zu haben. Die Berateraussage verunsicherte sie zunächst, trotzdem entschied sie sich, den Job zu vergeben. »Da bleibt halt erst mal weniger für mich über – na und?«, sagte sie. Durch die Entscheidung hatte sie letztendlich mehr Zeit, sich auf wesentliche Aufgaben zu konzentrieren und das Unternehmen konzeptionell voranzubringen, statt sich mit Alltagskram zu beschäftigen.

Mein Steuerberater sagt ...

So etwas höre ich öfter: »Mein Steuer- oder Unternehmensberater sagt, ich solle soundso ...« Einem Bekannten sagte sein Unternehmensberater, er solle doch alle zwölf Angestellten entlassen und neue freiberufliche Verträge machen, denn die Tätigkeit ließe durchaus diese Gestaltungsmöglichkeiten. Damit hatte er vielleicht aus rein betriebswirtschaftlicher Sicht recht, aber mein Bekannter hat ein Vertrauensverhältnis zu seinen Angestellten. Es gehört zu seiner Vision, Menschen auch ein berufliches Zuhause zu geben. Es bleibt ihm genug Geld zum Leben, und er hat nicht das geringste Interesse, immer weiter zu wachsen, um noch mehr aus seinem Geschäft zu holen. Jemand wie er ist ein Feind für die Banken. Er würde nie einen Kredit bekommen. Und das Gute ist: Er braucht auch keinen.

Betriebswirtschaftliche Denke führt ziemlich oft in Einbahnstraßen. Natürlich ist es sinnvoll zu berechnen, was sich rechnet und finanziell Sinn macht. Doch mit diesem Wissen kann man betriebs-wirtschaftlich unsinnige Entscheidungen treffen und trotzdem erfolgreich sein.

Ich selbst hätte auf Mitarbeiter verzichten können – oder umgekehrt: mit mehr Mitarbeitereinsatz höhere Umsätze erzielen können. Aber warum? Dass der eine oder andere Euro bei betriebswirtschaftlicher Betrachtung unnötig ausgegeben wird, ist mir erstens klar und zweitens egal. Unnötig heißt für mich nicht sinnlos. Solange ich einen Sinn für mich und meine Umgebung erkenne, ist alles gut. Leider kann ich das ebenso wenig meiner Bank erzählen wie mein Bekannter, und deshalb bin ich froh, dass auch ich wie er nie einen Kredit brauchte.

5. Slow-Grow-Regel

FALSCH: Think Big!
RICHTIG: Denken Sie so weit, wie Sie können.

Großdenken kann einen selbst blockieren. Wieso es besser ist, angemessen zu denken, um die eigenen Schritte langsam anzupassen und zu vergrößern, besagt die 5. Slow-Grow-Regel.

Die Jungunternehmerin kam zackig rüber: »Ich habe eine Vision, ich will ein Unternehmen, das größer ist als Beiersdorf.« Seit mehr als anderthalb Jahren konnte sie aber von ihrem Vorhaben, im Bereich der Gesundheitsberatung angesiedelt, nicht leben. Ich sagte: »Wie wär's, wenn wir erst mal eine Nummer kleiner anfangen?« Nicht nur Männer denken manchmal weit über ihre Möglichkeiten. Aber ich muss zugeben: Sie tun das deutlich öfter als Frauen. Doch ob Mann oder Frau: Großdenken kann ganz schön behindern, wenn Sie zu groß denken.

Denken Sie groß genug? Viele Berater und Banker fordern das. Wenn Sie lieber ein kleines Haus am See als einen Wolkenkratzer bauen wollen, im übertragenen Sinn versteht sich, kann es Ihnen passieren, dass Sie belächelt werden.

Großdenken fordert viel Geld. Think Big! Eigentlich bezeichnet der Begriff eine in den 1980er-Jahren von Neuseeland durchgeführte Wirtschaftsstrategie. Großprojekte sollten das Wachstum ankurbeln. Bis heute ist umstritten, ob die Projekte nicht weniger für Wachstum als vielmehr für eine Erhöhung der Staatsverschuldung sorgten. Das ist typisch für das Großdenken: Es geht dabei eine Menge schief.

Ich weiß nicht, ob Berater und Banker Neuseeland im Hinterkopf haben, wenn sie vom Großdenken sprechen. Ich weiß aber, was sie meinen, wenn sie »Think Big!« in den Mund nehmen: Versuchen Sie ja nicht, bei Ihrer Planung zu sparen. Im Gegenteil: Investieren Sie kräftig! Setzen Sie sich große Ziele! Haben Sie Visionen, die Grenzen sprengen! Schließlich können Banken nur so Gewinne machen. Eine gewisse Quote des Scheiterns wird da von vornherein einkalkuliert. Und dass jemand persönlich auf der Strecke bleibt, weil zu viel Größe blockiert und schnelles Wachstum auch Meilensprünge im Kopf verlangt, interessiert sowieso niemanden.

Zu teuer gedacht

Das »Think Big«-Prinzip führt nicht selten zu einer enormen Geldverschwendung. Neulich sprach ich mit einem Entwickler, der gerade aus einem mit viel Venture Capital gegründeten Start-up aus dem E-Commerce-Bereich geflüchtet war. Dieses Start-up hatte innerhalb von einem Jahr nicht einen einzigen Auftraggeber gewonnen, obwohl die ganz großen Fische auf der Liste der potenziellen Kunden gestanden hatten. Mehrere Konzerne hatten das Produkt zwar getestet und waren interessiert. Zum Kauf konnte sich trotzdem keiner aufraffen, dazu waren der Nutzwert zu gering, der Aufwand zu groß und die Kosten zu hoch. Der Entwickler roch die nahende Insolvenz und entschied sich für die Reißleine, um sodann sein eigenes Ding zu machen. Durch die Tätigkeit für das Unternehmen war er nämlich auf eine Idee gekommen, wie sich das Produkt sehr viel kostengünstiger und mit geringerem Aufwand realisieren ließe. Nur etwa 20 000 Euro Eigenkapital rechnete er sich aus – sein ehemaliger Chef hatte hundertmal so viel gebraucht. Statt mit Angestellten will er sein Geschäft jetzt erst mal durch die Investition in die eigene Arbeitszeit und mit Freelancern aufbauen.

Ich wundere mich oft, was für einen schlechten Riecher große Geldgeber haben, wenn ich mir einige der mittels Venture Capital gesponserten Unternehmen in meiner Umgebung so anschaue. Da ist ziemlich viel Unausgereiftes dabei, das die Phase der »3 Kritiker« so nicht überlebt hätte. Das Gespräch mit Brancheninsidern hätte die Augen öffnen können, bevor ein paar Millionen im Sand versinken.

Der Eindruck beschleicht mich, dass es reicht, irgendetwas Neues, Innovatives aus dem Ärmel zu zaubern und Businesspläne zu schreiben, die mit Riesenzahlen jonglieren und Wachstum ohne Ende versprechen. Wenn dann noch der Sieg bei einem Businessplan-Wettbewerb dazukommt – gewonnen! Leider aber nicht unbedingt Kunden, siehe das Beispiel oben.

Selber machen macht klug

Ich möchte Ihnen Gesa und Thomas vorstellen, um das zu erläutern. Die beiden wollten einen Online-Shop im Lebensmittelbereich realisieren. Sie wurden bei ihrer Businessplan-Besprechung dazu aufgefordert, viel höhere Mittel für Marketing und Mitarbeiter einzuplanen. Das ging sofort in die Hunderttausende. Allein der Posten »Suchmaschinenmarketing« umfasste 2000 Euro pro Monat. Sie bauten einen Shop auf, der völlig überdimensioniert für die Zielgruppe war. Dadurch, dass alle Arbeiten von Anfang an ausgelagert waren, wussten die beiden selbst nicht, was hinter den Kulissen passierte. Die Agenturen konnten so alles mit ihnen machen, Erfolgs- und Kostenkontrolle war nur sehr begrenzt möglich. Erst als Gesa sich in die Tiefen des Suchmaschinenmarketings einarbeitete, die Website auf ein einfacheres System umstellte, der Agentur kündigte und fortan das Marketing selbst betrieb, stellte sich der Erfolg ein. Obwohl beide sich viel sparsamer als geplant verhalten hatten, waren bis dahin gut 70 000 Euro verheizt worden. Mit 10 Prozent davon, eigener Hände Arbeit von Anfang an und langsamem, schrittweisem Wachstum wären die beiden sehr viel erfolgreicher gewesen. Und die GmbH, die sie laut Steuerberaterempfehlung sofort gründeten, wäre auch nicht nötig gewesen. Eine GbR, Gesellschaft bürgerlichen Rechts, hätte bei ihrem überschaubaren Risiko absolut gereicht.

Je höher die Ziele, desto größer der Erfolg?

Hinter dem »Think Big!« steckt die Überzeugung, dass nur diejenigen erfolgreich sind, die sich hohe Ziele setzen, die also sofort einen Weitsprung über drei Meter machen wollen. Dabei lassen sie die Trainingsphase außer Acht: Bevor Sie drei Meter hoch springen, müssen Sie es erst mal einen Meter schaffen, dann 1,5 und schließlich 2 Meter. So ist es auch kein Zufall, dass viele ehemals insolvente Unternehmer im zweiten Anlauf sehr viel vorsichtiger sind, mehr bedenken und erfolgreicher sind. Sie können auch ohne Insolvenz so klug sein, wenn Sie nach dem Slow-Grow-Prinzip gründen und wachsen.

Wer einen Businessplan für die Banken erstellt, soll von Anfang an die großen Hürden nehmen und in großen Zahlen denken. Von jetzt auf gleich die Marktführerschaft anstreben – und bloß nicht zu lange Anlaufphasen einplanen. Ganz weit nach vorn, so lautet das Credo unserer Leistungsgesellschaft. Doch es gibt mehrere spitze Haken in diesem Denken, an denen Sie leicht hängenbleiben:

- Wenn Sie mit einem zu großen Schiff starten, haben Sie noch nicht die Erfahrung, es zu steuern. Ein kleines Boot steuert sich leichter.

- Ohne Testphase und Slow-Grow-Projekt – und die Millionen-Euro-Gründungen starten meist ohne – passiert schnell, was ich oben beschrieben habe: Da wird ein Unternehmen ins Leben gerufen, das sich nicht bewährt.

- Falls Sie bei Kilometer 500 anfangen anstatt bei Kilometer 0, fehlen Ihnen die wichtigen Erfahrungen von der ersten Strecke. Wenn Sie zum Beispiel sofort mit Angestellten arbeiten oder alles an Agenturen outsourcen, sind Sie dem Know-how von anderen ausgeliefert – und können vielleicht nicht mal die richtigen Fragen stellen.

Großtuer

Waren Sie schon einmal in einem Gründungsseminar? Wenn ja, dann kennen Sie wahrscheinlich den Großtuer. Es ist der gleiche Typ Mensch, den Sie vielleicht bereits in einem Angestelltenjob kennengelernt haben. In ihm steckt ganz viel naturbelassenes »Think Big!«, niemand muss ihn dazu auffordern.

Diese Gründer bringen ihre Umgebung dazu, zu glauben, sie machten Riesenumsätze und seien mega-erfolgreich. Sie arbeiten am Wohnzimmertisch, aber tun so, als sei dies ein großes Büro. Überwiegend sind es Männer, die auch als Ein-Mann-Unternehmer das Zauberwort »Geschäftsführer« auf ihre meist nicht besonders innovativ gestaltete Visitenkarte schreiben.

Geschäftemacher

Beim Geschäftemachen sind sie immer in der ersten Reihe. Allerdings halten sie selten, was sie versprechen, was der Nachhaltigkeit ihres Erfolgs deutlich im Weg steht. Mir erzählte eine Kundin einmal von einem solchen Typen: Ein Kollege prahlte mit einem dicken Fisch an der Angel, einem Auftrag für einen Riesenkonzern, der ihm statt einer renommierten Werbeagentur das Vertrauen für die Realisierung eines Projekts übertragen hätte. Nun sollte sie, meine Kundin, ihm ein Angebot machen, wie sie ihn unterstützen konnte. Schon bei der Beschreibung der Projektdetails wurde mir klar, dass hier nur Schaum geschlagen wurde. Ich riet ab, sich damit zu beschäftigen. In der Tat platzte der Deal, der sicher von Anfang an keiner gewesen war. Leider berührt die Selbsteinschätzung von manchen Menschen den pathologischen Bereich. Dies macht es schwer, Menschen mit einer hohen Selbstwirksamkeitserwartung von Schaumschlägern zu unterscheiden; schließlich ist die Überzeugtheit von der eigenen Leistung ja wirklich eine der wichtigsten Eintrittskarten zum Erfolg. Aber es muss auch was dahinter sein. Falls Sie mal mit so jemandem zu tun haben und das nicht sicher einschätzen können, fordern Sie Belege. Und falls so jemand mal Ihr Auftraggeber wird: 50 Prozent der Rechnungssumme, besser noch 75 Prozent sind nach Auftragsvergabe fällig … Kleiner Tipp am Rand.

Pimp yourself

Ach ja, Frau Hofert, haben Sie denn vergessen, dass wir in einer statusorientierten Gesellschaft leben? Nein, nein, lieber Leser, das habe ich nicht. Ich weiß sehr wohl, dass zur Herstellung von Augenhöhe manchmal Geklimper notwendig ist. Natürlich machen Sie einen besseren Eindruck, wenn Sie schicke Broschüren und geprägte Visitenkarten ausgeben können. Wir leben nun mal in einer Hierarchiegesellschaft und nicht in der DDR (wobei: Status? Hierarchie? Gab's auch da …). Neben Hochglanzbroschüren beeindrucken auch große Websites oder Titel wie Geschäftsführer oder CEO. Wenn es dem Zweck dient, Kunden zu gewinnen, schreiben Sie's drauf.

Aber: Wenn sich eine Dienstleistung ohne den Namen zu »pimpen« nicht verkauft, dann erst recht nicht mit. Wer ohne Klimperschmuck nicht zu Kunden kommt, findet auch mit Geklimper keinen Zugang. Deshalb bin ich dafür, erst nach den ersten Tests über die Art des Geklimpers zu entscheiden. Das beste Beispiel für meine These, dass am Anfang weniger mehr ist, liefern narzisstische Selbstdarsteller, von denen einige Karriere als Betrüger machen. Ihnen gelingt es zum Beispiel, sich in höhere Kreise einzuschleichen und den großen Geschäftsmann zu markieren – meist ohne einen Euro in ihre Geschäftsausstattung investiert zu haben. Diese Typen haben weder Webpräsenzen noch teure Broschüren. Das soll aber jetzt bitte nicht als Beispiel zum Nachmachen verstanden werden. Nur als Prinzip: Ich denke, Sie wissen, was ich meine.

Großtun ist auch deshalb kritisch zu sehen, weil inzwischen an allen möglichen Stellen des Social Web und bei Google sichtbar wird, was wirklich hinter der Größe steckt. Spätestens im Internet fliegt auf, wer zu hoch gepokert hat. Einmal googeln und schon liegt Ihre Vergangenheit offen. Das Internet trägt so auch dazu bei, dass es in Zukunft weniger Blender geben wird. Es reicht oft, eins und eins zusammenzuzählen, also die Auftritte im Web und in Portalen. Oder sich Texte mal genauer durchzulesen.

Ich bin er

Wenn ich manche Profiltexte sehe, die »groß« tun, kriege ich eine Krise. »XY begann seine Karriere im Alter von 18 Jahren. Er erlangte schnellen Ruhm. Heute betreibt er sein eigenes Unternehmen.« Das ist der »Artist-Stil«, der auch viel bei Rednern, Trainern und Musikern anzutreffen ist. Ganz schlimm wird es, wenn diese Texte von den entsprechenden Personen selbst geschrieben sind. Die notwendige Distanz zu sich selbst lesefreundlich aufrechtzuerhalten, gelingt so gut wie keinem. Die Texte sind überwiegend furchtbar.

Werber und Marketer raten leidenschaftlich gern dazu, über sich selbst in der dritten Person zu sprechen. Da steht dann »Hugo Müller studierte Betriebswirtschaft. Er gründete sein Beratungsunternehmen 2003«. Keiner, der seine Texte selbst schreibt, kann das konsequent durchziehen. Es wird sich immer ein »Ich« einmischen oder eine andere entlarvende Formulierung. Außerdem werden die Texte so kalt wie eine Künstlerbiografie. Muss das sein? In Zeiten, in denen Interaktivität und Beziehungen auch durch das Internet so zentral für unternehmerischen Erfolg geworden sind, halte ich textliches Distanzverhalten für viele Dienstleister für kontraproduktiv. Eine Ausnahme mag für manche Experten gelten oder für Personen, die sehr stark in der Öffentlichkeit stehen und die Distanz brauchen, um sich wenigstens etwas Privatleben zu erhalten. Und natürlich ist es etwas anderes, ob der Text auf der eigenen Website oder in einer Veranstalterbroschüre oder in einem Pressetext steht.

Während auf Websites Nähe besser ankommt, kann in Veranstaltungstexten Distanz Kompetenz unterstreichen. Sehr viele Unternehmer würden aber gewinnen, wenn sie die sprachlichen Mauern einreißen und mehr auf den Kunden zugehen würden. Wenn zum Beispiel der Fensterreiniger in der Ich-Form schreibt, dass es ihm sehr wichtig ist, dass seine Kunden zufrieden sind, wird er allein dadurch mehr Menschen ansprechen.

Versteckt

Dies gilt vor allem für personen- und manche unternehmensbezogenen Dienstleistungen. Betreiben Sie ein Geschäft oder einen Internet-Shop, ist dies weniger wichtig. Allerdings kann auch hier der Mensch im Hintergrund wichtig sein. Wie wichtig – das ist eine Strategiefrage, die auch damit zusammenhängt, wie gern Sie selbst im Vordergrund stehen. Es ist ein Punkt, der sich meist schon in der 360°-Analyse zeigt. Wer wie Maria auf keinen Fall im Mittelpunkt stehen möchte, muss das auch nicht. Maria hatte einen Feinkostladen im Internet eröffnet und sich auf besondere Brotaufstriche spezialisiert. Sie hätte eine schöne persönliche Story um diese Aufstriche machen können, die sie selbst entwickelt hat. Aber

Maria wollte das nicht, weil sie überlegte, den Shop nach einigen Jahren zu verkaufen und wieder angestellt zu arbeiten. Außerdem plante sie, die Aufstriche auch an andere Händler zu verkaufen. Also stellte sie das Produkt in den Vordergrund und versteckte sich selbst im Impressum. Solche Bescheidenheit ist häufig, aber selten als strategische Entscheidung durchdacht. Das aber sollte sie sein.

Wir sind ich

Doch zurück zur Größe. Neben dem »Artist-Stil« ist auch der »Big-Company-Stil« verbreitet. Er führt fast immer zum auffälligen Widerspruch zwischen »Wir« und »Ich« auf Websites. Es ist anhand des Internetauftritts schwer zu erkennen, wie groß ein Unternehmen ist. Während Ladengeschäfte kaum täuschen können – entweder sie können sich einen Raum in einer 1-a-Lage leisten oder nicht – können Websites kleine Nebenberufler groß und große Erfolgsunternehmen klein aussehen lassen.

Werbeagenturen und Marketingberater empfehlen »Wir«, damit eine kleine Firma oder gar ein Einzelkämpfer größer wirkt. Mangels eigener Mitarbeiter zitieren gerade Einzelkämpfer dann schnell ein Netzwerk, das aus der Ein-Mann- oder Ein-Frau-Unternehmung eine Firma machen soll. Dieses Netzwerk zeigt indes selten ein Gesicht, weil die Gründer selbst noch nicht richtig wissen, wen sie da eigentlich nennen sollen. Also entscheidet man sich für Platzhalter oder flexible Handhabung. Motto: Wenn jemand kommt, kann ich immer noch überlegen, mit wem ich kooperiere. Von dort zum Dilettantismus ist es ein kleiner Schritt.

Eine Designerin, die auf der Website die Größe einer Agentur vorgaukelte, musste schnell einen Partner aus dem Hut zaubern, als sie ein Angebot für einen größeren Auftrag schreiben sollte. Dieser Partner war noch fest angestellt und betrieb das Projekt nebenbei. Unter Erfolgsdruck erzählte die Designerin dem potenziellen Auftraggeber dies aber nicht. Am Ende bekam sie zwar den Auftrag, konnte aber die gegebenen Versprechen nicht halten. Da ihr Partner angestellt war, konnte er nicht zeitnah auf technische Anfragen antworten. Ihr selbst waren die Hände gebunden. Schließlich machte sich der Neukunde unzufrieden auf die Suche nach einer »richtigen« Agentur. So ging der Schuss nach hinten los.

Elektronische Büros

Durch elektronische Büros und externe Dienstleister ist es heute leicht, größer zu wirken. Gleichzeitig können Sie sich auf diese Weise schon frühzeitig »Mitarbeiter« leisten, etwa in der Telefonannahme. Das ist eine gute Sache. Aber müssen diese Mitarbeiter deshalb so tun, als säßen sie vor Ort? Auch ich habe ein externes Büro, das sich einschaltet, wenn meine Mitarbeiter nicht anwesend oder im Urlaub sind. Ich mache kein Geheimnis daraus, dass dieses schlicht eine telefonische Weiterleitung zu einem Dienstleister beinhaltet. Alles andere hinterlässt doch ein komisches Gefühl: Wenn der Kunde zum Beispiel anruft und drei Mal unterschiedliche Namen von Mitarbeitern hört. Oder wenn die Büroadresse nicht wie aus der Pistole geschossen genannt werden kann, sondern erst nach einigem Zögern, weil der externe Büromitarbeiter diese nicht im Kopf hat und erst mal nachschauen muss.

PRAXISTEIL:
Wie Sie die passende Größe finden

Welche Schuhgröße tragen Sie? Wenn ich Schuhe in Größe 39 trage, schwimme ich darin wie in einem U-Boot und schiebe mich über den Boden. Zu kleine Schuhe aber drücken. Meine richtige Schuhgröße ist 37. Das ist mit Ihrem Auftritt – gleich ob im Web oder persönlich – genauso. Wenn dieser zu groß oder klein ist, dann bewegen Sie sich nicht sicher voran. Die richtige Unternehmergröße zu finden ist dabei weitaus schwieriger als die richtige Schuhgröße. Denn so, wie es viele gibt, die sich größer machen, gibt es auch Menschen, die sich kleiner denken, als sie sind. Das wirkt sich dann auf die gesamte Selbstdarstellung aus. Zum Beispiel kenne ich einen sehr erfolgreichen Shopbetreiber, der mit seiner grauenvoll unprofessionellen Website mehr Kleinsein signalisiert, als nötig wäre.

Ihr Risikoregler

Vielleicht fragen Sie sich jetzt, wie Sie die richtige Größe für sich selbst herausfinden. Wozu können Sie selbst stehen, ohne sich unauthentisch zu fühlen? Was vertreten Sie mit innerer Überzeugung? Wozu stehen Sie hundertprozentig? Wenn es um Geld geht und Sie die Investitionen schrecken, horchen Sie tief in sich hinein und betätigen Sie den eigenen Risikoregler:

a. Wenn Sie sich als eher ängstlicher Mensch einstufen: Zeichnen Sie eine 10 Punkte umfassende Skala mit dem negativen Pol »Risikoscheuheit« (– 5) und dem positiven Pol »Sicherheitsdenken« (+ 5). Wo stehen Sie? Wie können Sie sich mehr in Richtung »Sicherheitsdenken« entwickeln, und was steht dort? Ein moderater Kredit? Eine kleine Investition?

b. Wenn Sie sich als eher mutiger Mensch einstufen: Zeichnen Sie eine 10 Punkte umfassende Skala mit dem negativen Pol »Abenteuerlust« (−5) und dem positiven Pol »Investitions-überzeugtheit« (+5). Wo stehen Sie? Was müssen Sie tun, um sich mehr in Richtung »Investitionsüberzeugtheit« zu bewegen. Und was steht dort?

Sicherheit					Wo stehen Sie?					Risiko
−5	−4	−3	−2	−1	0	1	2	3	4	5

Ihr Großwirkungsgrad

Eine weitere oder ergänzende Möglichkeit: Vergleichen Sie sich mit anderen! Großdenken hat auch mit der Wirkung nach außen zu tun. Die ist für Sie selbst mitunter gar nicht so richtig einzuschätzen. Schauen Sie sich andere an, die in einem ähnlichen Bereich wie Sie tätig sind, und bewerten Sie deren Großwirkungsgrad mithilfe einer Skala von 1 bis 10. 1 heißt: Das Unternehmen wirkt klein und nebenberuflich betrieben. 10 bedeutet: Es wirkt wie ein großes, professionelles Unternehmen mit mehreren Mitarbeitern. Ordnen Sie sich selbst ein: Wo möchten Sie stehen? Wo fühlen Sie sich gut und passend aufgehoben?

Beispiel: Der Unternehmer Peter organisiert Kanufahrten an der Rhön. Sein Ziel ist es, erst einmal mit einem kleineren Angebot an den Markt zu gehen und zwischen Mai und Oktober die Nachfrage mit Wochenendangeboten zu testen. Für sich selbst definiert er zwischen all den anderen Anbietern einen Großwirkungsgrad von 4. Dafür braucht er nur einen einfachen Flyer und eine Website für die Ankündigungen. »Ich wollte anfangs gar nicht das Haus voll haben«, sagt er heute. »Mir war es auch lieber, mit kleinen Gruppen anzufangen und nicht gleich mit zehn Personen.«

Sehr hilfreich ist auch Feedback. Sie selbst können nicht beurteilen, wie Sie oder Ihre Außendarstellung auf andere wirken. Holen Sie sich Einschätzungen von anderen, das können Ihre drei Kritiker sein oder auch Vertreter Ihrer Zielgruppe oder beides. Wichtig ist: Feedbacks aus reiner Nettigkeit brauchen Sie nicht, sondern ungeschminkte Wahrheiten. Das sollten Sie deutlich kommunizieren.

100 Prozent müssen nicht sein

Großdenken hat auch mit den Zielen zu tun. Möchten Sie gleich am Anfang die schwierigsten Herausforderungen knacken? Oder lieber langsam an den Herausforderungen wachsen? Letzteres ist meist Erfolg versprechender. So manche Pleite, finanziell und persönlich, könnte verhindert werden, wenn die Ziele etwas bescheidener gesteckt würden.

Die wenigsten Menschen können von Anfang an 100 Prozent leisten. – Beispiel Vortrag oder Präsentation: Es ist ganz normal, dass Sie vor Ihrem ersten Vortrag nervös sind, beim Sprechen in Atemnot geraten und kleine Fehler machen. Je mehr Leute um Sie herumsitzen, desto nervöser werden Sie sein. Deshalb ist es sinnlos, den ersten Vortrag direkt vor 200 Leuten halten zu wollen. Es ist besser, mit einer kleinen Runde anzufangen und die Teilnehmergröße dann sukzessive zu steigern. Auch Menschen, die sich nicht für geborene Redner halten, können so langsam entdecken, dass sie doch können, was sie vorher für sich verneint haben.

Mit anderen Dingen ist es ganz genauso: Wenn Sie als Raumgestalter gleich in einer Prominentenvilla anfangen, werden Sie naturgemäß nervöser sein, als wenn Sie in einer kleinen Wohnung eines »Normalos« beginnen. Architekten planen auch nicht gleich als erstes Projekt das größte Hotel der Welt.

Mit den Aufgaben wachsen

Der übliche Weg ist doch der: Sie wachsen mit Ihren Aufgaben. Und mit Ihren Aufgaben verändert sich die Wahrnehmung der eigenen Kompetenzen und damit verändern sich auch Ihre Ziele. Je erfahrener Sie sind, desto größer können Sie deshalb denken. Das Tempo ist dabei höchst unterschiedlich und hängt entscheidend mit der Selbstwirksamkeitserwartung zusammen. Je niedriger, desto langsamer. Was nicht schlimm ist, wenn genügend Zeit da ist, in neue Rollen hineinzuwachsen.

Einst lernte ich einen Trainer kennen, der zu Beginn seiner selbstständigen Laufbahn immer nur 4-Stunden-Workshops geben konnte, weil er sich mehr nicht zutraute. »Dafür habe ich keinen Stoff«, sagte er. Er steckte so viel Inhalt in seine Kurse, dass die Teilnehmer satt und zufrieden nach Hause gingen, er danach aber fix und fertig war. Er konnte einfach nicht loslassen und die Teilnehmer Übungen machen lassen, was – erfahrene Trainer wissen das – ein idealer Zeitfüller ist. Viele fragten ihn nach Ganztages- oder Zweitagesworkshops und er hätte diese leichter verkaufen können als sein individuelles Kurzkonzept, denn Unternehmen sind nun mal auf Tagesseminare eingestellt. Aber das traute er sich nicht zu. Er gab lieber Halbtagsworkshops, bis er sich so sicher fühlte, dass er auf sechs Stunden und schließlich auf acht Stunden verlängern konnte.

Jeder so, wie er kann. Wenn man das berücksichtigt, können auch Menschen unternehmerisch erfolgreich sein, die auf den ersten Blick nicht prädestiniert zu sein scheinen, als Selbstständige zu arbeiten.

Passende Schrittgröße

Denke so groß, wie Du kannst – das hat auch mit der eigenen Persönlichkeit zu tun. Die eine Persönlichkeit lässt größere und mutigere Schritte zu, die andere nicht. Nach so vielen Jahren als Beraterin glaube ich nicht mehr, dass sich zum Beispiel Unsicherheit durch Seminare oder Coaching »wegerziehen« lässt. Es lässt sich nur Sicherheit aufbauen, meist dauert das.

»Ich habe nun mal keine jahrelange Erfahrung, also will ich auch nicht so tun als ob«, sagte mir Eva, die sich als Landschaftsarchitektin selbstständig macht. »Mir ist es lieber, erst einmal als freie Mitarbeiterin in einem Büro zu arbeiten und langsam eigene Kunden aufzubauen.« Für viele ist es ein Weg, zunächst einmal als freie Mitarbeiter zu arbeiten, bevor sie einen eigenen Kundenstamm aufbauen, was erfahrungsgemäß ohnehin länger dauert.

Wichtig ist nur, nicht in so einer Stellung zu verharren, sondern sich immer weiterzuentwickeln. Sich mindestens einmal im Jahr zu fragen »Was will ich als Nächstes?« ist ein ganz wichtiger Schritt. Auch ein »Entwicklungsbuch« kann helfen weiterzukommen auf einem Weg, dessen Ziel am Anfang eben oft nicht so klar sein kann, wie es Ihnen Berater weismachen wollen, die die SMART-Formel zitieren.[1] Wenn Sie erfolgreiche Selbstständige fragen, so werden Sie wenige finden, die schon von Anfang an wussten, wo Sie am Ende gelandet sind. Es gibt Umwege und Unerwartetes. Dafür muss Raum sein; in einer strikten »Think Big«-Denke gibt es diesen nicht.

Ich empfehle ein »Entwicklungsbuch«, um über die nächsten Schritte Klarheit zu gewinnen. Das ist ein ganz normaler Schreibblock; für PC-Affine kann es auch ein Worddokument sein. Schreiben Sie darin einmal in der Woche, was Ihnen gut gefällt, was Sie ändern möchten und Ihre Ideen dafür. Sortieren Sie diese Aufzeichnungen, wenn die Zeit aus Ihrer Sicht reif dafür ist. Reflektieren Sie Ideen mit anderen Menschen und lassen Sie sich immer mal wieder spiegeln, was diese Personen in Ihnen sehen. Gefällt Ihnen das? Sollte es etwas anderes sein? Was müssen Sie für dieses andere tun?

So kommen Sie Schritt für Schritt voran.

6. Slow-Grow-Regel

FALSCH: Sie müssen Bestleistung bringen!
RICHTIG: Werden Sie immer besser.

»Mittelmaß« ist ein Schimpfwort, und doch ist die Nachfrage nach durchschnittlichen Leistungen höher als die nach der »Spitze«. So wie nicht jeder zur Elite gehören kann, muss auch nicht jeder Selbstständige der oder die Beste sein. Nur eins ist wichtig: Sich langsam zu verbessern und das Niveau anzuheben.

»Lieber die Uschi aus Herne als Ulrike aus Harvard«, zitierte mich vor einem Jahr Spiegel Online. Ich wollte damit ausdrücken, dass die ganze Elitediskussion am Bedarf vorbeischießt. In normalen Unternehmen will und braucht man keine Überflieger. Diese These wurde dann heiß diskutiert, denn sie passt überhaupt nicht zum momentanen Trend.

Doch die Wahrheit ist: Am meisten nachgefragt werden nicht Topleistungen, sondern der Durchschnitt. »Um erfolgreich zu sein, bin ich nicht mittelmäßig genug«, sagt Ulf D. Posé sarkastisch[1], doch die Aussage hat einen wahren Kern. Was mir daran nicht gefällt, ist die Negativbewertung des Durchschnitts. Oder auch: Warum muss es immer eine »Eins« sein? Wer immer an der Spitze steht, hat keine Luft mehr nach oben – wie langweilig.

Machen Sie sich also keinen Stress. Sie dürfen sich entwickeln. Sie dürfen erst einmal mittelmäßige Dienstleistungen und Produkte anbieten. Mittelmaß wird überall geschasst, und ich habe keinen einzigen Autor gefunden, der jemals den Charme des Mittelmaßes beschworen hätte. Die gesamte Erfolgsliteratur für Selbstständige und Unternehmer beruht auf einem Gedanken: Sie müssen richtig gut sein, der Beste für Ihre Kunden. Sie sollen Ihr Angebot so gestalten, dass es immer passender, einzigartiger und qualitativ hochwertiger wird. Dies ist ein Gedanke, der sich aus der schon vorgestellten Engpasskonzentrierten Strategie EKS ableitet.

Alle Autoren beklagen einmütig, dass sich Mittelmaß durchsetzt. Das Buch von Hermann Scherer *Jenseits vom Mittelmaß* bringt es auf den Punkt: »Viele Unternehmen versinken im Mittelmaß: Sie bieten das, was andere auch bieten. Doch auf den dicht besetzten Märkten von heute genügt das nicht mehr. Durchschnittsprodukte zu Durchschnittspreisen führen im Verdrängungswettbewerb geradewegs ins Abseits.«[2] Hier wird Bestleistung übrigens einmal mehr mit Spezialisierung in einen Topf geworfen. Der Gedanke, der von verschiedenen Autoren vertreten wird: Wer sich neue Märkte erschließt, verlässt das Mittelmaß. Zeitgleich wird nach der Elite geschrien, die offensichtlich in der Lage sei, diese neuen Wege zu beschreiten.

Denkfehler

Darin liegen mehrere Denkfehler. Das Bestleistungsprinzip lässt sich kaum auf den Typus des Selbstständigen-Unternehmers übertragen, auch nicht so ohne Weiteres auf alle Entrepreneure. Dafür gibt es einen einfachen Grund: Kunden brauchen nicht nur Bestleistung, sie benötigen ganz oft nur Mittelmaß.

»Deutschland benötigt Leistungseliten dringender denn je, damit nicht länger das Mittelmaß erfolgreich ist und der Sinkflug des Landes beendet wird«, sagt Ulf D. Posé in Perspektive Blau.[3] Von einem Sinkflug merke ich nichts, Deutschland ist überaus erfolgreich im europäischen Vergleich. Und wenn Sie sich wirtschaftlich erfolgreiche Unternehmen ansehen, so sind diese, Google einmal ausgenommen, selten von Eliten im Posé'schen Denken geführt. Es sind zum Beispiel Studienabbrecher dabei, die später sehr erfolgreich Unternehmen führen, Michael Dell und Bill Gates etwa. Spitzenleistung hat nichts mit Eliten zu tun, sondern mit einer Persönlichkeit, die die Spitzenleistung hervorbringt. Und oft war das, was diese Persönlichkeit leistet, am Anfang gar keine Spitzenleistung.

Bestleistung ist relativ

Müssen in Ihrem Business Bestleistungen wirklich sein oder reicht solides Können, Handwerk, Wissen? In der Denkschule der Mittelmaßhasser setzen sich diejenigen durch, die den Kundennutzen am besten erfüllen. Es würde bedeuten, dass alle nur noch das »Beste« kaufen. Das ist nicht der Fall. So gibt es Marktmacht mit Quasi-Monopolismus wie zum Beispiel bei der Software SAP. »Die Software des Konzerns ist keine wirkliche Spitzenleistung«, sagen viele. SAP hat sich einfach durch andere Faktoren dahin entwickelt, wo es heute steht.

Da gibt es Netzwerke, die den einen erfolgreich machen und die anderen klein halten. Da gibt es Banken, die sich für den eigenen Gewinn, aber nicht unbedingt für Leistung interessieren. Es gibt zufälligen Erfolg. Und es gibt Erfolg durch geschicktes Marketing. Aber dass Bestleistungen sich anderswo als im Sport durchsetzen – ich zweifle sehr daran.

Katzenbergerisierung

Über Software lässt sich trefflich streiten. Bei Dienstleistungen ist das Bestenprinzip erst recht nicht gültig. Da Dienstleistungen einen so hohen Persönlichkeitsfaktor haben, setzen sich hier vor allem diejenigen durch, die sich einbringen und Beziehungen aufbauen können.

Damit wir uns nicht falsch verstehen: Ich propagiere keine schlechten Leistungen, nur gute und solide Arbeit. Unterdurchschnitt darf es nicht sein – leider ist der auch verbreitet. Die Katzenbergerisierung der Fernsehwelt greift auch auf manche Selbstständigen über. Da verkaufen sich Berater und Coachs, die kaum Erfahrung haben. Einmal erhielt ich eine stolze »Ich-bin-jetzt-selbstständig-Mail« von einer Studienabbrecherin, 22 Jahre, die sich als Karriereberaterin selbstständig gemacht hatte. Der Markt hat das schnell geregelt, glücklicherweise – wie meist. Oder Texter, die maximal fragen können »Wie viele Anschläge?«. Bemerkt wird das leider nur teilweise, weil in der Praxis die gute Beziehung zählt, die vergessen macht, dass der Texter eigentlich nichts kann.

Leistungsnieten

Aber nicht immer werden solche Leistungsnieten ausgesiebt. Dort, wo die Nachfrage hoch ist und wenig Konkurrenz besteht, können sie sich breitmachen. Ein Graus ist etwa der Fahrradhändler auf Hiddensee, der zum Gruß nicht mal den Kopf hebt und einen mit seiner Zigarette einräuchert. Auch das unverschämt schlechte Essen in manchem Restaurant, das einen Standortvorteil hat, bringt mich auf Palmen, wo doch keine sind.

Wenn ich den Charme des Mittelmaßes beschwöre, dann meine ich keine Leistungsnieten. Ein solider Boden muss da sein, ein Fundament, auf das man bauen kann.

Mittelmäßig? Ein Kompliment!

Für mich ist Mittelmaß ein Kompliment, denn es besagt, dass etwas wunderbar und angenehm durchschnittlich ist. Ich will halt nicht täglich in Toprestaurants speisen und mir die Haare von Edelcoiffeuren designen lassen. Ich mag es, wenn Dinge nicht hundertprozentig stimmig sind, das macht es für mich sympathisch. Manchmal ist mir »Top« auch einfach zu teuer. Manchmal passt »Top« auch nicht zu den eigenen Anforderungen. Oft ist »Top« zu sehr mit Status verwoben; dann resultiert die Spitzenleistung eigentlich nur aus gutem Marketing.

Ich bin nicht allein: So wie Unternehmen nicht unbedingt daran interessiert sind, Durchschnittspositionen mit Intelligenzbestien und Harvard-MBAs zu besetzen, möchten Auftraggeber manchmal einfach nur eine mittelmäßige Lösung. So habe ich es mehr als nur einmal erlebt, dass Auftraggeber bei Projekt- oder Dienstleistungsausschreibungen einem Kandidaten den Vorzug gaben, der mittelmäßig war. Das Argument ist ähnlich wie bei Angestellten: Der hängt sich mehr rein, engagiert sich mehr, ist nicht so schnell weg. In anonymen Ausschreibungen etwa über Vergabeplattformen werden so gut wie immer die mittleren Angebote akzeptiert, selten die billigen und ebenso selten die teuren.

Zu gut für mich

Bei Dienstleistungen mit hohem Persönlichkeitsfaktor lassen sich die Besten sowieso kaum wirklich finden. Nehmen wir Design. Ohne Frage ist Peter Schmidt, der unter anderem diese wunderschöne Apollinarisflasche mit der roten Raute gestaltet hat, einer der weltbesten Designer. Manche nennen ihn sogar Denker und Künstler, schreiben ihm also auch persönliche Eigenschaften zu, die den Wert seiner Arbeit erhöhen.[4] Aber er ist auch einer der teuersten. Wäre ich Apollinaris, ich hätte ihn auch beauftragt. Doch was will ich oder einer meiner Kunden mit Peter-Schmidt-Design – außer vielleicht auf dem Restauranttisch?

Ich habe in meiner Datenbank rund 20 Designer und Design-agenturen, die ich weiterempfehle und die nicht im Entfernten an Peter Schmidt heranreichen. Wenn das Bestenprinzip wirklich gelten würde, müsste es der kleine Nachfolger von Schmidt sein, den ich einem Geschäftspartner oder Kunden zum Beispiel für die Realisierung eines Corporate Designs anrate. Das ist aber nicht so, sondern ich teile die Designer nach Merkmalen in verschiedene Kategorien, die mit dem gestalterischen Können kaum etwas zu tun haben:

- Eine ist fleißig und freundlich.
- Einer kennt sich super aus im Online-Bereich.
- Eine hat ein persönliches Auftreten und Outfit, das auch in größere Firmen passt.
- Eine Agentur ist sehr »trendy«.
- Einer arbeitet mit vielen Experten zusammen.
- Eine illustriert auch ziemlich gut.
- Eine macht tolle Icons.

Und so weiter. Wie Sie sehen, hat jeder etwas Besonderes. Und nicht jeder passt zu jedem Kunden. Das hat mit der eigentlichen Designleistung oft wenig zu tun, sondern mehr mit Auftreten, Hintergrund, Herangehensweise. Das sind keine äußeren Unterscheidungsmerkmale, sondern persönliche Eigenschaften.

Beispiel: Die eine Designerin ist es gewohnt, in großen Unternehmen zu präsentieren. Sie zieht ihr Kostüm an und überzeugt. Ihre Angebote sind professionell und machen Eindruck. Sie arbeitet mit einer Mitarbeiterin und vielen Profis, zum Beispiel für Text, zusammen. Wenn sie einen Auftrag bekommt, erledigt sie diesen zuverlässig und punktgenau. Sie stimmt sich auf Augenhöhe ab und managt das Projekt, sodass immer auch die Außenwirkung stimmt. Ihr Design finde ich nicht innovativ, sie gehört sicher nicht zu den Besten. Trotzdem ist sie die beste Wahl, wenn bestimmte Unternehmen nach einer Empfehlung fragen. Dann gibt es da die sehr trendige Agentur. Die beiden Besitzer fläzen sich in ihre Stühle, und wenn ich ehrlich bin, ist Benehmen überhaupt nicht ihre Sache. Sie nehmen sich zum Beispiel zuerst die Kekse und gießen sich Kaffee ungefragt ein. Präsentationen würde ich ihnen nicht zutrauen, aber nette Gespräche mit Leuten, mit denen sie sich auf Augenhöhe fühlen. Ihr Design ist innovativ, sie gehören eher zu den Besten. Ich würde sie trotzdem nur ausgewählten Geschäftspartnern empfehlen.

Sie sehen: Bei personalisierten Dienstleistungen ist das Bestenprinzip nicht gültig. Es wird ausgehebelt durch die Persönlichkeit, die letztendlich die Zielgruppe auf eine Art und Weise bestimmt, die kaum ein Gründer planen kann. Jeder Selbstständige ist geprägt durch seine Erfahrungen, seine eigene Herkunft, sein Umfeld. Er wird empfohlen, weil andere ihn oder sie so oder so wahrnehmen. Das sind letztendlich die Dinge, die entscheiden, und nicht die Spezialisierung oder die Qualität. Deshalb ist es viel wichtiger, selbst zu wissen, für was einen andere empfehlen, als ewig an Spezialisierungen herumzudoktern oder dem Bestenprinzip nachzujagen.

Perfekt schreckt

Wie lässt sich das Bessersein als der Durchschnitt überhaupt beurteilen? Ist es letztendlich nicht immer individuell und eine Geschmacksfrage? Im Buch *Der Blaue Ozean als Strategie* führen die Autoren W. Chan Kim und Renée Mauborgne, beides Professoren an der INSEAD, den kanadischen Cirque du Soleil als Topbeispiel für ihre Strategie heraus; die Autoren sind offensichtlich selbst begeistert von diesem Zirkus ohne Tiere. Der Cirque du Soleil, so ihre Argumentation, habe sich einen blauen Ozean, also eine neue Kundengruppe erschlossen mit einer bisher nicht da gewesenen Topleistung.[5]

Das mag einst so gewesen sein. Ich war neulich in einer Vorstellung und fand es schrecklich. Überall geballtes Merchandising, viel zu laute Dudel-Musik, langweiliger Perfektionismus. Ich bin eingeschlafen – und war nicht die Einzige. Das Erfolgsprinzip, das der Cirque du Soleil belegen mag, ist, dass eine Marketingmaschinerie vom Ausmaß einer Armee bewirken kann, riesige Hallen zu drei Vierteln zu füllen (mehr war es nicht) und am Ende T-Shirts und anderen überflüssigen Kram zu Fantasiepreisen abzusetzen.

Nun würden die Autoren Chan und Mauborgne vielleicht sagen, da entstehe ein neuer blauer Ozean, in dem Menschen wie ich schwimmen und nach Einfachheit und Ehrlichkeit dürsten. Eine neue Geschäftsidee, wunderbar. Neue Kundengruppen angeln! Wahrscheinlich würden sie sagen, was sie auch schreiben: Es gibt eben kein Unternehmen, das alles richtig macht und dauerhaft erfolgreich ist, es sind nur Strategien, die wirkungsvoll sind.[6] Bei Wachstumsunternehmen trifft dies sicher auch zu. Sie erreichen, siehe Cirque du Soleil, aber sicher auch irgendwann Grenzen. Wäre der Cirque du Soleil nicht in dieser Form gewachsen, wäre ihm seine »alte« Zielgruppe erhalten geblieben – die, die vor Jahren mal verzaubert war. Der Verzicht auf schnelles Wachstum bedeutet den Verzicht auf sehr viel Geld. Er bietet letztendlich aber die Chance für nachhaltigeren Erfolg.

Das beliebte Mittelmaß

Es mag den Propheten der Bestleistung nicht gefallen, aber in allen Bereichen regiert das Mittelmaß: Mittelmäßige Restaurants ziehen mehr Gäste an als mancher Sterne-Koch. Was wären Krimis und Spielfilme ohne mittelmäßige Schauspieler? Es gibt mittelmäßige Designer, Anwälte, Steuerberater, Texter, Tischler, Geigenbauer, Gärtner, Elektriker, Maler, Redner, Heilpraktiker, Ferienhausvermittler ... Der Erfolg von Sendungen wie *Das Supertalent* erklärt sich durch die Kombination von (im Auge des Zuschauers bewundernswertem) Mittelmaß und (lächerlichem) Unterdurchschnitt. Jeder Zuschauer kann sich entweder auf Augenhöhe mit (bei Mittelmaß) oder über den Teilnehmern fühlen (bei Unterdurchschnitt).

Die meisten Kunden bevorzugen mittelmäßige Dienstleistungen, weil sie ihnen nicht gleich einen Kniefall abverlangen. Denn auch in den Unternehmen, ob klein, mittel oder groß, sitzt Mittelmaß. Diejenigen, die über Ihre Aufträge entscheiden, sind keine Überflieger. Und selbst wenn sie welche sind, wollen sie für manches Projekt trotzdem eine Normalbesetzung, schon allein aufgrund der finanziellen Vorgaben. Wer Projekte für externe Dienstleister ausschreibt, wird sich fast immer für den mittleren Anbieter entscheiden, denn der hat auch mittlere Preise. Wer einen Coach sucht, möchte nicht unbedingt den besten, sondern einen, mit dem er sich auf Augenhöhe fühlt.

Kurzum: Die Psychologie des Mittelmaßes bestimmt die absolute Mehrzahl der Entscheidungen für die Zusammenarbeit mit einem Anbieter. Bei Dienstleistungen kommt dazu, dass aufgrund des hohen Persönlichkeitsfaktors das Mittelmaß nicht als solches empfunden wird. Wenn Sie jemanden super finden, weil Sie ihn mögen, und das, was er tut, okay ist, dann wird das Mittelmaß in Ihren Augen zur Bestleistung.

Wachstumsverpflichtung

Ja, sogar unter den Angeboten mit Persönlichkeitsfaktor 0 herrscht Mittelmaß. Einmal war ich in einem mittelmäßigen Miniaturenpark. An der Kasse saßen zwei Männer, denen der Park gehört. Mir hatte die Ausstellung mittelmäßig gefallen, sie kostete 3 Euro, das war ein mittlerer Preis und mittelgut. Ein paar nette Häusernachbauten, schöne Umgebung, aber so richtig beeindruckend, groß oder detailreich war die Ausstellung nicht. Glücklicherweise war der Flyer-Slogan passend gewesen: »Klein, aber fein.« Nach meinem Rundgang sprach ich mit den beiden. »Ich weiß, wir sind Mittelmaß«, resümierten sie. »Aber wir haben erst im Sommer eröffnet. Wir wollten wissen, was den Leuten gefällt und was sie sich sonst noch wünschen. Wir wollen den Park hier langsam erweitern. Sehen Sie, wenn wir noch mehr bieten würden, müssten wir auch teurer sein. Und dann würden manche nicht mehr kommen.« Sehr richtig.

Nun werden Verfechter des Bestenprinzips sagen, jaja, aber wenn dieser Park so gut wäre, dass jeder davon berichtete und Menschen aus dem gesamten Norden dorthin pilgerten …! Dann wäre es aber auch ein anderes Konzept, die Regionalität wäre aufgehoben. Eine andere Zielgruppe würde angezogen werden. Eine andere Erwartungshaltung an die Parkplatzsituation, an die Verpflegung, das Unterhaltungsangebot. Kurzum: Der kleine Miniaturenpark hätte schnell wachsen und viel mehr investieren müssen. Das hätte zu schnellen Handlungen und damit zu Fehlern geführt. Überlegen Sie einmal: Plötzlich wären dreimal so viele Besucher gekommen. Diese hätten keine Parkplätze mehr gefunden. Da der Besuch des Parks durch mehr Attraktionen länger gedauert hätte, hätten die erlebnishungrigen Besucher Kaffee und Kuchen gefordert. Ein unschöner Kreislauf des Immer-Mehr wäre entstanden. Langsames Wachstum im Mittelmaß, so wie die beiden Besitzer es planen, ist da deutlich gesünder.

Relativitätstheorie

Sind Sie qualitätsbewusst? »Qualität setzt sich durch«, sagt man. Es lassen sich Millionen Gegenbelege finden. Oder kennen nicht auch Sie Selbstständige, die keineswegs beste Qualität bieten? Mein Mann geht seit 20 Jahren zu seiner Friseurin, die wirklich keine besondere Qualität bietet. Aber er findet es genau richtig, wie sie schneidet, oder wahrscheinlich noch mehr, dass sie immer gleich vorgeht und keine Experimente macht, wie etwa der Friseur meiner Mutter, der sich selbst für einen Künstler hält. Was Qualität ist, ist außerhalb der Testzonen – zum Beispiel des Lebensmittelbereichs – relativ, und zwar relativ zum Kunden. Das subjektive Empfinden wird von so vielen unterschiedlichen Kriterien bestimmt, dass das einzelne dabei kaum noch bestimmt werden kann.

Internet verzerrt

Auch das *How to* kann ein entscheidender Vorteil sein. Wer etwa weiß, wie man es schafft, in Suchmaschinen ganz oben zu stehen, hat damit fast schon gewonnen – auch mit einem mittelmäßigen Produkt. Das Internet verzerrt das Bild auch an anderer Stelle. Wer sich in sozialen Netzwerken auskennt und zum Beispiel um die Wirkung des »I like«-Buttons von Facebook oder den Einfluss Tausender Twitter-Follower weiß, kann die Konkurrenz spielend ausbooten. Die Qualität des eigenen Angebots? Sekundär! So kann Mittelmaß sich am Markt bewähren und Bestleistung nicht. Ganz einfach, weil der mittelmäßige Anbieter die Kunst beherrscht, sich bekannt zu machen (oder entsprechend lernt), während der Bestleister darauf gar keinen Wert legt.

Lug und Betrug sind gang und gäbe im Internet. Da beauftragen Unternehmen wie die deutsche Telekom Firmen damit, ihre Produkte zu »pushen«. So hatte eine Textagentur im Auftrag der Einkaufswelt von T-Online künstliche Bewertungen erstellt.[7] Die Telekom schrieb diesen Fauxpas in hektischer Selbstrechtfertigung übereifrigen Dienstleistern zu. Auch bei Ebay soll Bewertungsbetrug gang und gäbe sein, hier erkaufen sich Unternehmen die fünf Sterne.[8] Andere tragen sich in Foren oder bei Produktbewertungsplattformen wie Ciao.com ein. Google verbreitet ebenfalls Bewertungen. So geht der Kunde – schwupp! – in den »Kasten«. Für schlitzohrige Vermarkter ist die leichte Fälschbarkeit von Bewertungen und anderen Interneteinträgen eine Art »Geschenk«. Ohne viel Arbeit und ohne gut sein zu müssen, lässt sich so viel erreichen. Und wenn das Angebot wenigstens Mittelmaß ist – dann reicht's zum Erfolg.

Falsches Spiel

Sie finden das ganz furchtbar? Ich auch. Natürlich wird so ein Vorgehen jedem mit einem Funken Anstand deutlich gegen den Strich gehen. Ich rate dringend von jeder Form von Manipulation und Betrug ab. Denn es kann nur zu kurzfristigem Erfolg führen. Kommt das Tricksen heraus, ist der Schaden größer, als der Nutzen es jemals hätte sein können. Denn noch schneller als positive Nachrichten verbreiten sich Informationen über Manipulationen und falsche Spiele. Das Internet reguliert sich hier selbst. Trotzdem ist es ein manipulatives System, durch und durch. Es verwischt Grenzen von Unterdurchschnitt, Mittelmaß und Bestleistung in einer Art und Weise, wie es früher nicht möglich war. Jeder kann nach vorne kommen.

Das birgt die beschriebenen Risiken, trotzdem überwiegt das Positive. Das Internet, inklusive seines Bewertungssystems, macht es nämlich möglich, dass große Unternehmen hinter kleinen zurückbleiben und kleine bekannt werden. Das ist eine enorme Chance für alle Selbstständigen ohne großen Apparat und riesige Marketingbudgets. So kann sich gutes Mittelmaß ebenso wie Topleistung durchsetzen, auch ohne den Einsatz von viel Geld und teuren Werbeapparaten.

PRAXISTEIL:
Wie Sie Mittelmaß nachhaltig weiterentwickeln

Kommen wir somit zum nächsten Punkt: wie Sie es schaffen, dass Ihr Mittelmaß sich am Markt durchsetzt und Sie es weiterentwickeln. Die Grundlage ist, sein eigenes Angebot zwischen Wettbewerb und Nachfrage weiterzuentwickeln. Dazu gehören immer die Fragen:

- Was will der Kunde?
- Was kann der Wettbewerb?

Gerade Dienstleister tun gut daran, sich mit dem Wettbewerb zu vergleichen und Kundenbedürfnisse zu ermitteln, um sich dann entweder in der Breite zu verbessern oder die Spitze zu optimieren.

Ich möchte Ihnen das am Beispiel eines Texters verdeutlichen. Dieser kann sich als Headline-Texter auf Claims und Überschriften spezialisieren oder sein Business breit aufstellen. Das würde bedeuten, sich Wissen in verschiedenen Bereichen nach und nach zu erschließen: Webtexten, Suchmaschinentexten, Longcopies, journalistisch schreiben. Beide Richtungen sind Erfolg versprechend und beide verlangen Weiterentwicklung – speziell wie generalistisch. Im ersten Fall (Headline-Texter) vergleicht er sich mit anderen Headline-Textern und verfeinert hier seine Expertise, während er sich im anderen Fall mit anderen Generalisten-Textern vergleicht und hier versucht, erstens mitzuhalten und zweitens eine Nasenlänge voraus zu sein.

Dies setzt eine regelmäßige Beschäftigung mit dem eigenen Profil voraus, die zu einer strukturierten Weiterentwicklung führt, wie die folgende Grafik zeigt:

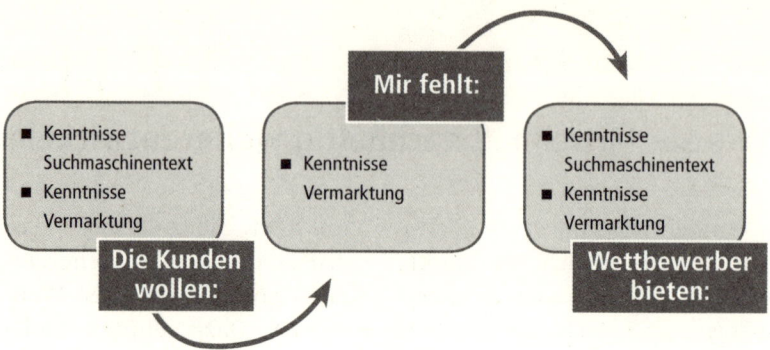

Entwicklung zum Besseren

Ein weiterer Aspekt ist mir wichtig. Er nimmt Ihnen vielleicht den Druck, den manche Erfolgsbücher verbreiten, die »Leistung, Leistung, Leistung« propagieren: Es gibt kaum jemanden, der von Anfang an richtig gut war. In Berater- und Trainerjobs ist das offensichtlich. Natürlich berät jemand mit zehn Jahren Erfahrung auf einem anderen Niveau als jemand, der seit einem Jahr im Beruf ist: Er kann Dinge besser einschätzen, mehr Hinweise geben, fundierter beraten. Auch kreative Berufe brauchen Entwicklung, oft betrifft diese vielmehr den Anbieter selbst als das Angebot, also den persönlichen Bereich und das Auftreten. Denn: Wer länger am Markt ist, schult seine Persönlichkeit, tritt anders auf und zieht meist auch andere Kunden an. Das ist ein ganz normaler Entwicklungsschritt. Von da ausgehend können Sie in die Oberliga streben, aber auch gutes Mittelmaß bleiben.

Es ist abhängig vom Persönlichkeitsfaktor, in welchen Bereichen Sie Anstrengungen unternehmen, um besser zu werden. Je höher dieser ist, desto wichtiger sind das Auftreten und das Drumherum: Zuverlässigkeit, Freundlichkeit, klare Kommunikation, professionelles Abwickeln von Aufträgen. Sie müssen dem Wettbewerb menschlich voraus sein. Bei hohem Innovationsfaktor muss sich das Streben nach Verbesserung auf andere Faktoren konzentrieren.

Sie müssen dem Wettbewerb vor allem technisch voraus sein. Das geht in diesen Bereichen selten ohne ständige Verbesserungen, die dann auch Investitionen und Wachstum fordern.

Zum Besten macht man sich

Meine These lautet: Besser wird man, zum Besten macht man sich. Das meine ich ernst: Sie entscheiden, ob Sie sich hinstellen und Ihren Kunden einflüstern, in der Oberliga zu spielen oder nicht. Wenn Sie glaubwürdig einflüstern, werden Sie damit erfolgreich sein. Dafür müssen Sie nicht einmal sagen »Ich bin der Beste«. Es reicht, wenn Sie die Insignien der Oberliga vorweisen können: hohe Honorare, einen entsprechenden Habitus, passende Netzwerke.

Letztendlich ist es bei persönlichkeitsorientierten Dienstleistungen nur der Mensch selbst, der den Unterschied macht. Ob Sie Bestleistung abliefern oder nicht, hängt von der Verpackung ab.

Wie kommt man in die Oberliga?

Die Oberliga ist damit oft vor allem eine preisliche Oberliga, nicht unbedingt eine Leistungsspitze. Das ist so wie bei Kopfhörern von Bose oder Schuhen von Boss: Ihre Erwartungshaltung entspricht dem Preis – und zwar mit umgekehrten Vorzeichen. Ein hoher Preis lässt Sie automatisch etwas Gutes erwarten. Wenn die Qualität dann wenigstens durchschnittlich ist, sind Sie zufrieden. Die Verpackung und das Drumherum tun den Rest, um Ihnen zu suggerieren, dass der Preis angemessen ist. Ich denke, dass Boss-Schuhe ohne Markenzeichen und Seidenpapier in einem einfachen Karton auch als Deichmannerzeugnis durchgingen. Es ist das Drumherum, das zählt.

Richtig verpackt

Das System der richtigen Verpackung gilt auch für VIP-Selbstständige. Damit meine ich Selbstständige, die sich mit einem Buch, durch Reden oder durch Auftritte im Fernsehen und in der Presse bekannt gemacht haben. Das ist die Verpackung.

Bekannte Redner bekommen, wie wir bereits im ersten Kapitel gesehen haben, hohe Summen für einen Vortrag. In diesem Metier setzen sich fraglos nur Personen durch, die mindestens mittelmäßig sind – aber nicht unbedingt Topleistung bringen. Nach dem Bestenprinzip müsste jeder Vortragende die für seine Zielgruppe allerbeste Rede halten, doch das ist nicht so. Auch wenn der Inhalt einer Rede also oft recht normal ist und auch die Präsentationsform nur ein »Unterhaltsam« erreicht, sind die Kunden meist zufrieden. »Ich habe XY (ziemlich bekannter Name) ja selbst gebucht und erlebt«, erzählt eine Eventmanagerin. »Der hat nichts Neues gesagt, aber die Leute fanden's gut. Ich habe ihm 25 000 Euro überwiesen.«

Wenn Sie zu einem Coach gehen, der teurer ist als der Branchendurchschnitt, weil er ein Buch geschrieben hat oder ihn die Zielgruppenspezialisierung auf das Topmanagement legitimiert: Sie werden aufnahmebereit hingehen, niemals kritisch. Und das ist schon die wichtigste Voraussetzung, damit diese Form von Coaching, die eigentlich eine Experten-Konsultation ist, subjektiv erfolgreich sein kann.

Subjektive Bewertung

Die positive Aufnahme und subjektive Bewertung als »Bestleistung« folgt einem ganz einfachen Prinzip, das überall anzutreffen ist, wo etwas im Luxussegment positioniert worden ist: Was teuer ist oder auch so präsentiert wird, kann nur dann schlecht sein, wenn es inhaltlich gewisse Mindestanforderungen unterschreitet.

Ich beobachte dieses Phänomen bei Konzerten von sehr bekannten Künstlern, die mehr als 100 Euro pro Karte verlangen. Kritik ist bei hohen Preisen sehr selten, allein das Bewusstsein, auf eine besondere Veranstaltung gegangen zu sein, hebt schon die Stimmung. In ein 10-Euro-Konzert gehe ich auch mal schlecht gelaunt, in ein 100-Euro-Konzert sicher nicht. Ich gehe danach essen und mache mir einen schönen Abend. Da muss Whitney Houston schon übelst krächzen, damit mir das den Abend verdirbt.

Nachmachen? Das setzt fast immer voraus, dass Sie schon auf einige Erfahrung zurückblicken und diese im nächsten Wachstumsschritt bündeln. Der Rest ist ganz einfach: Besetzen Sie ein Thema, das niemand anderes für sich eingenommen hat – das ist wie ein neues, zusätzliches Produkt, das erst einmal parallel zu Ihren anderen unternehmerischen Aktivitäten läuft. Überlegen Sie sich dann, in welcher Form Sie es verkaufen wollen: Seminar oder Vortrag oder beides. Seminare sind gut, wenn Sie eine Methode vermitteln, die die anderen erleben müssen. Vorträge leben von der Vermittlung von Erfahrung oder Wissen auf unterhaltsame und am besten querdenkerische Weise. Wenn Sie kein ehemaliger Leistungssportler oder Politiker sind, schreiben Sie ein Buch, das möglichst in einem anerkannten Verlag erscheint (und wenn Sie es doch sind, ist ein Buch auch nicht schlecht). So einfach ist das.

Sie sehen: Es ist alles nur eine Frage der Verpackung. Im Auge gewisser Autoren haben Sie es damit sogar aus dem Mittelmaß heraus in die Oberliga geschafft, denn Sie haben sich neue Märkte erschlossen. Alles ist eben relativ. Erst recht, wenn es um (Dienst-)Leistungen geht.

7. Slow-Grow-Regel

FALSCH: Sie müssen gleich kräftig werben!

RICHTIG: Sie müssen erst einmal eine Persönlichkeit werden.

Die meisten Selbstständigen schmeißen viel Geld für die falschen Maßnahmen heraus – und legen ihr Corporate Design zu schnell und zu früh fest. Warten Sie lieber mal in Ruhe ab, besagt die 7. Slow-Grow-Regel.

Auf einer Veranstaltung überreichte mir eine Selbstständige stolz eine Postkarte. Darauf waren ein Architektursymbol und eine Adresse abgedruckt: www.einrichtenausliebe.de. Ich habe die Webadresse aus Gründen der Diskretion abgewandelt. Sie werden unter dieser Adresse nichts finden. Die wahre Adresse beruht aber auf einem ähnlichen Denkprinzip. Die Frau bat mich um ein Feedback zu ihrer Website. Ich steckte die Postkarte ein. Zu Hause angekommen, war ich neugierig, denn die Postkarte war optisch sehr ansprechend, wenn auch nichtssagend, auf der Rückseite stand: »Jetzt online!«

Auf der Internetseite gab es Artikel der Frau, viele Bilder, ein Porträt und einen leeren Shop. Alles super professionell und geschätzte 5000 Euro teuer. Doch was wollte sie mit dieser Seite erreichen? Sich selbst in einer Art Web-Schaufenster vorstellen? (Was sollte dann der Shop?) Kompetenz unterstreichen? (Warum dann kein Blog?) Artikel im Online-Shop verkaufen? (Warum ist der dann leer und das offenbar schon ein halbes Jahr, denn im Code konnte ich sehen, wann die Website ins Netz gegangen war?) Zu allem

Überfluss gab es nicht einmal eine E-Mail-Adresse, stattdessen ein Formular, von dem ich den Eindruck hatte, dass es nicht an die Unternehmerin, sondern an die Agentur ging. Dieser Eindruck wurde später bestätigt. Ich fragte die Unternehmerin, warum das so war. Sie antwortete: »Ich wollte nicht, dass man mich direkt anspricht; ich wollte nur später ein paar Produkte verkaufen.« Ja, warum dann nicht einfach einen Shop, weniger Design, mehr Inhalt und gutes Suchmaschinenmarketing? Ich frage mich wirklich, wie es sein kann, dass die Agentur jemandem einen Nerzmantel verkauft hat, der eigentlich eine Regenjacke braucht. Aber es wundert mich nicht. Dieses Beispiel zeigt, dass die Kommunikation nach außen nur funktionieren kann, wenn innen – also im Kopf – alles stimmt. Es geht nicht um schönes Design und stimmige Layouts. Es geht um ein Konzept.

Um das entwickeln zu können, wäre es sehr viel geschickter gewesen, erst einmal die Akzeptanz der Produkte auszutesten. Sie hätte ein Produkt auswählen und versuchen können, dies mit einem kleinen Shop oder fürs Erste sogar ohne zu verkaufen. Ebay oder Amazon hätten eine Plattform bieten können.

Schön für die Tonne

Die Dame hatte ihre Bekannten und Auftraggeber um dieselbe Einschätzung gebeten wie mich. Jeder fand die Website »schön«. Und das ist sie auch. Es ist aber der falsche Ansatz, danach zu fragen, ob etwas gefällt. Gründer machen gern Meinungsumfragen zu optischen Dingen: Fotos, Websites, Logos. Das Problem ist, dass diese Umfrage nicht unter ihrer Zielgruppe stattfindet, sondern unter Freunden und Bekannten. Doch diese sind:

a. keine Kunden und
b. selten kritisch.

Das zweite Problem ist, dass »schön« nicht unbedingt auch gleich »erfolgreich« ist. Jeder fand die Seite der oben beschriebenen Unternehmerin schön. Das ist aber kein Kriterium. Es gibt nur ein einziges: Funktioniert das bei meiner Zielgruppe? Kauft sie? Kontaktiert sie mich? Ob etwas funktioniert, hat mit »Gefallen« rein gar nichts zu tun.

Quick-Marketing

Der Quick-Positionierung folgt das Quick-Marketing. »Erst einmal mache ich eine Visitenkarte, einen Flyer und eine Website.« »Halt!«, sage ich dann, doch oft ist es schon zu spät. Irgendein Bekannter oder Freund hat schon einmal schnell ein Logo oder eine Website kreiert.

Ich schätze, dass 85 Prozent aller Gründer Werbematerialien in einer zu frühen Phase erstellen. Das liegt daran, dass sich gerade in den ersten Monaten die ursprüngliche Idee meist deutlich verändert. Und erst recht verändert sich die Selbstdarstellung. Schließlich bekommen Selbstständige erst mit der Reaktion des Marktes ein Gespür für ihr Angebot und die »Marke Ich«. Bis dahin ist alles Vermutung – trotz Marktforschung. Und mit ihrer eigenen Vermutung liegen sie sehr oft mindestens knapp daneben. Eine Netzwerkkollegin, die Akademieleiterin und Trainerin Claudia Leske, die im letzten Kapitel dieses Buches im Interview Rede und Antwort steht, stellte fest, dass sie für das Thema »Frauen in Führung« gebucht wurde. Dass dieses ein besonderes Thema ist und für ihr eigenes Geschäftsmodell relevant sein könnte, war ihr zu Beginn ihrer Selbstständigkeit nicht so klar gewesen.

Viele meiner Kunden starteten mit einem Angebot, das sich innerhalb des ersten Jahres veränderte, andere erreichten andere Zielgruppen als gedacht. Alle aber merkten: Die üblichen Werbematerialien, die einem die meisten Berater empfehlen, brachten keine

Kunden. Oft mussten sie nach einem halben Jahr neu gemacht werden. Anzeigen entpuppten sich als gierige Geldfresser, die keinerlei Nutzen brachten. Es stellte sich heraus: Die ersten Kunden kamen so gut wie immer über das eigene Netzwerk. Die gleiche Erfahrung machen Unternehmen, die wachsen möchten und neue Angebote in ihr Programm aufnehmen. Auch sie merken: Neue Angebote verkaufen sich ebenfalls am besten über vorhandene Kontakte und alte Kunden.

Falsch investiert

Werbung spielt, das ist auch wissenschaftlich belegt, eine immer unwichtigere Rolle. Kaufentscheidungen werden kaum noch von ihr beeinflusst. Zu diesem Ergebnis kommt eine Studie des Beratungsunternehmens Booz, Allen, Hamilton.[1] Was für große Unternehmen zutrifft, gilt für kleine noch viel mehr. So wird gerade beim Start viel Geld rausgeworfen, das sinnvoller investiert werden könnte.

So hat ein Gründungsteam nach der Erstellung seines Corporate Designs sogleich 3000 Mailings im Raum Kiel verschickt. Die Resonanz war noch schlechter, als sie bei Mailings ohnehin ist: bei unter einem Prozent. Das nennt sich in Marketing-Sprache »Responsequote«. Aus diesem einen Prozent ist dann aber auch nichts geworden, denn wer reagiert hatte, war hinterher nicht mehr interessiert. Ich habe in den zehn Jahren meiner Tätigkeit nicht einen einzigen Fall erlebt, bei dem ein Mailing zu einer Dienstleistung zu einem durchschlagenden Erfolg geführt hätte.

Wenn Sie keine Hydraulikbauteile oder Maschinen verkaufen, stecken Sie diese Idee in die hinterste Ecke Ihrer Marketingplanung. Je personenbezogener das Angebot, desto weniger funktioniert ein Massenmailing, selbst wenn es noch so schick individualisiert ist, also mit persönlicher Ansprache arbeitet.

Eine typische Fehlinvestition sind auch Anzeigen. Wenn ich vor 100 Leuten stehe und frage, wer per Anzeige zu Kunden gekommen ist, dann zeigen vielleicht ein paar Steuerberater auf, die ihre Kanzleieröffnung bekannt gemacht haben. Leider waren das dann selten die Kunden, die sie haben wollten. Vergessen Sie also auch diesen Weg. Eine Ausnahme sind bei vielen personenbezogenen und auch manchen unternehmensbezogenen Dienstleistungen Google-Anzeigen, also die sogenannten AdWords. Hier lässt sich der Erfolg zudem unmittelbar messen. Für viele E-Commerce-Ideen sind sie sehr hilfreich und manchmal helfen sie auch einer Dienstleistung auf die Sprünge. Wichtiger sind aber auch hier: Kontakte.

Gierige Dienstleister

Schon vor der Gründung versammeln sich Horden von gierigen Dienstleistern um Gründungswillige, die alle dasselbe wollen: Ihnen Logo, Design, Text, Websites verkaufen. Ihr Erfolg ist ihnen egal und solide beraten können sie Sie oft nicht.

Besondere Gefahr droht vonseiten der Großzügigen. »Hier hast du ein tolles Layout«, sagte ein wohltätiger Grafiker, der in einer Werbeagentur arbeitete, zu der Jungunternehmerin. Die war begeistert: kostenlos ein Profi-Layout. Dass dieses Layout gar nicht zu ihrem Vorhaben und ihrer Persönlichkeit passte, interessierte erst einmal nicht. Auf so einen Gedanken kommen Gründer nicht. Und ihre Berater bringen sie auch nicht drauf. Ich kenne wenige, die nicht den Dreiklang »Visitenkarte, Website und Flyer« für den ersten Schritt in die Existenzgründung empfehlen. Er kommt für viele unmittelbar nach dem Businessplan. Ich schlage einen anderen Ablauf vor, in dem der Außenauftritt inklusive Corporate Design erst folgt, wenn verwertbare Praxiserfahrungen zeigen, auf welchen Wegen sich Türen geöffnet haben. Das spart enorm viel Zeit und Geld.

Die Website des Stadtführers Marc Müller, den ich Ihnen im Anhang vorstelle, entstand erst nach einem halben Jahr, als bereits Kunden da waren und erste Erfahrungen die Positionierung einfach und klar machten. Inzwischen kommen sogar ausländische Kunden und große Unternehmen über den Online-Auftritt – die Website erzeugt eine starke Wirkung.

Manche Berater meinen, die frühe Arbeit an der Geschäftsausstattung, speziell am Flyer, lege offen, dass viele Jungunternehmer nicht genau wissen, wen sie überhaupt ansprechen und wie – was auch stimmt. Sie halten es deshalb für sinnvoll, sich damit zu beschäftigen. Da wird der Prozess des Designens zum Prozess des Positionierens. Dieser zieht sich nicht selten über Monate hin, vor allem wenn der Positionierungsprozess innere Unklarheiten und persönliche Widersprüche aufwirft, was häufig vorkommt. Wenn der Flyer fertig ist, dann ist der Gründungszuschuss verbraucht oder die Geduld am Ende. Im schlimmsten Fall ist in der Zeit kaum ein Euro in die Kasse gekommen. Da wäre es doch besser gewesen, die Zeit mit Auftragsakquise zu verbringen und mit den dabei gewonnenen Erfahrungen an das Thema »Geschäftsausstattung« zu gehen!

Die beiden Grafiken verdeutlichen Ihnen noch einmal den Unterschied zwischen dem üblichen Weg und dem Slow-Grow-Weg:

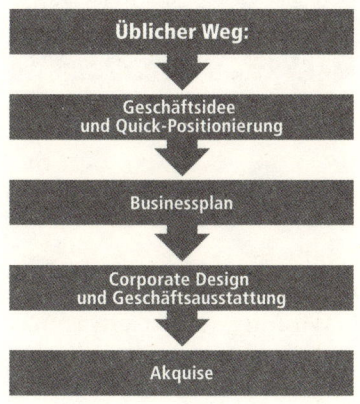

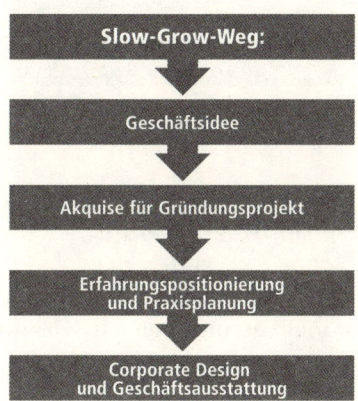

Angebot first

Echtes Marketing beginnt bei der Entwicklung von Produkten und Dienstleistungen und nicht beim Gestalten eines Logos. Der Fehler vieler Gründer liegt darin, dass sie dieses Thema überspringen und direkt bei der Kommunikation anfangen, um sich hier vor allem dann den Aspekt »Corporate Design« herauszugreifen, den sie dann auch noch auf den Teilbereich »Logodesign« reduzieren.

Die Frage »Was biete ich eigentlich an?« ist der allererste Schritt. Das sollten Sie mit klaren Worten vermitteln können und so an erste Kunden kommen. Wenn Sie es so, also ohne Werbung, schaffen, werden Sie erst recht erfolgreich sein.

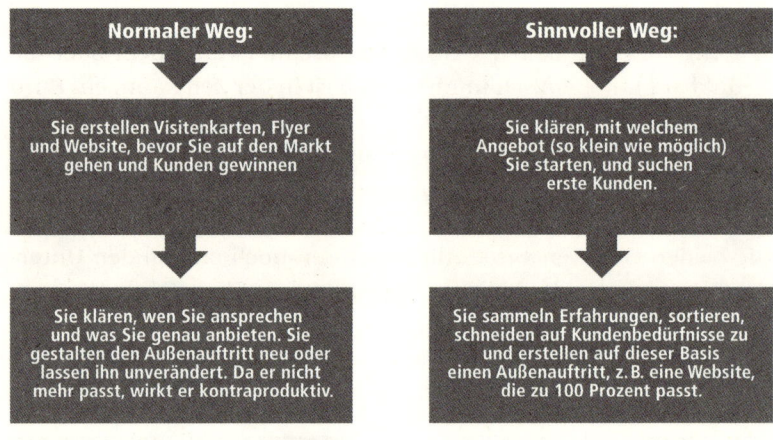

Klarheit vor Design

Professionelle Corporate Designs sind leicht erstellt. Doch professionell ist nicht gleich wirkungsvoll. Wirkungsvoll ist etwas, das genau die Kunden anspricht, die Sie haben wollen *und* können.

Bevor Sie ein wirkungsvolles Corporate Design entwickeln können, müssen Sie die Schritte »Gründungsprojekt« und »100 Aktionen« abgeschlossen haben, sonst verschwenden Sie Ihre Energien auf das Verfolgen einer falschen Richtung. Zu diesem Zeitpunkt können Sie zudem meist sauber trennen und werfen Corporate Identity (CI, also die Unternehmenspersönlichkeit) und Corporate Design (CD, also die Gestaltung) nicht in einen Topf. Dann wissen Sie, dass die CD ein Teilbereich ist und die CI das Dach, welches auch Ihr Verhalten als Unternehmer (Corporate Behaviour) und Ihre Kommunikation nach innen und außen (Corporate Communications) beinhaltet. »Du brauchst erst einmal ein Design«, behaupten die Heerscharen von Designern. In Wahrheit brauchen Sie erst einmal Klarheit.

Zeitfresser Flyer

Weithin propagiert von vielen meiner Kollegen werden Flyer. »Texten Sie Ihren Flyer, damit Sie lernen, Ihre Produkte auf den Punkt zu bringen«, ist eine gängige Empfehlung der Herren und Damen Berater. Ist der Flyer fertig, sind nicht nur Wochen und teilweise Monate vergangen (im Businessplan war für diese Zeit garantiert nur ein Bruchteil angesetzt, wenn sie denn überhaupt geplant worden ist …). Nun sollen die Flyer helfen, Fische an die Angel zu locken, was selten klappt. Denn: Man mag einen Flyer noch so schön finden, er bewegt einen trotzdem nicht dazu, Kontakt aufzunehmen.

So liegen bei meinem Hausarzt, einem Alt-68er mit sozialen Ambitionen, auf dem Tresen etwa 20 Flyer nebeneinander. Lauter hoffnungsvolle Existenzgründer aus dem Bereich der personenbezogenen Dienstleistungen, die glaubten, durch das Auslegen ihrer Flyer an Kunden zu kommen. Doch wenn jemand diese Flyer mitnimmt (was manchmal passiert), verschwinden sie unter Papierbergen.

Wer sich mit seinem Angebot an Unternehmen richtet, macht ähnliche Erfahrungen: »Was soll ich mit so einem Flyer?«, sagte eine Marketingleiterin ganz direkt, als sie den Flyer einer Werbeagentur in die Hände bekam. »Ich habe schon genug Papier.« Nun denken Sie nicht, dann sei eine Broschüre besser. Das ist ja noch mehr Papier. Erst wenn Sie in eine Phase kommen, wo Sie Kunden mit Hochglanz angeln, also äußerst selten direkt am Anfang einer selbstständigen Tätigkeit, kann so etwas beeindrucken. Die Gründerin eines Personaldienstleistungsunternehmens machte diese Erfahrung. Ihre Hochglanzbroschüre wurde zwar von allen als schön befunden, Kunden bekam sie damit jedoch keine.

PRAXISTEIL:
Machen Sie's anders

»Ich kann doch nicht ohne …?«, fragen Sie sich, wenn Sie sich bisher einen papier- oder webbasierten Kundenfang vorgestellt haben. Sie können. Der im Anhang vorgestellte Stadtführer Marc Müller hat eine einfache, aber ansprechende vorläufige Visitenkarte über das Portal Vistacard erstellt. Ein Logo war da noch nicht vorhanden, unten fehlte der Hinweis auf die Website. Die Website kam erst, als die Richtung und Zielgruppe klar waren und er sich unter anderem von einem zunächst geplanten zweiten Standbein verabschiedet hatte. So herum geht's!

Unten ohne

Gleichzeitig hat er durch die erste Phase ohne Website-Glanz und -Glitter bewiesen, dass er auch »unten ohne«, also ohne den obligatorischen Hinweis auf eine Website, erfolgreich ist. Marketing kann dann den Erfolg nur noch steigern. Allerdings sollten Sie nicht in dieser Phase stecken bleiben: *Slow Growing* heißt auch, den nächsten Schritt zu gehen, wenn die Zeit dafür reif ist.

Wie Sie mit einfachen Mitteln in die erste Phase starten? Hier sind einige Ideen, die beliebig erweiterbar sind. Erstellen Sie ...

- eine Übergangs-Visitenkarte in so dezentem Design, dass eine spätere Änderung leicht möglich ist,
- eine einzelne Website, realisiert mit einem Blogsystem wie Wordpress oder über einen Homepagebaukasten wie jimdo.de,
- ein aussagekräftiges XING-Profil,
- eine gute Facebook-Seite,
- einen pfiffigen Twitter-Account,
- ein Video bei YouTube,
- einen Zettel in DIN-A4 oder DIN-A5, auf dem das Angebot beschrieben ist.

Mit einer doppelt bedrucken DIN-A5-Seite ging ein Anbieter von Dienstleistungen im Baumanagement auf den Markt. Darauf stand ganz einfach das Angebot, simpel mit Aufzählungspunkten in Word erstellt. Der Texter Gero akquirierte die unterschiedlichsten Aufträge über sein Netzwerk und Facebook, bevor er sich auf Branchen und Themen festlegte. Der erste Schritt bei Gründung und Wachstum ist so einfach: Suchen Sie Anknüpfungspunkte in Ihrem Umfeld, realisieren Sie das erste (neue) Projekt, am besten mithilfe von Menschen, die Sie bereits kennen oder zu denen Sie leicht Kontakt aufnehmen können.

Wachsende Websites

Investieren Sie, wenn Ihnen Ihr Konzept noch nicht sonnenklar ist, lieber zum richtigen Zeitpunkt richtig – sowohl in Zeit als auch in Geld. Es gibt verschiedene Möglichkeiten, die ersten Monate und auch das erste Jahr »ohne« oder mit einer kleinen Lösung zu überbrücken. Denn: Für den Typ Selbstständigen-Unternehmer ist das erste Jahr so gut wie immer ein Experimentierjahr:

- Ein Profil bei XING oder Facebook macht Sie auffindbar und reicht in vielen Fällen für den Start.

- Ein kleines Web-»Schaufenster« mit einer Präsentation Ihres Profils (Wer bin ich?), einer kurzen Angebotsbeschreibung und eventuell (ausgewählten!) Arbeitsproben hilft Kunden, sich über Sie und Ihre Arbeit zu informieren.

- Kooperationen und Zusammenschlüsse helfen immer, aber gerade in der ersten Phase der Selbstständigkeit. Es könnten sich Dienstleister einer Region zusammenschließen oder Anbieter mit verschiedenen Schwerpunkten, um gemeinsam Synergien zu nutzen und Kunden zu gewinnen.

- Mit Weblogs bauen Sie sich langsam eine Fan- und damit auch eine Kundengemeinde auf. Das ideale Instrument für alle (werdenden) Experten. Eine Website kann dann viel später kommen, vielleicht brauchen Sie diese aber auch gar nicht.

Websites haben den Vorteil, dass sie erweiterbar sind und, sofern entsprechend konzipiert, leicht zu verändern.

Die Website ist so etwas wie das Fenster zu Ihren Kunden, das aber leider oft an deren Bedürfnissen vorbei gestaltet wird. Dies gilt nicht nur für Gründer, sondern für alle Unternehmen. Es liegt daran, dass im Web jeder für das gleiche Geld ein Grundstück mieten kann, also eine Domain reservieren, und es keine 1-a-Lagen gibt. Das ist der große Vorteil des Webs, es gibt hier keine Schlossallee wie bei Monopoly; große Unternehmen parken auf der gleichen Ebene wie kleine. Jedes Unternehmen kann mit Fleiß und Strategie (auch bezogen auf Bewertungen, siehe Kapitel 9) weit nach vorne kommen – das ist die Chance für alle kleinen Unternehmen.

Kunden lieben es, wenn ihre Dienstleister für sie erkennbar und fassbar sind, gerade auch im Internetzeitalter. Viele Selbstständige verweigern sich diesem Trend, weil sie einem weiteren veralteten Marketinggrundsatz aufsitzen: Besser nicht zu persönlich sein, sich rarmachen. Das Gegenteil ist richtig: persönlich werden, mit Kunden in den Dialog treten. Die besten Werbemaßnahmen sind deshalb die persönlichen: Infoabende, Workshops, Vorträge, Events – eben alles, was nicht von der Quick-Marketingstange kommt.

8. Slow-Grow-Regel

FALSCH: **Sie müssen sich verkaufen!**
RICHTIG: **Zeigen Sie sich dem Kunden.**

Schenken Sie Ihre Akquisehandbücher Ihrem ärgsten Feind.
Sie müssen nicht komische Fragen auswendig lernen wie
»Ist das interessant für Sie?«, um erfolgreich zu sein. »Lass
dich empfehlen!« – das besagt die 8. Slow-Grow-Regel.

Geht es Ihnen auch so? Verkaufen ist nicht so Ihre Sache, zumindest möchten Sie sich nicht selbst verkaufen. Willkommen im Boot der Anti-Verkäufer. Es ist voll, denn vor dem Verkaufen haben viele Menschen den größten Respekt. Manche packt gar die nackte Panik, wenn sie daran denken, dass sie sagen sollen, wie toll sie doch sind.

Kommt das Wort »kalt« hinzu und koppelt es sich an den Verkauf der unternehmensbezogenen Dienstleistungen, die Akquise, dann erst recht. »Kalt und »Akquise« ergibt »Kaltakquise«. Das ist jene umstrittene Form des Vertriebs, der sich viele Selbstständige ausgesetzt, ja ausgeliefert fühlen. Gern wird dann gesagt, Akquise sei ja verboten, was aber im B2B-Bereich – also bei Geschäften zwischen zwei Unternehmen – nur bedingt stimmt. Sie dürfen einen Unternehmensvertreter anrufen, von dem Sie ein berechtigtes Interesse an Ihrer Dienstleistung erwarten können. Manche empfehlen, vorher zur Sicherheit eine Mail oder einen Brief zu schicken, in dem Sie den Anruf ankündigen.

Es gibt Geschäftsmodelle und Situationen, da geht es vor allem am Anfang nicht ohne eine solche Akquise. Verkaufen muss sich trotzdem niemand; es reicht, auf ein interessantes Angebot hinzuweisen.

Verraten und verkauft

Während das Verkaufen eines eigenen Produkts manchem noch leicht von der Hand geht, baut sich hier die größte Gründungs- und auch Wachstumshürde überhaupt auf. Was heißt Hürde? Es ist ein Berg! Kaltakquise ist der unbezwingbare Mount Everest, gerade für wissens- und inhaltsorientierte Menschen, die möglicherweise gut verkaufen können, wenn sie von etwas überzeugt sind. Aber sich selbst »vertreiben«, ohne einen Chef im Rücken – das ist für sie schwierig. Und den Eindruck, nicht nur ein Produkt oder eine Dienstleistung, sondern auch sich als Person verkaufen und damit »verraten« zu müssen, bekommen sie spätestens im ersten Gründungsseminar.

Die Freidenker unter ihnen haben Akquisekurse vielleicht aus einem inneren Impuls heraus gemieden: »Will ich gar nicht lernen.« Pflichtbewusste werden eingewickelt von der lästigen Aufgabe, an der angeblich niemand vorbeikommt. »Sie müssen sich verkaufen«, sagt man ihnen, sobald sie in die Fänge der Gründungsberater geraten. »Und wenn Sie es nicht können, müssen Sie das entweder lernen oder Sie können die Selbstständigkeit gleich vergessen.« Viele begabte Existenzgründer tauchen so gar nicht auf der Bildfläche auf oder verschwinden viel zu früh.

Sind Sie auch nicht sicher, ob Sie sich selbst verkaufen können? Ich kann Sie beruhigen: Das ist überhaupt nicht schlimm. Sie müssen sich nicht verkaufen. Sie müssen einfach nur dafür sorgen, dass Ihre Kunden Sie kennenlernen. Dafür ist es nur nötig, dass Sie sich zeigen.

Nichtverkaufserfolg

Das Prinzip des Nicht-Verkaufens funktioniert in fast jedem Business. Ich will Ihnen das anhand der Geschichte von Hannes erläutern, einem selbstständigen Geigenbauer. Sein erklärtes Ziel war es, seine Geigen an Künstler zu verkaufen. Das seiner Kollegen auch. Klang ist höchst subjektiv, insofern ist Geigen- ebenso wie Klavierbau ein Handwerk mit einem Persönlichkeitsfaktor, der um die 7 liegen dürfte. Das heißt: Eine Geige klingt besser, wenn Sie den Verkäufer mögen – so einfach ist das. Oder: Mittelmaß wird zu Bestleistung, wenn Sie sich auch mit dem Geigenbauer wohlfühlen.

Auf einer Geigenausstellung, die rund um ein Konzert arrangiert wurde, verfolgte eine Horde verkaufsorientierter Geigenbauer die Künstler so aufdringlich, dass diese sich genervt zurückzogen. Beim Abendessen mieden die Künstler dann diese Verkäufertypen und setzten sich zu Hannes, weit weg von den Verkäufern. Was glauben Sie, wer das Geschäft machte?

Jeder kann erfolgreich verkaufen, ohne zu verkaufen. Jeder hat eine eigene Persönlichkeit, die die Basis für seine Form der Kundengewinnung ist und zum Beispiel zu einer eher kompetenz- oder beziehungsorientierten Argumentation führt. Die simple Formel des kompetenzorientierten Verkaufens lautet: »Vermittle dem Kunden, dass er sich auf dein Wissen und deine Erfahrung verlassen kann.« Die Formel des beziehungsorientierten Verkaufens heißt dagegen so: »Vermittle dem Kunden, dass er dir persönlich vertrauen kann.« Beides funktioniert – manchmal sogar zusammen.

Schauen Sie sich einmal die folgende Übersicht an:

Verkäufertyp	Zieht an
Kompetenzmensch	Menschen, für die Fakten und Inhalte wichtig sind
Beziehungsmensch	Andere Beziehungsmenschen oder solche, denen persönliche Nähe bzw. menschliche Wärme wichtig ist

Akquisekrankheit

Wer schnell Geld verdienen muss, kommt ums Akquirieren oft nicht herum. Da reicht es mitunter nicht, wie Hannes auf Veranstaltungen zu gehen; Sie müssen auch aktiv anrufen. Allein der Gedanke daran macht manche Menschen krank. Früher habe ich versucht, allen Kunden die Notwendigkeit der Akquise beizubringen, aber das Ergebnis war bei den Verweigerern niederschmetternd: In den schlimmsten Fällen wurden die Menschen akquisekrank – mit unterschiedlichen, aber immer starken körperlichen Symptomen.

Das gemeinsame Merkmal der krank werdenden Gruppe von Selbstständigen ist, dass sie mit Ablehnung nicht umgehen können. Das ist ein Charakterzug, den sowohl Beziehungs- als auch Kompetenzmenschen haben können. Manche Selbstständigen mit Akquisekrankheit waren von den ersten Kaltakquiseversuchen derart erschüttert, dass sie Pusteln bekamen oder die Stimme verloren. Andere Berater sehen das als Kollateralschaden an. Ich rate inzwischen dazu, spätestens bei Auftreten der ersten Anzeichen der Akquisekrankheit ganz auf diese Art der Akquise zu verzichten. Es gibt eine andere Lösung. Der einzige Nachteil ist, dass diese mehr Zeit kostet: Empfehlungskommunikation – was das ist, werde ich später erklären. Vorher noch ein Wort an jene, die schnell Geld verdienen müssen.

Geduld

Wenn Sie bereits nach sechs Monaten Gründungszuschuss ein festes monatliches Einkommen brauchen, können Sie es sich nicht leisten, sich auf die Bekanntmachung Ihrer Persönlichkeitsmarke zu konzentrieren. Sie brauchen dann Aufträge. Und da können Sie oft nicht sehr wählerisch sein. Fast wahnwitzig fand ich die Empfehlung einer Beraterin, die ihrem Kunden, einem Journalisten, nahelegte, nur Aufträge von hoch angesehenen Magazinen zu akquirieren. Ich meine: Wenn die Notwendigkeit des Geldverdienens im Vordergrund steht, muss das Image warten.

Die sinnvolle Vorgehensweise wäre vielmehr, erst mal größere Aufträge an Land zu ziehen, den Markenaufbau vielleicht parallel zu betreiben, aber weniger Zeit hier hinein als in die direkte Akquise zu stecken.

Eine Trainerin hatte gemeinsam mit ihrem Coach ausgearbeitet, Seminare für die Zielgruppe »Frauen in einer Umbruchsituation« anzubieten, die sie über das Internet bekannt machen wollte. Ich traf sie am Ende eines Vortrags, wo sie mich fragte, was ich denn von der Idee hielte. Wir kamen ins Gespräch und sie erzählte mir, dass sie alleinerziehend sei und nur noch drei Monate Gründungszuschuss bekäme. »Müssen Sie danach von den Einnahmen leben?«, fragte ich. Sie musste. Ich sagte ihr, dass sie die Idee in eine Schublade legen und sich fortan darauf konzentrieren sollte, eine Teilzeitbeschäftigung oder ein festes freies Engagement als Dozentin zu bekommen. Erst danach, so meine Empfehlung, solle sie sich weiter mit ihrer Idee beschäftigen und diese langsam nach dem Slow-Grow-Prinzip aufbauen.

Existenz zuerst

Der Coach hatte einen zentralen Punkt außer Acht gelassen: die Rahmenbedingungen. Es ist etwas anderes, ob jemand über drei Jahre hinweg langsam etwas aufbauen kann oder innerhalb von drei Monaten seine Existenz sichern muss. Drei Monate reichen dafür nicht aus. Leider ist bei vielen, verführt durch den Gründungszuschuss der Bundesarbeitsagentur, der Glaube weit verbreitet, dass sich Selbstständigkeit so schnell wie ein Fertighaus hochziehen ließe. Doch das funktioniert nur in angestelltennahen Bereichen, also bei freier Mitarbeit in Architekturbüros, Bildungseinrichtungen, dem kreativen Bereich und Projektarbeit. Es mag auch funktionieren bei manchem Franchising, im Handwerk, in der Gastronomie, bei Pflegediensten, Ärzten oder im produzierenden Gewerbe. Bei der Mehrzahl der Gründungen, den Dienstleistungen, reichen neun Monate nicht.

Erst recht geht es nicht mit einer Quick-Positionierung mit anschließendem Quick-Marketing, die in 90 Prozent der Fälle zu einer Kurvengründung führt, bei der erst nach Monaten entdeckt wird, dass es doch besser wäre, mit einem breiteren Angebot an den Markt zu gehen. Illusorisch ist der schnelle Geldaufbau auf ein normales Überlebensniveau von mindestens 1000 bis 3000 Euro netto – je nach Ausgangslage wird das Existenzminimum doch sehr unterschiedlich interpretiert –, wenn es das Ziel ist, Bekanntheit und eine Marke aufzubauen. Und das ist nötig, um eine private Kundschaft zu gewinnen wie in dem Beispiel der falsch beratenen Trainerin.

Golf spielen

Es gibt eine Wahrheit, die indes für alle gilt: Akquisen sind Projekte. Sie haben einen Anfang und ein Ende. Viele gehen nur von einem Anfang aus. »Ich habe doch zehn Firmen angerufen«, sagte mir eine Jungunternehmerin. »Das war nicht erfolgreich.« Das kann es so auch nicht sein. Sehen Sie den Aufbau von Kontakten wie Golf spielen. Sie brauchen manchmal vier, fünf, oft sogar zehn oder zwölf Schläge, bis Sie entweder als adäquater Kontakt wahrgenommen werden oder aber den ersten Auftrag in der Tasche haben.

Golf ist ein passendes Bild, und nein, ich selbst spiele es nicht, sondern mag es, Golfer zu beobachten. Golfer haben die Geduld und die Ruhe und Gelassenheit, die der Vertrieb von Was-auch-immer braucht. Und sie verbringen lange Tage damit, einen harten Ball in ein weit entferntes Loch zu bugsieren. Kaum ist der eine Ball drin, geht es kilometerweit zum nächsten. Exakt so ist es beim Akquirieren. Ein Anruf ist der erste Schritt. Angenommen, Sie berufen sich auf Herrn Müller. Wenn Ihr Gesprächspartner Herrn Müller (das Bindeglied also) kennt, wird er aufhorchen. Der erste Ball ist drin. Nun ist entscheidend, welches Gesprächsziel Sie im Kopf hatten: Sagen wir, Sie wollen sich mit Ihrem Gesprächspartner treffen. Es ist schließlich immer besser, sich einmal persönlich zu sehen. Das klappt auch und Sie bekommen die Möglichkeit, Ihre Dienstleistung zu präsentieren. Sogar Interesse ist da, aber leider nur latent, sprich: Es könnte sein, dass irgendwann …, aber jetzt eigentlich nicht. Sie gehen also eher unkonkret auseinander, mit einem »Ich melde mich in ein paar Wochen«, das Ihr Gesprächspartner ausspricht. Jetzt ist es an Ihnen, den nächsten Ball zu versenken. Sie könnten anbieten, ein unverbindliches Angebot zu schicken. Nein, erst mal nicht? Dann laden Sie Ihren Gesprächspartner ein, ihm die Stadt zu zeigen, wenn er demnächst wie angekündigt kommen wird. Lassen Sie sich was einfallen. Die Agentur Motum, die im Interviewteil vorgestellt wird, hat ihre Kunden entführt, sie nannten das »Tischaktion«. Die Kunden wurden einfach auf eine Bühne im Hamburger Stadtpark gebracht und dort bewirtet. Ich brauche Ihnen nicht sagen, dass das ganz schön erfolgreich war. Fast alles, was Ihnen so an neuen Ideen in den Sinn kommt, ist erfolgreicher als »klassisches« Verkaufen. Schauen wir uns das doch mal in der Praxis an.

PRAXISTEIL:
Lassen Sie sich empfehlen

Sie fragen sich vielleicht: Was kann das sein? Die einfache Lösung: Betreiben Sie Empfehlungskommunikation, und zwar in jeder Gründungs- und Wachstumsphase. Gehen Sie zu dem Arzt, den Ihnen ein Vertrauter empfiehlt, oder suchen Sie im Internet? Genau, erst mal erkundigen Sie sich in Ihrem Umfeld. Suchen Sie im Internet, so vertrauen Sie auch dort auf Empfehlungen. Ich jedenfalls schaue immer ins Netz, bevor ich zu jemandem gehe, ob Restaurant oder Friseur. Weltweit vertrauen 90 Prozent der Konsumenten Empfehlungen von Bekannten, in Deutschland sind es 89 Prozent.[1]

Empfehlungskommunikation vollzieht sich in einfachen Schritten. Es ist gleichgültig, was Sie gründen, es funktioniert immer und besonders gut, wenn es um Dienstleistungen geht. Selbst für produzierende Gewerbe und Innovationsgründungen ist Empfehlungskommunikation sinnvoll. Empfehlungskommunikation bedeutet, dass Sie sich zunächst anschauen, wo Anknüpfungspunkte sind, Ihr Angebot zu verkaufen, bevor Sie sich offiziell positionieren und im Web und anderswo sichtbar machen. Dazu schauen Sie sich zunächst Ihre vorhandenen Kontakte an. Ist darunter ein potenzieller Kunde oder Auftraggeber? Können Sie diesem Ihr Produkt direkt verkaufen? Oder müssen Sie das Produkt erst angemessen kommunizieren? Angenommen, Sie möchten Erlebniskochen zu Hause und in Firmen anbieten. Bevor Ihnen dafür jemand 400 Euro pro Abend bezahlt, sollten Sie Ihr bereits vorhandenes Netzwerk auf den Geschmack bringen. Laden Sie die in Bezug auf Ihr Gründungsvorhaben zehn wichtigsten Personen ein, damit diese Ihr Produkt kennenlernen können. Lassen Sie sich ausführliches Feedback geben und notieren Sie Rückmeldungen. Sie sind hier übrigens schon mitten in den »100 Aktionen« aus Kapitel 2; diese ist eine davon, eine, die Sie am besten möglichst früh starten und oben auf die To-do-Liste setzen.

Social Networking

Soziale Netzwerke sind ein elementarer Bestandteil der Empfehlungskommunikation. Scheuen Sie sich nicht davor, auf eingeschlafene Kontakte zurückzugreifen. Sie müssen sich nicht mit allen Menschen, zu denen Sie jemals Kontakt hatten, regelmäßig treffen. Das erwarten diese gar nicht. Senken Sie also, falls Sie einen hohen Anspruch an das Kontaktehalten haben, die eigene Erwartungshaltung. Sollten Sie ein Gegner sozialer Netzwerke sein, überlegen Sie, warum etwas und was genau wirklich dagegenspricht. Meistens nichts.

Für was, von wem und wie?

Die Empfehlungskommunikation beginnt mit drei Fragen. Schreiben Sie dazu auf,

- für was,
- von wem
- und wie

Sie empfohlen werden möchten. Hier das Beispiel eines Stadtführers, das natürlich noch wesentlich erweitert werden kann:

Für was, von wem und wie möchte ich empfohlen werden?

Für was?	Von wem? (Personengruppe und Namen)	Wie?
Individuelle Stadtführungen	Karriereberater mit Kundenbesuch, z. B. A, B und C	Darum bitten, dass sie bei Kundenanfragen aus anderen Städten in der Bestätigungsmail auf mich hinweisen.
Gourmettouren	Concierges, z. B. A, B und C	Zu einer Tour einladen

Konkret!

Am besten stehen unter der Frage »Für was?« nicht mehr als drei Produkte oder Dienstleistungen, denn mit einem zu breiten Angebot verzetteln Sie sich. Wenn Sie ganz von vorn anfangen, also noch vor einem Gründungsprojekt, empfiehlt es sich sogar, sich auf ein einziges Produkt zu beschränken. Damit kann unter der Frage »Für was?« also mehrmals dasselbe stehen. Haben Sie ein sehr allgemeines Produkt, konkretisieren Sie es. Eine Empfehlung für »Coaching« oder »Fotografie« ist wie ein schwacher Händedruck – es bleibt nichts haften. Beispiel: Wenn Sie »Fotografie« anbieten, könnten Sie das »Für was?« klarer fassbar machen, zum Beispiel indem Sie schreiben: »Ich fotografiere die Manager von Unternehmen.« Wenn Sie »Coaching« bieten, könnten Sie das »Für was?« durch »Coaching für Managerinnen« eingrenzen. Am Anfang können Sie ruhig ausprobieren: Wo beißen die Fische an?

Ich rate dazu, sich das »Für was?« aufzuschreiben. Und die Frage »Von wem?« konkret zu beantworten. »Kleine und mittelständische Unternehmen« ist hier die häufigste Antwort, aber unbrauchbar. »Von wem?« sollte möglichst eine klar bezeichnete Gruppe sein. Konkrete Antworten wie im Beispiel des Stadtführers, der etwa Concierges nennt, sind wichtig. Brechen Sie jedes »Von wem?« auf die kleinstmögliche Einheit herunter: den Menschen.

Von wem?

»Von wem?« sollte zudem im zweiten Schritt die Recherche nach konkreten Personen ermöglichen. Die Namen von Concierges lassen sich leicht herausfinden, die aller kleinen und mittelständischen Unternehmen nicht! Wenn Sie diese Frage nicht beantworten können, dann gehört es zu Ihren 100 Aktionen, mindestens zehn konkrete Antworten auf die Frage »Von wem?« zu definieren.

Beispiel: Eine Kreativagentur hatte für eine grüne Institution eine Website erstellt. Das hatte Spaß gemacht und die beiden Betreiber wollten gern mehr solcher Kunden. Der Name der Ansprechpartnerin ist ein konkretes »Von wem?«. Diese Person ist fassbar, sie kann Empfehlungen aussprechen. Eine solche Eingrenzung macht den nächsten Schritt einfacher, denn Sie können dann auch das »Von wem?« leichter beantworten. Ganz wichtig: Die Antwort auf die Frage »Von wem?« bezeichnet immer eine konkrete Person und niemals ein KMU (kleines oder mittleres Unternehmen).

Erstellen Sie sich eine Kontaktübersicht, um einen besseren Überblick über Ihre vorhandenen oder auch (noch) fehlenden Beziehungen zu erhalten, die die Basis Ihrer Empfehlungen bilden. Wenn Handlungsbedarf besteht, weil Sie zu wenige oder zu wenige tragfähige Kontakte haben, schreiben Sie auf, was Sie tun können, um Ihre Ausgangsbasis zu verbessern. Das kann Teil Ihrer 100 Aktionen sein.

Kontaktart	Zahl: Wie viele habe ich? (Liste erstellen!)	Bewertung: Top, okay oder Flop?	Handlungsbedarf
Kontakte zu Kollegen, Bekannten etc., die wiederum Kontakte zur Zielgruppe herstellen können	50	↑	
Kontakte zu Multiplikatoren, also Meinungsbildnern wie Presse, Experten etc.	10	→	
Direkte Kontakte zur Zielgruppe, also denjenigen, die mein Produkt kaufen sollen	5	↓	✗
Indirekte Kontakte zur Zielgruppe, also Kontakte der Kontakte	50	↓	✗
Social-Web-Kontakte	250	→	

Wie?

Entwickeln Sie im dritten Schritt Ideen für das »Wie?«, die konkret und individuell sind. Ein persönlicher Kontakt ist immer besser als eine Mail oder ein Telefonat. Suchen Sie also Möglichkeiten, direkt mit den Empfehlungsgebern in Kontakt zu treten.

Wenn Sie die eigenen Kontakte ausgeschöpft haben, betrachten Sie die Kontakte Ihrer Kontakte. Dazu ist das Internet ideal. Über Plattformen wie XING können Sie sich diese wahren Schätze bewusst vor Augen halten. Die Praxis beweist, dass die meisten Aufträge aus diesem Kreis kommen, also aus dem Fundus, den die indirekten Kontakte bilden. In Deutschland konnten 44 Prozent der Kleinunternehmen über XING oder LinkedIn bereits neue Kunden werben. Beratungs- und Internet- sowie Telekommunikationsfirmen profitieren ganz besonders bei der Werbung über soziale Netzwerke. Im Schnitt konnte rund die Hälfte auf diesem Weg neue Kunden gewinnen.[2]

Das hat einen nachvollziehbaren Grund: Direkte Kontakte sind Ihnen oft zu nah. Sie werden als direkter Kontakt von Ihren Freunden und Bekannten nicht mehr als Geschäftsmann oder -frau wahrgenommen. Die indirekten Kontakte dagegen sind weiter entfernt und kommen deshalb leichter, unberührt von persönlichen Beziehungen und zu großer Nähe, auf Sie zu, um Ihre Dienstleistung in Anspruch zu nehmen.

Netzwerk erweitern

Ich hoffe, dass Sie ein gut gepflegtes Online-Netzwerk haben, denn dies bedeutet, Sie können aus dem Vollen schöpfen. Haben Sie das nicht, brauchen Sie unter Ihren 100 Aktionen eine mit dem Ziel, das Netzwerk auszuweiten. Und zwar möglichst mit Köpfchen und nach der Devise »Qualität vor Quantität«. Wenn Ihre Zielgruppe

Personaler in Unternehmen sind, so wäre es gut, Sie hätten Personaler in Ihrem Netzwerk oder aber Kontakte, die mit Personalverantwortlichen verlinkt sind. Ist Ihre Zielgruppe in einem regional begrenzten Bereich angesiedelt, so liegt es nahe, regionale Netze auszubauen, also gezielt Menschen anzusprechen, die in Ihrer Nähe aktiv sind und viele Beziehungen pflegen. Gut ist es, wenn Sie auf ein Treffen oder persönliche Kontakte als Anknüpfungspunkt Bezug nehmen können. Wenn nicht, haben wir einen weiteren Punkt auf Ihrer Aktivitätenliste: Veranstaltungen besuchen und Menschen kennenlernen.

Kundenadressen

Vergessen Sie schon in dieser Phase nicht, das wertvollste Kapital zu sammeln, das Sie haben: Kundenadressen. Ich bin immer wieder erstaunt, dass selbst langjährige Unternehmer hier schludern. Dabei reicht eine Excel-Tabelle für den Anfang völlig aus. Diese lässt sich später in jede beliebige Software importieren. Vergessen Sie bei der Konzeption Ihrer Tabelle nicht, Felder für persönliche Informationen vorzusehen. Mag der Kunde Blumen oder reist er gerne nach Mallorca? Was wissen Sie sonst noch über ihn? Wann hatten Sie zuletzt Kontakt und auf welchem Weg? Solche Informationen sind später Gold wert. Wenn Sie zum Beispiel wissen, dass Ihr Kunde keinen Wein mag, werden Sie ihm als Dankeschön für eine Empfehlung sicher keine Flasche Roten schicken.

Wenn Sie Ihre Kontakte von Anfang an mit System sammeln, werden Sie die Früchte schon sehr bald ernten. Erst recht werden Sie in der Wachstumsphase davon profitieren.

Umfeld erschließen

Empfehlungskommunikation für Gründer bedeutet, dass sie ihr Umfeld erschließen. Empfehlungskommunikation für erfahrene Selbstständige bedeutet, dass sie systematisch dafür sorgen, dass andere sie empfehlen.

Ich erzähle Ihnen dazu ein Beispiel aus meiner eigenen Praxis. Ein Kollege fragte mich, ob ich jemanden kennen würde, der einen Positionierungsworkshop übernehmen könnte. Ich suchte in meiner Datenbank und fand jemanden, von dem ich weiß, dass er einen Marketinghintergrund hat und bereits Positionierungsworkshops gegeben hat. Der Kollege bat um die Webadresse, die ich natürlich gern herausgab. Was aber passierte nun? Hätte er auf der Website genau das wiedergefunden, was ich empfohlen habe, wäre dem Empfohlenen der Auftrag so gut wie sicher gewesen. Aber wehe, wenn nicht! So war es. Auf der Website war das empfohlene Thema nicht entsprechend repräsentiert. Es ließ sich kein Experte für Positionierung finden, sondern jemand, der auf Outdoortraining spezialisiert zu sein schien. Ein Kontakt kam nie zustande, weil die Empfehlung nicht zur Website passte. Die Empfehlungskette war gerissen. So etwas passiert sehr oft. Noch ein Grund mehr, lieber auf eine große Website zu verzichten, als etwas Unausgegorenes einzustellen.

Empfehlungsketten

Empfehlungsketten müssen von einem Glied ins andere leiten. Das geht dann folgendermaßen:

1. Ich empfehle jemanden und gebe eine Internetadresse weiter.
2. Der Interessent schaut sich die Website an (in 95 Prozent der Fälle wird dieser Weg bevorzugt, Telefonnummern interessieren heute kaum noch).

3. Ergebnis:

a. Der Interessent findet wieder, was er gesucht hat und was ich empfohlen habe: Er nimmt Kontakt auf = Happy End.

b. Der Interessent findet nicht wieder, was er gesucht hat und was ich empfohlen habe: Er nimmt keinen Kontakt auf = kein Happy End.

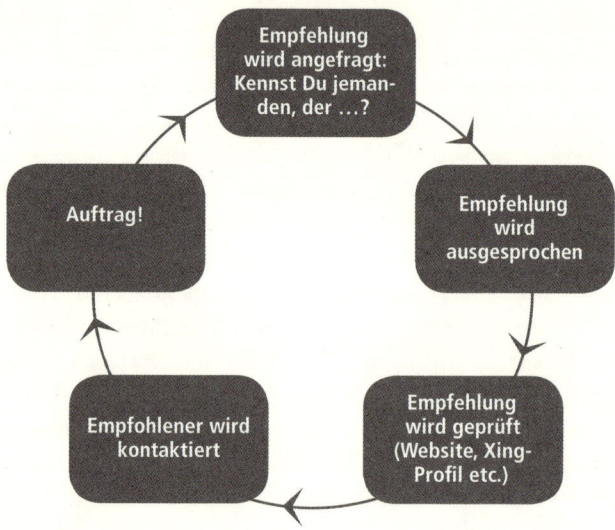

Mutterexperiment

Wichtig bei Empfehlungsketten ist das erste Glied. Das sind Sie! Dieses erste Glied muss die richtigen Botschaften senden, also genau kommunizieren, »für was« die Empfehlung ausgesprochen werden soll. Um das zu verdeutlichen, zitiere ich gern die Mutter meiner Kunden. »Weiß Ihre Mutter, für was Sie empfohlen werden möchten?«, frage ich dann – und höre in 90 Prozent der Fälle ein »Nein!«.

Aber: Wenn die Mutter es schon nicht weiß, dann auch der beste Freund nicht! Deshalb gehört zu einer guten Empfehlungskommunikation die Empfehlungsbotschaft als allererstes Glied in der Kette. Diese muss so einfach sein, dass auch ein Fachfremder gleich nickt und versteht. Das gilt selbst dann, wenn Sie mit spezialisiertem Wissen Ihr Geld verdienen. Empfehlungen erfolgen immer über Ecken, wie Sie oben bereits gesehen haben. Das heißt: Sie müssen nicht nur von Ihrer Mutter verstanden werden, sondern Ihre Mutter muss die Information auch so weitergeben können, dass ein Dritter sie versteht. Dabei sind keine komplexen Elevator Pitches nötig, bei denen Worte kunstvoll verrenkt werden. Es geht viel simpler, zum Beispiel so: »Kennen Sie das Tipp-Ex-Video? Nein? Ich zeig's Ihnen bei YouTube. So etwas kann mein Sohn auch für Sie machen.«

Zweites Glied

Gerade am Anfang wachsen Empfehlungsgeber nicht auf Bäumen. Sie müssen die wenigen, die Sie haben, mit der Nase darauf stoßen, dass sie Sie empfehlen. Dazu ist es zunächst wichtig, dass Sie ihnen bewusst machen, wie sehr eine Empfehlung Ihnen hilft. Die meisten denken einfach nicht daran. Menschen, die nicht selbstständig sind, glauben oft, man mache ein Geschäft auf und schon kämen Kunden. Viele haben auch keine Netzwerkmentalität und damit auch kein Empfehlungsgen in sich. Sie müssen es vielmehr aktivieren. Das geht am besten durch folgende Fragen:

- Fällt Ihnen jemand ein, für den unsere Dienstleistung noch interessant sein könnte?
- Ich habe gesehen, dass Sie mit XY kooperieren. Könnten Sie einen Kontakt herstellen?

Betonen Sie, dass Sie sich über Empfehlungen freuen. Kunden denken schnell: »Der hat das doch nicht mehr nötig.« Nötig haben! Auch in solchen Kategorien können eigentlich nur Angestellte denken. Ein Unternehmen, das keine Empfehlungen »nötig hat«, ist mausetot. Es lebt vielleicht von einem oder zwei Kunden – und ist damit langfristig perspektivlos. Machen Sie dies Ihren Freunden, Bekannten und Kunden klar, aber natürlich mit weniger drastischen Worten. Auch hier hilft wieder, dass Sie sich bewusst machen, wen Sie »aktivieren« könnten.

Empfehlungsaktivierung

Empfehlungsgeber	Könnte bei wem aktiv werden?	Für was empfehlen?	Wie und wann ansprechen?	Ergebnis
Hugo Müller, GF der Adventure AG	Hat den Kontakt Hans B. in seinem XING-Netzwerk	Aufbau eines Online-Shops	Nächste Woche persönliches Treffen	Er ruft persönlich bei Hans B. an und stellt den Kontakt außerdem per XING vor.
Gerda Weiser, Vorsitzende von Weiter e.V.	Kennt sehr viele Unternehmer in Hamburg	Technische Websitebetreuung	Veranstaltung am 2.1.	Treffen am 3.2.

Net Promoter Score

Zufriedene Kunden sind das Schönste, finden Sie nicht auch? Das Glücksgefühl tritt schon mit dem ersten Kunden ein und hört niemals auf. Damit Sie vom Kundenglück verfolgt werden, sollten Sie Ihren NPS messen. Das ist der sogenannte »Net Promoter Score«, der besagt, wie gut oder schlecht Ihre Empfehlungsquote ist.

Der amerikanische Loyalitätsexperte Frederick F. Reichheld hat ihn erfunden. Um den NPS zu messen, führte er eine Skala von null bis zehn ein. Dazu stellte er die »ultimative« Frage: »Wie wahrscheinlich ist es, dass Sie meine Dienstleistung an einen Freund oder Kollegen weiterempfehlen werden?«

Gemäß den Antworten teilte er die Kunden in Förderer, passiv Zufriedene und Kritiker ein. Die Förderer, also absolut begeisterte Kunden, gaben eine Neun oder Zehn. Die passiv Zufriedenen gaben eine Sieben oder Acht. Die Kritiker verteilten Noten von null bis sechs. Reichheld fand heraus: Bei zehn war eine Empfehlung äußerst wahrscheinlich, bei fünf neutral und bei null unwahrscheinlich.

Indem er die Anzahl der Kritiker von der Anzahl der Förderer subtrahierte, errechnete Reichheld die effektiven Förderer. Die so ermittelte Kennzahl ist der NPS. In seiner dreijährigen Studie stellte Reichheld fest, dass Unternehmen mit der höchsten Zahl an positiven Empfehlungsgebern gleichzeitig die höchsten Umsatzzuwächse verzeichneten. Die besten Unternehmen hatten 70 und 80 Prozent effektive Förderer. Er beschäftigte sich dazu mit Großunternehmen wie Ebay und Amazon, die Produkte verkaufen.[3]

Das NPS-Prinzip ist auch auf kleine Unternehmen übertragbar. Zudem bin ich überzeugt, dass die Empfehlung von komplexen Dienstleistungen ähnlichen Mustern folgt wie die Empfehlung von Produkten. Mit einem Unterschied: Während sich etwa ein iPod vorführen lässt, gilt das für eine Dienstleistung nur bedingt. Das heißt, eine Dienstleistung ist immer abstrakter als ein Produkt. Was dafür spricht, Dienstleistungen, wenn immer möglich, auch erfahrbar zu machen, etwa indem Sie Einladungen aussprechen, damit Kunden Sie kennenlernen können.

EK-Fragen-Duo

Der NPS ist das eine, Ihre unternehmerische Weiterentwicklung der nächste, daraus abzuleitende Punkt. Sie können Empfehlungskommunikation gezielt einsetzen, um mit Ihrem Unternehmen voranzukommen. Dafür reicht es, mindestens alle sechs Wochen einer am besten zufällig ausgewählten Kundengruppe folgende zentralen Empfehlungskommunikations-Fragen (EK-Fragen) zu stellen:

- Wenn es etwas gibt, für das Sie mich garantiert weiterempfehlen könnten, was wäre das für Sie?
- Und wenn es eine Sache gibt, für die Sie mich nicht weiterempfehlen können, was wäre das für Sie?

»Das kann ich meinen Kunden doch nicht fragen!«, sagen manche – und stellen sich selbst ein Bein, sind es doch die wertvollsten Fragen für persönliches und unternehmerisches Wachstum. Trauen Sie sich, Ihre Kunden zu befragen, riskieren Sie Kritik, denn nichts bringt Sie mehr voran! Die Antworten werden sich im Laufe Ihrer unternehmerischen Entwicklung verändern. Aber Sie sollten immer eine wichtige Basis für Wachstum sein.

Der Rechtsanwalt Klaus stellte dieses EK-Fragen-Duo nach drei Jahren am Markt und einer ersten Tiefphase. Es kam heraus, dass das Einzige, für das Kunden ihn weiterempfehlen würden, seine Kooperation mit einem Steuerrechtler war (von dem er sich zu trennen gedachte). Nicht weiterempfehlen würden ihn die Kunden jedoch für seine unfreundlichen E-Mails, die fehlende Kostentransparenz und den ewig laufenden Anrufbeantworter. Für ihn war das der Anlass, an ganz vielen Optimierungsschrauben zu drehen.

Die Personalberaterin Karin stellte das EK-Fragen-Duo nach einem Jahr. Sie hatte immer gedacht, dass sie aufgrund ihrer Branchenkompetenz empfohlen würde, doch es war ihre gute Kenntnis der Möglichkeiten, die das Internet und das Social Web bot. Für sie war das die Grundlage für eine Neupositionierung und Weiterentwicklung.

Fangemeinden

Früher gab es geregelte Abläufe: Zuerst haben Sie Kunden gewonnen, dann haben Sie sie »gebunden«. Das eine per Verkauf oder Akquise, das andere mit Werbegeschenken, Weihnachtskarten und Direktmailings. Die Bindungsquote dabei war gering, auch wenn die Mailings personalisiert waren. Durch das Internet entsteht eine viel höhere Bindung zu der Person des Selbstständigen. Außerdem wachsen zwei Prozesse zusammen: Kundengewinnungs- sind auch zugleich Kundenbindungsinstrumente. Im Unterschied zu »draußen« finden zudem ganz andere Prozesse statt: Einige bauen zuerst eine Fangemeinde auf und rekrutieren anschließend daraus Kunden.

Der bisherige Ablauf lautet:

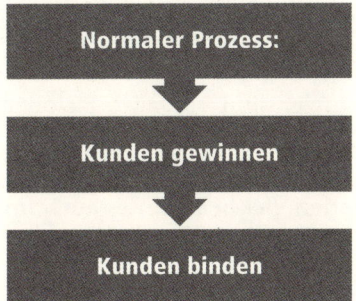

Besser aber wäre es folgendermaßen:

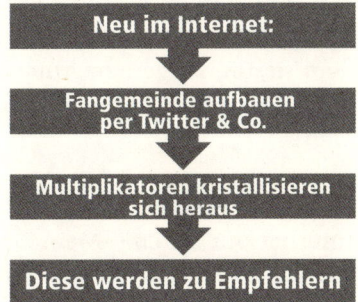

Die Fangemeinde folgt dem Unternehmer, weil sie den Schreibstil, die Kompetenz, die Persönlichkeit oder alles zusammen so schätzt, dass sie zu Multiplikatoren und begeisterten Empfehlungsgebern werden. Kunden werden so nicht mehr auf direktem Weg gewonnen, sondern indirekt. Das ist neu.

Selbstläufer

Wer diese neue Art der Kundenbindung erstens authentisch und zweitens hartnäckig betreibt, kann nur erfolgreich sein. Das ist ein Selbstläufer. Sascha Lobo hat derzeit 50 000 Follower bei Twitter – und dürfte bei aller Kritik einer der meistzitierten Internetexperten sein. Um so weit zu kommen wie Lobo, braucht es Zeit, ein Konzept und vor allem das Wissen, wie die Twitter-Gemeinde funktioniert. »Sascha Lobo ist ein Loboist – seine eigene Marke und ihr Vermarkter«, schrieb die *taz*.[4] Allein über Twitter hält er Kontakt zu einer riesigen Gefolgschaft. Seine Buchverlage können sich freuen, denn es gibt kaum eine bessere Absatzförderung. Selbst wenn von diesen 50 000 Followern nur 20 Prozent aktiv sind, wären es 10 000 Personen, die er direkt erreichen kann. Viele davon sind Multiplikatoren, denn Studien besagen, dass der durchschnittliche Twitter-Nutzer besonders gut gebildet und gut vernetzt ist. Zudem verfügen die Nutzer meist über höhere Gehälter und sind in einem Alter, in dem sie Bindungen zu Anbietern eingehen: 61 Prozent der Facebook- und 64 Prozent der Twitter-Nutzer sind 35 Jahre alt oder älter![5]

Dass Sie mich aber nicht falsch verstehen: Schnell geht es auch im Internet nur selten. »Meine eigene Erfahrung: Als Experte werde ich in meiner Umgebung erst seit ein, zwei Jahren wahrgenommen. Seit fünf Jahren bewege ich mich in den sozialen Medien«, schrieb der Personalexperte Lars Hahn als Kommentar in meinen Blog.[6]

9. Slow-Grow-Regel

FALSCH: Sie müssen wachsen!
RICHTIG: Verändern Sie sich.

Unternehmer müssen ihren Gewinn immer mehr steigern?
So ein Quatsch: Die 9. Slow-Grow-Regel besagt, dass nicht
Gewinnwachstum, sondern Veränderung entscheidend ist.
Dies kann auch einen ökonomischen Rückschritt bedeuten.

Sie müssen Ihren Kunden absagen? Bei der Auftragserfüllung geraten Sie ins Schwimmen? Der E-Mail-Stand überschreitet die durchschnittlichen 50 Stück am Tag bei Weitem? Vielleicht schauen Sie auf Ihre Kontoauszüge und stellen frustriert fest, dass Sie zwar immer mehr arbeiten, sich das aber nur in gestiegenem Umsatz bemerkbar macht, der Gewinn stagniert und vielleicht sogar fällt. Ich weiß nicht, ob ich jetzt »Herzlichen Glückwunsch« sagen oder mein Beileid aussprechen soll. Wachstumsphase nennen das Experten, und nach der in der BWL vorherrschenden Meinung muss jetzt schnell eingestellt und investiert werden.

Ich sehe das anders: Sie sind in der vierten Phase, der Hamsterradphase. Von dort aus gibt es nur drei Möglichkeiten:

a. Das Hamsterrad verlassen und streng betriebswirtschaftlich wachsen (also mehr Mitarbeiter einstellen etc.).
b. Weiter im Hamsterrad bleiben und irgendwann richtig große Probleme bekommen (zum Beispiel Kunden verlieren).
c. In meine sogenannte fünfte Phase gehen, die Veränderungs-

phase, mit dem Ziel, maximale persönliche Zufriedenheit zu gewinnen.

In diesem Kapitel will ich Ihnen dazu einige Erfahrungen und Gedanken mit auf dem Weg geben, die helfen, an diesem wichtigen Punkt richtig zu handeln.

In der Hamsterradphase sind zentrale Entscheidungen zu treffen, denn diese Phase ist nicht nur ungesund für Menschen mit hohem Blutdruck. Die Hamsterradphase stört auch das Familienleben und macht zumindest denjenigen mit Karriereanker »Lebensstilintegration« erheblich zu schaffen. »Mama, wen hast du lieber: Motum oder mich?«, fragte die kleine Tochter von Sybille Riepe, Geschäftsführerin bei der Motum GmbH.

Früher oder später kommt sie also auch auf Sie zu: die Frage, ob Sie wachsen möchten, und wenn ja, unter welchen Bedingungen und wie.

Investitionszwang

Sprechen wir zunächst über die Konsequenzen, die sich ergeben, wenn Sie das Hamsterrad verlassen und sich für Lösung A, also das betriebswirtschaftliche Wachstum, entscheiden. Hier ist relativ schnell klar, wohin das führt: Um wachsen zu können, müssen Sie investieren. Die Investition senkt die Rendite. Deshalb muss weiteres Wachstum her. Ein Kreislauf, der niemals endet. Deshalb geht es ab einem bestimmten kritischen Punkt meist finanziell kaum noch aufwärts, wenn Sie nicht immer weiter investieren wollen und sich zum Sklaven dieses Kreislaufs machen wollen.

Wachstumsorientierte Unternehmen verdoppeln nicht nur Umsatz und Gewinn, sondern verdoppeln und verdreifachen mitunter jährlich den eigenen Mitarbeiterstamm. Das bedeutet auch, dass plötzlich andere den Kurs mitbestimmen und das Unternehmen zunehmend fremdbestimmt wird. »Ehe ich mich versah, hatten plötzlich gewinnorientierte Bankertypen das Ruder übernommen, das passte nicht mehr zu meinen persönlichen Werten«, verriet eine Aussteigerin. Es will also gut überlegt sein.

Kreislauf

Wachstum fordert alles, es ist ein Kreislauf, dem Sie kaum entgehen können, wenn Sie einmal drin sind. Sie müssen der Konkurrenz immer eine Nasenlänge voraus sein, denn in dem Moment, in dem Sie die Schwelle vom Ich-Unternehmen oder Wir-sind-eine-Familie-Unternehmen zum Wachstumsunternehmen überschreiten, dürfen Ihre Angebote nicht mehr allzu personenbezogen sein (nicht verwechseln mit kundenfreundlich!). Die Kundenbindung erfolgt nicht mehr primär über Sie oder einen Mitarbeiter. Es muss dann das Ziel sein, dass jeder in Ihrem Team austauschbar und ersetzbar ist. An die Stelle der Unternehmerpersönlichkeit tritt ein übergeordnetes Markenbild des Unternehmens. Marketing spielt jetzt die entscheidende Rolle; es ist gleich, wer der Inhaber ist – der Persönlichkeitsfaktor sinkt und sinkt.

Nur durch Marketing können mit einem Wachstumsunternehmen Kunden gebunden werden. Und nur damit können diese Unternehmen verhindern, in die Preismühle zu kommen. Ich habe oft Unternehmer mit 20, 30 Mitarbeitern gesehen, die dem Marketing keinen Wert zugesprochen haben. Forcieren diese nicht ihr ganz besonderes, einzigartiges Produkt, geraten sie alle irgendwann in eine Preismühle, die Kleinholz aus Ideen und Arbeitsfreude macht.

Wenn der Konkurrent billiger ist und wenn es aufgrund des bei einem Wachstumsunternehmen niedrigen Persönlichkeitsfaktors keine größere persönliche Bindung mehr gibt, dann gibt es in der Preismühle nur zwei Möglichkeiten: Dumping (kann man nur verlieren) oder richtig professionelles Marketing und damit hohe Investitionen.

Der Teufelskreis des Immer-Mehr

Wachstum ab zehn Mitarbeitern ist spannend und herausfordernd für einige wenige, für alle anderen ein Teufelskreis des Immer-Mehr. Schwierigkeiten macht vor allem die Balance. »Das Wachstum bekommt schnell eine Eigendynamik: Ab einer gewissen Schwelle kann es nur noch nach oben gehen«, weiß Thomas Braun, Vertriebsleiter des Gebäudedienstleisters Lattemann & Geiger, der mit 8000 Mitarbeitern inzwischen alles andere als ein kleines Unternehmen ist.[1] Aber anscheinend ist er nicht uneingeschränkt glücklich darüber. Denn: »Die Trumpfkarten der Mittelständler sind individuelle Angebote, schnelle Reaktion und eine sehr persönliche Kommunikation«, sagt der Marktforscher Michael Bruhns im selben Handelsblatt-Artikel.[2] Doch je größer, desto weniger individuell, schnell und persönlich im Kundenkontakt wird ein Unternehmen. Das kann sehr unbefriedigend für Gründer sein, denen genau diese Aspekte wichtig sind.

Um betriebswirtschaftlich zu wachsen, brauchen Sie reichlich Kredite und Venture Capital. Das wiederum kriegen Sie nur, wenn Sie deutliche Bereitschaft zu erheblichem Wachstum signalisieren.

Unangenehme Konsequenzen

Eine weitere Konsequenz ist das Verschieben Ihres eigenen Arbeitsschwerpunktes in Richtung Administration und Führung, was vor allem Unabhängigkeitsgründer wenig schätzen (siehe Kapitel 1). Wer groß und größer wird, muss Tätigkeiten ausüben, die er manchmal nicht wirklich schätzt. Es geht nicht mehr um die inhaltliche Arbeit, sondern um das ganze Drumherum, das Managen der Konsequenzen des Erfolgs: Massen an E-Mails, Bombardements von telefonischen Anfragen, Terminwünschen, Reklamationen, Nachfragen von Steuerberatern, Buchhaltern und anderen Externen …

Ihnen bleibt immer weniger Zeit, das zu machen, was Sie gern tun. Als Berater beraten Sie nicht mehr, als Designer sinkt der Anteil der Kreativität auf den Nullpunkt, als Inhaber einer Möbelmanufaktur begutachten Sie nur noch die Entwürfe der anderen. Dennoch arbeiten Sie immer mehr und drehen schließlich am Rad. Nicht am Rad zu drehen war aber möglicherweise ein Grund für Sie, in die Selbstständigkeit zu gehen – oder ist durchaus ein attraktiver Gedanke nach vielen Jahren Aufbauarbeit.

Da haben Sie dann plötzlich eine überwiegend administrative Tätigkeit wie einen lästigen Klotz am Bein, mit dem Sie nicht mehr laufen können, wie und wohin Sie wollen. »Da hätte ich auch als Manager angestellt bleiben können«, kommentiert ein Unternehmer seine Situation. Nun werden Sie sagen: »Ja, wenn ein Unternehmen wächst, gibt es ja auch Mittel und Wege genug, Arbeit zu delegieren.« Aber genau das ist es ja! Wenn Sie Arbeit delegieren, müssen Sie diese auch kontrollieren, Sie müssen anleiten, einführen, Streicheleinheiten verteilen, Arbeitsverträge erstellen, Ergebnisse kontrollieren, es kommt eine Lohnbuchhaltung dazu und vor allem: Verantwortung, die manch einer mehr als Belastung denn als Bereicherung empfindet. Und schon schließt sich der Kreis der unangenehmen Konsequenzen.

Erhöhter administrativer Aufwand führt zwangsläufig dazu, dass immer mehr Mitarbeiter eingestellt werden müssen. Wow, jubeln die Wachstumspropheten vonseiten der Politik und der Banken (sofern die Zahlen stimmen).

Grundsatzentscheidung

So muss das Unternehmen, das einmal eine bestimmte Schwelle übertreten hat, immer größere Risiken auf sich nehmen – sonst droht die Wachstumsspirale einzubrechen, und da spielen die Banken nicht mit. Wachstum nach dem BWL-Lehrbuch oder nicht ist also eine Grundsatzentscheidung. Die persönlichen Ambitionen des Gründers, seine individuelle Erfolgsmotivation? Egal, die hinterfragt niemand und die interessiert auch niemanden. Sie gibt bei dieser Grundsatzentscheidung aber den Ausschlag.

Die Krisenwahrscheinlichkeit steigt

Je schneller ein Unternehmen wächst, desto sicherer kommt die erste größere Krise – für den Unternehmer selbst oder für das Unternehmen, das er aufgebaut hat. Oft kommt auch beides zusammen. Nehmen wir als Beispiel eine einst vorbildliche Unternehmensgründung aus dem Technologiesektor: Q-Cells. Wie viele andere vervielfachte der Produzent von Solarzellen jährlich seinen Umsatz und verdoppelte seine Mitarbeiterzahl, bevor er 2009 in die Krise schlitterte und sich 2010 auch der Gründer selbst verabschieden musste. Dieser, der ehemalige McKinsey-Mann Anton Milner, gab noch 2009 die Devise aus, Chef des ersten Greentech-Konzerns in Deutschlands erster Börsenliga, dem DAX, werden zu wollen. Dann machte er einige aus Selbstüberschätzung geborene Fehler, der Umsatz brach ein und kurz danach flog Milner aus dem Unternehmen. Sicher wartet er gerade irgendwo auf die nächste Herausforderung, und ganz bestimmt wird er dann wieder auf das große Risiko setzen. Die Zeitungen werden darüber schreiben, man wird ihn bewundern, seinen Crash schnell vergessen haben.

Ich will nicht wachsen!

Okay, Sie sind nicht Q-Cells und haben auch nicht die Motivation, es besser zu machen. Also kommen wir zum zweiten und dritten Weg. Die Mehrzahl der Gründer will langsam wachsen, und viele möchten auch langfristig klein bleiben. »Wir leben in einer schnelllebigen Gesellschaft, da möchte ich etwas schaffen, das Bestand hat«, sagt ein Unternehmer. »Die Banken haben mir geraten, nun schnell zu expandieren, das Unternehmen auf Kurs zu bringen und Mitarbeiter einzustellen«, formuliert einer, der gerade ein etabliertes Fotostudio in Hamburg übernommen hat. »Ich will das nicht. Schließlich ist da noch meine Familie, und ich brauche die Zeit für sie. Mir reicht das, was das Unternehmen abwirft, im Moment vollkommen aus.« Aber halt: Diese Denkweise birgt Gefahren, wenn sie statt in ein schönes Leben in die zweite Möglichkeit mündet – sich also dauerhaft im Hamsterrad zu drehen.

Rache fürs Nichtstun

Manche machen im Hamsterrad kurzen Prozess. Der Handwerker in der Hamsterradphase, den wir fürs Streichen unserer Wände engagieren wollten, hatte erst drei Monate später Zeit. Natürlich suchten wir einen anderen. Andere rufen Kunden nicht mehr zurück, beantworten keine Mails mehr oder machen sich irgendwie anders rar. Die Methode »Abtauchen« kann ich wirklich nicht empfehlen. Sie wird sich rächen, wenn nicht jetzt, dann später. »Der ruft nie zurück« ist eine sehr schlechte Empfehlung, eine, die sich zudem ganz schnell verbreitet.

Halt!

Ich möchte Ihnen ein Beispiel erzählen. Die beiden Agenturbesitzer Anne und Paul waren bereits seit 15 Jahren selbstständig. »Da hat man es doch geschafft«, denken Sie vielleicht. Und liegen falsch. Wenn Sie in der Hamsterradphase hängen bleiben, sich also für Möglichkeit zwei entscheiden – wobei dies eben selten eine bewusste Entscheidung ist, sondern sich zufällig ergibt –, wird es eine Phase geben, in der die Aufträge langsam oder auch schnell und überraschend einbrechen. Das nennt sich Produktlebenszyklus. Dieser besagt, dass Produkte und Dienstleistungen sich nach Einführung und Wachstumsphase degenerieren, wenn sie nicht durch neue ausgetauscht oder verändert werden.

Dem degenerierten Unternehmen wird es mit Sicherheit irgendwann passieren, dass einer oder mehrere große Kunden wegfallen – wie bei Anne und Paul. Durch den Wegfall eines Kunden reduzierte sich ihr Einkommen um 60 Prozent. Neukundenakquise war jahrelang kein Thema gewesen, aber nun notwendig. Allerdings war im Laufe der Zeit und des Wildwuchses ohne Konzept die Erkennbarkeit nach außen verloren gegangen. Die beiden boten alles an, was es so an Agenturleistungen gibt: Design, Werbung, Websites, Text. Die Zielgruppe war ähnlich bunt: kleine Firmen mit zwei Mitarbeitern genauso wie mittlere Unternehmen mit 1000 Angestellten. Um den Kundenverlust auszugleichen, zogen sich Anne und Paul alles an Land, was Geld bezahlte. Somit kamen sie aus dem Hamsterrad gar nicht mehr raus.

Baustopp

Es gibt leider sehr oft das Phänomen, dass Unternehmer faul werden. Selbst Marketingexperten vergessen für sich selbst den Produktlebenszyklus. Sie nehmen dann eine Art Vogel-Strauß-Haltung an: Kopf in den Sand stecken, nicht hingucken, mir passiert das nicht. Es läuft ja auch gut, Aufträge kommen – warum soll ich handeln? Es gibt kein *Slow Growing*, sondern einen Baustopp. Und der führt unweigerlich in die Degeneration.

Für mich ist das vergleichbar mit einem Angestellten, der 15 Jahre den gleichen Job macht und irgendwann von der Kündigung überrascht wird. Beim Bewerben stellt dieser Angestellte dann fest, dass seine Gehaltsvorstellungen überzogen sind und seine Qualifikationen veraltet. Auch er muss sich dann oft neu erfinden. Die Haltung mancher Unternehmer vom Typ Selbstständiger (nicht der Entrepreneure!) ist genau die gleiche. Solange es »läuft«, stellen sie das Denken bezogen auf ihre persönliche Entwicklung und die Entwicklung des Unternehmens ein. Dabei wäre es so wichtig …

- sich und seine Qualifikationen immer wieder mit anderen zu vergleichen,
- sich und sein Angebot immer wieder zu überprüfen und weiterzuentwickeln,
- regelmäßige Analysen der Kunden und Aufträge durchzuführen.

Die Selbstständigen, die in Phase 2 stecken bleiben, lassen Qualifikationen schleifen, bemühen sich nicht mehr darum, konkurrenzfähig zu sein. Im übertragenen Sinn vernachlässigen sie meist auch ihr Äußeres, überarbeiten zum Beispiel die Website jahrelang nicht, lassen ihre Profile im Internet verlottern, streichen auf Visitenkarten alte Adressen durch, um neue darüber zu schreiben. Motto: Investitionen erst mal nicht … es läuft ja noch einigermaßen!

Wildwuchs

Viele Selbstständige sind wild gewachsen, haben alles gemacht, was sich ihnen anbot, und sind nun eine Art Kraut-und-Rüben-Laden ohne Schwerpunkt, latent unzufrieden mit ihrer Situation, aber nicht aktiv handelnd. Denn einige Nebenerscheinungen leiten in einen Teufelskreis:

- Die Preise sind bei den Selbstständigen-Unternehmern so, dass sie Mitarbeiter-Einstellungen gar nicht zulassen.
- Einen zeitlichen Puffer für notwendige Veränderungen gibt es nicht.
- Springen große Kunden ab, bricht das unternehmerische Konzept zusammen, denn es gibt zu wenige Standbeine.

Also wird der Kraut-und-Rüben-Laden lieber geflickt.

Kopf & Kunden

Ich möchte Ihnen dazu ein Bild malen. Stellen Sie sich vor, der Mensch würde immer größer werden – und nicht etwa mit 15 oder 16 Jahren ausgewachsen sein, um fortan persönlich zu wachsen. Es wäre ständiger Stress. Er müsste sich anstrengen, durch Türen zu gehen, tausend Tricks erfinden – aber um die zu entwickeln, wäre er vielleicht zu dumm. Denn das persönliche Wachstum bliebe auf der Strecke, das Gehirn auf dem gleichen Stand wie mit 15 oder 16. So etwas passiert meiner Meinung nach oft mit zu schnell wachsenden Unternehmen. Sie werden größer, kommen aber »persönlich« nicht mit. Im schlimmsten Fall verlieren sie ihre Persönlichkeit wie der Cirque du Soleil.

Übertragen auf Sie als Unternehmen bedeutet das: Wenn Sie eine bestimmte Größe erreicht haben und sich gegen betriebswirtschaftliches Wachstum entscheiden, konzentrieren Sie sich auf Ihren Kopf und Ihr Kundenangebot. Das ermöglicht persönliches Wachstum – und mit der Zunahme des »Kopfvolumens« wächst auch der Erfolg. Umsatzwachstum ist dabei ein Kann, und kein Muss.

Der Charme des Immer-Neuen

Das bedeutet: Verändern Sie sich! Damit sind wir bei der dritten Möglichkeit angekommen, am Markt zu überleben. Einer Möglichkeit, die einen charmanten Zusatznutzen hat. Wer sich im Einklang mit der eigenen Entwicklung verändert, gewinnt Zufriedenheit und tut einiges gegen Bluthochdruck, andere Stresserscheinungen sowie für sich selbst, die Familie und Freizeit. Hören Sie auf sich selbst und auf das, was Ihnen wichtig ist. Dann können Sie betriebswirtschaftlich unvernünftige Entscheidungen treffen – die trotzdem richtig sind, für Sie, Ihre Mitarbeiter, Ihr Unternehmen.

Gegen die BWL

Als mein Steuerberater mich vor einigen Jahren zur betriebswirtschaftlichen Zahlenanalyse bat, mahnte er an, meine Umsatzrendite sei im Jahresvergleich gesunken. Ich bekam erst einmal ein schlechtes Gewissen: unproduktive Mitarbeiter und auch sonst zu hohe Ausgaben. Doch je mehr ich darüber nachdachte, desto gleichgültiger wurde mir dieses Verhältnis zwischen Umsatz und Gewinn, das Steuer- und Unternehmensberater nach einem Branchenschlüssel in »gut« und »schlecht« einteilen. Ich zog das Fazit: Mein Gewinn reicht mir völlig aus. Wenn ich anders arbeiten würde, könnte ich zwar mehr »rausholen«. Doch ich leiste mir Mitarbeiter, um mich auf das zu konzentrieren, was ich gern mache. Meinetwegen sind sie unproduktiv.

Eine meiner Kolleginnen hat der mahnende Anruf des Steuerberaters nach der betriebswirtschaftlichen Analyse dazu gebracht, ein wunderschönes Büro aufzugeben, das sie mit einem anderen Unternehmen teilte. Sie zog um in ein graues Standardbüro für die Hälfte der Miete. War sie dort zufriedener? Die Maßnahme erwies sich als in jeder Beziehung kontraproduktiv. Sie fühlte sich nicht wohl, war plötzlich allein mit ihrer Mitarbeiterin und verlor die Lust an der Arbeit. Folglich brach der Umsatz ein. Da half es auch nicht, dass die Umsatzrendite nun besser war. Bei allen Veränderungen und notwendigen Entscheidungen dürfen Sie also nie vergessen, dass es zwar wichtig ist, Zahlen zu kennen, diese als einzige Grundlage für eine unternehmerische Entscheidung aber nicht ausreichen.

Spaß

Denn: Der wichtigste Grund, sich dem üblichen Wachstumszwang und den gängigen betriebswirtschaftlichen Denkweisen zu entziehen, sind Sie selbst. Schließlich ist es Ihr Unternehmen! Auch die Motivation, aus der Sie es gegründet, gekauft oder aufgebaut haben, gehört allein Ihnen. Ob Ihnen Sicherheit wichtig ist, mehr Freude an der Arbeit oder eine bessere Vereinbarkeit mit der familiären Situation – erlauben Sie sich die Veränderung, die zu Ihnen passt. Zum Beispiel deshalb, weil Sie so auch langfristig den Spaß an der Arbeit behalten.

Veränderung ohne Druck

Sie verhindern so auch, dass irgendwann Druck durch die »Degeneration« entsteht. Dies ist spätestens dann der Fall, wenn die Umsätze einbrechen wie bei Anne und Paul, die sich nie mit Veränderung und der eigenen Entwicklung beschäftigt hatten. Was für mich selbstverständlich ist – sich und das eigene Unternehmen immer neu zu überdenken, ja zu erfinden –, war für Anne und Paul ein komplett neuer Gedanke. Aber ein sehr wichtiger. Was ist also zu tun?

Wenn Sie sich permanent nach dem Slow-Grow-Prinzip entwickeln würden, also jährliche Wachstumsprojekte ansetzten und sich immer neu sortierten, könnten Sie nie in Phase 2, dem Hamsterrad, landen wie Anne und Paul. Sind Sie einmal drin, beginnen Sie die 360°-Analyse und das Wachstumsprojekt.

Um den eigenen Handlungsbedarf zu erkennen, ist es wichtig, sich die Entwicklungsphasen von kleinen Unternehmen anzuschauen. Kleine Unternehmen durchlaufen verschiedene Phasen, die mit dem Anlegen eines Gartens vergleichbar sind.

1. Sie säen aus: In dieser Phase ist es das Etappenziel, in die selbstständige Tätigkeit reinzukommen. Sie möchten ausprobieren, wo Samen aufgeht und wo sich also Geld verdienen lässt. Sie sind in der Gründungsphase.

2. Sie ziehen hoch: Dort, wo Samen aufgehen, gießen Sie die Pflanzen (die Kunden). Ihr Etappenziel in dieser Phase ist das Überleben. Sie möchten so viel verdienen, dass die Existenz gesichert ist. Das ist die Existenzsicherungsphase.

3. Sie verschönern alles: Sie entscheiden sich für Rosen, Tulpen oder gemischte Blumenbeete. Ihr Etappenziel ist jetzt das Professionalisieren: Sie möchten, dass Ihr Garten attraktiv ist. Diese Etappe fällt leider bei einigen Selbstständigen raus, denn im Gegensatz zu den anderen Phasen erfordert Phase 3 einen bewussten Prozess, Beratung und / oder ein Wachstumsprojekt im Sinne der Slow-Grow-Methode. Dies ist die Professionalisierungsphase.

4. Sie beschneiden: Ihr Etappenziel ist jetzt das Erfolgsmanagement. Sie möchten lernen, sich nicht im Hamsterrad zu drehen und ständig dem Unkraut hinterherzujagen. Das ist Ihre »Hamsterradphase«.

5. Sie machen aus Ihrem Garten etwas Besonderes: Ihr Etappenziel ist es jetzt, etwas aufzubauen, das Ihnen entspricht und weiter oder wieder Spaß macht. Sie möchten raus aus dem

Hamsterrad und nicht mehr dauernd Unkraut zupfen. Sie sind in der Veränderungsphase.

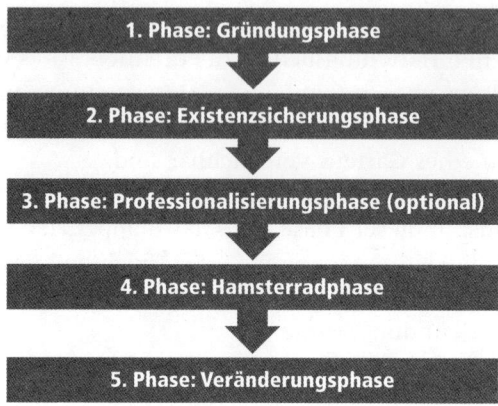

Die vierte Phase, die ohne einen bewussten Prozess meist die dritte ist, ist extrem anstrengend. Wir haben zu Hause einen großen Garten, deshalb weiß ich, was Unkrautzupfen bedeutet: ständig Hinterher-Sein. Kaum haben Sie an der einen Seite etwas ausgerupft, sprießt an einer anderen Stelle etwas Neues. Das Spiel können Sie nicht gewinnen, wenn Sie nur reagieren. Das heißt im übertragenen Sinn: Wenn Sie nur den Aufträgen hinterherjagen und alle Anfragen zu erfüllen suchen, werden Sie über kurz oder lang unzufrieden.

Um aus der vierten (oder teilweise dritten) Phase herauszukommen, müssen Sie sich mit der fünften beschäftigen, der Veränderungsphase. Erst einmal: Was nach der fünften Phase kommt, ist mindestens so toll wie der erste Auftrag. Mehr Zeit für Sie selbst, auswählen können, gefragt sein, ein Privatleben haben. Doch dieses Danach gibt es nicht geschenkt. Es kostet Zeit. Wer Zeit braucht, muss vielleicht auf Aufträge verzichten und eine Phase geringerer Einnahmen in Kauf nehmen. Oder eine ganz andere Lösung finden.

Anne und Paul entschieden sich in ihrer Veränderungsphase, für die laufenden Projekte jemanden einzustellen, um sich selbst ihrer Zukunft widmen zu können. Sie wollten sich, so kam nach Analyse und Wachstumsprojekt heraus, fortan voll auf einen Bereich konzentrieren, in dem sie ihre Stärken erkannten: Storytelling mit Bild, Video, Text und Ton. Aus einer Wir-machen-alles-Agentur sollte so ein Unternehmen mit besonderem Angebot werden.

PRAXISTEIL:
Wie Sie die fünfte Phase zu nachhaltigem Wachstum nutzen

Es beginnt mit zwei Analyse-Tagen pro Jahr. Am ersten Tag schauen Sie sich genau an, was Sie einnehmen und wofür, am nächsten arbeiten Sie aus, welche Konsequenzen das für Sie und Ihre Produkte im nächsten Jahr haben wird. Wenn Sie Ihr Unternehmen mit anderen zusammen im Team führen, dann organisieren Sie für diesen Zweck einen Workshop und am besten auch einen Moderator. Bitten Sie alternativ oder zusätzlich die drei Kritiker zu Tisch. Die Analyse-Grundlage sind drei Übersichten: Einnahmen, Aufträge und Kunden.

Gute Kunden, schlechte Kunden

Die Einnahmenübersicht bewerten Sie mit einem Spaß- und einem Geldfaktor. Hier das Beispiel des Unternehmensberaters und Trainers Winfried:

Produkt	Auftrag-geber	Einnahme gesamt	Durchschnitt-licher Stun-densatz (mit Reise, Vor- und Nach-bereitung)	Spaß-faktor	Geld-faktor
Team-entwicklung	A	5000 Euro	150 Euro	☺	☺
Training Präsentation	B	4000 Euro	80 Euro	☹	☹
Vortrag	C	1000 Euro	200 Euro	☹	☺

Zwar bringt der Vortrag am meisten Geld ein, hat aber den gerings-ten Spaßfaktor. Warum ist der Spaßfaktor so niedrig? Langweilt das Thema? Mag Winfried das Reisen nicht? Fühlt er sich dem Vortrag nicht oder noch nicht gewachsen? Je nach Fazit könnte dies am Ende bedeuten, dass das Produkt »Vortrag« ganz gestrichen wird – oder aber Schritt für Schritt ausgebaut.

Wenn das Fazit lautet: Weiter ausbauen, um zu testen, ob der Be-reich nicht doch passend sein kann, ist die nächste Frage, auf wel-che Art und Weise dies geschehen kann.

- Wo lassen sich neue Auftraggeber für Vorträge finden?
- Was muss in der Unternehmens- und Selbstdarstellung geändert werden, damit dies gelingt?

Ziemlich eindeutig ist, dass das Präsentationstraining weder Geld noch Spaß bringt. Bei der näheren Analyse kommt heraus, dass Winfried sich dem Thema, mit dem er ins Geschäft eingestiegen ist, entwachsen fühlt. Er hat es aus Sicherheits- und Loyalitätsgründen in seinem Portfolio gehalten, glücklich ist er damit nicht. Jetzt kann er sich fragen:

- Kann ich das Produkt sofort oder schrittweise aufgeben?

- Wenn ja: Wie mache ich das? Könnte ich einen Mitarbeiter, Subunternehmer oder Kooperationspartner damit beauftragen? Kann ich jemanden finden, der das Thema übernimmt und mir eine Provision bezahlt?

- Wenn nein: Wie ziehe ich mich aus dem Auftrag zurück? Gibt es eine Übergangslösung? Wage ich den großen Schnitt und gebe das Produkt sofort auf?

Ein anderes Beispiel:

Produkt	Auftrag- geber	Einnahme gesamt	Durchschnitt- licher Stun- densatz (mit Reise, Vor- und Nach- bereitung)	Spaß- faktor	Geld- faktor
Lektorat	A	1600 Euro	30 Euro	☺	☹
Lektorat	B	500 Euro	25 Euro	☺	☹
Textauftrag Website	C	1000 Euro	85 Euro	☺	☺

Bei der Lektorin ist das Produkt für Auftraggeber B das Problem. Es wird mit einem zu niedrigen Stundensatz honoriert, zudem ist das Projekt insgesamt zu klein. Da es noch nicht einmal Spaß macht, ist hier das Streichpotenzial groß. Die gute Honorierung für den Textauftrag legt nahe, sich in diesem Bereich zu verstärken, zumal auch der Spaßfaktor stimmt.

Hier sind die zentralen Fragen:

- Hätte es negative Konsequenzen für meine Gesamtauftragslage, wenn ich B aufgebe?

- Wie kann ich mehr Textaufträge gewinnen? Was muss ich dafür tun?

- Kann ich – um Zeit zu gewinnen, diesen Bereich auszubauen – den Stundensatz bei Auftraggeber A erhöhen, um gleichzeitig B aufgeben und dadurch Zeit sparen zu können?

Das Lieblingskundenprinzip

Nach dem gleichen Prinzip können Sie auch Auftraggeber beziehungsweise Kunden bewerten. Sicher haben auch Sie Idealkunden, solche, von denen Sie gern mehr hätten.

Lieblingskunden sind zufrieden mit Ihrer Arbeit, ja begeistert, mögen Ihren Arbeitsstil und auch persönlich kommen sie gut mit Ihnen zurecht. Viele machen den Fehler, nach jedem Fisch, also Kunden, zu angeln, der essbar ist. So entstehen Konkurrenz und Vergleichbarkeit.

Beispiel: Zwei Designer buhlen unter Existenzgründern um Kunden. Sie bieten exakt die gleiche Dienstleistung für die gleiche Zielgruppe an. Diese Zielgruppe kann die Qualität der grafischen Leistung kaum einschätzen. So entsteht Preisdruck. Mit dem Lieblingskundenprinzip entdeckt der eine, das er besonders gut mit Kreativen zusammenarbeitet, während der andere lieber den Marketingleiter als Ansprechpartner hat, der ihm Layout-Aufträge gibt.

Lieblingskundenanalyse

Bei der Lieblingskundenanalyse vergeben Sie Faktoren für das Wohlfühlen, für Geld, Treue (also Stammkundenpotenzial) und Empfehlungen. Wohlfühlen heißt: Mit dem Kunden geht es mir gut, ich kann positive Ergebnisse erzielen, das ist es, was ich (im Moment) will. Geld: Der Kunde bringt mir auch genauso viel, wie ich verdiene. Treue: Der Kunde ist ein Stammkunde, kommt immer wieder. Das ist ein wichtiger Faktor, den sollten Sie nie unterschätzen. Und zuletzt die Empfehlungen: Der Kunde bringt mir andere – entweder durch direkte Mundpropaganda oder durch die gute Referenz. Lieblingskunden verändern sich im Laufe der Zeit mit dem persönlichen Wachstum. Deshalb müssen die Lieblingskundenanalysen sich ebenso wie die Einnahmenanalysen jährlich wiederholen.

Wenn Sie weniger große Auftraggeber als vielmehr viele kleine Kunden haben, können Sie auch Kundengruppen definieren. Noch konkreter wird das Bild, wenn Sie sich aus jeder Kundengruppe zusätzlich ein konkretes Beispiel herausgreifen. Der Unternehmensberater arbeitet unter anderem für Maurerbetriebe. Hier hat er einen Familienbetrieb, den er sich für die Analyse vorstellt, weil dieser der Prototyp des guten Kunden ist.

Kommen wir zu einem weiteren Beispiel. Hier ein Steuerberater:

Kunde	Umsatz/ Jahr	Wohlfühl- faktor	Geldfaktor	Treue- faktor	Empfeh- lungs- faktor
A	1000 Euro	☺	☺	☺	☺
B	5000 Euro	☹	☺	☹	☹
C	700 Euro	☺	☹	☺	☺

Hier ergibt sich, dass der Kunde mit dem niedrigsten Umsatz den höchsten Wohlfühl-, Treue- und Empfehlungsfaktor hat, wohingegen der Kunde mit dem größten Umsatz einen eher »zum Heulen« bringt, was der enttäuschte Smiley symbolisiert. Es handelt sich hierbei um einen kleinen Handwerksbetrieb mit einem übellaunigen Inhaber, der zudem auf dem Absprung ist – damit droht er ständig. Der Steuerberater muss nun abwägen, was ihm persönlich wichtig ist. Könnte er noch viel mehr Kunden wie C gewinnen? C ist ein Journalist, der wenig Aufwand kostet, aber jede Menge andere Kunden bringt. Ist eine Spezialisierung denkbar? Ein besonderes Produkt für Freiberufler, zum Beispiel Paketangebote? Oder ließen sich andere Kunden wie B gewinnen, die weniger »nervig« sind?

Produktschau statt -stau

Produkt/ Dienstleistungsangebot	Umsatz / Jahr	Spaßfaktor	Imagefaktor	Zukunftsfaktor
A	30 000 Euro	☺	😐	😐
B	10 000 Euro	☺	☺	☺
C	60 000 Euro	☹	😐	☹

Welche Produkte haben Sie eigentlich? Viele Unternehmer machen sich das nicht bewusst. Dabei ist es für die Weiterentwicklung der eigenen Produkte eine wichtige Grundlage, diese genau zu kennen und die Entwicklung bewusst zu steuern. Produkte sind *der* Veränderungsmotor, auch für Dienstleister. Durch die Einführung von neuen Produkten verändern Sie Ihr Geschäftsmodell langsam, ohne das bisherige Kerngeschäft und damit das schon Erreichte zu gefährden.

Im Beispiel hat ein Trainer und Coach die Zahlen geliefert. Der größte Posten hat am wenigsten Zukunftspotenzial. Es handelt sich um ein Trainingskonzept zur Rauchentwöhnung, das er nicht mehr überzeugend vertreten kann. Der hohe Umsatz ist nach einigen Jahren am Markt mit wenig Spaß verbunden. Außerdem passt das Thema nicht mehr zu seinen anderen Produkten – die aber noch sehr viel weniger Geld einbringen. Der Trainer kann es sich jedoch noch nicht leisten, das Produkt ganz zu ändern. Eine mögliche Strategie: Das Produkt C immer weiter hinter den anderen »verstecken« und weniger Trainings machen, um Zeit zu gewinnen. Dies ermöglicht es, Produkt B weiter auszubauen. Produkt A läuft vorerst weiter wie bisher. Wenn sich etwas Neues entwickelt hat, kann er seine Produkte erneut betrachten – und neue Maßnahmen entwickeln.

EKP-Faktoren

Ihre Analyse-Tage verbringen Sie also damit, Einnahmen (E), Kunden (K) und Produkte (P) zu analysieren – EKP. Wenn Sie so vorgehen und regelmäßig Ihre EKP-Faktoren analysieren, werden Sie nicht umhinkommen, sich über die Zukunft Gedanken zu machen. Was wollen Sie im nächsten Jahr erreichen, unter welches Motto stellen Sie die folgenden zwölf Monate? Was soll im nächsten Jahr passieren? Ist es Ihr Umsatzstabilisierungsjahr? Ihr Expertenjahr? Ihr Internetjahr? Ihr Neues-Produkt-ABC-Jahr? Ihr Außenauftrittsjahr? Ihr …?

Es muss nicht die Jahreswende sein, zu der Sie sich damit beschäftigen: Das ist immer möglich. Schreiben Sie auf, was Sie vorhaben und welche Schritte Sie dahin führen sollen. Das gibt Ihrem Vorhaben etwas Verbindliches. Probieren Sie es mal aus. Aufschreiben überbrückt den Graben vom Denken zum Handeln. Was aufgeschrieben ist, wird sehr viel eher umgesetzt als das, was nur im Kopf ausgedacht wird. Orientieren Sie sich bei den weiteren Schritten am Slow-Grow-Prinzip für Wachstum aus Kapitel 2.

Fragen Sie sich: Welche Schwellen möchten Sie übertreten? Wie groß sind Ihre Schritte? In der Veränderungsphase stellt sich die Frage nach der weiteren Entwicklung:

- Möchte ich Aufgaben an jemanden »outsourcen«, der Kosten produziert, aber nichts selbst erwirtschaftet?
- Will ich mit freiberuflichen Partnern arbeiten?
- Will ich mich mit einem Partner zusammentun?
- Brauche ich (mehr) Mitarbeiter?

■ Wie kann ich mein Geschäft insgesamt so einstellen, dass es für mich angenehm bleibt?

Ich möchte Ihnen im Folgenden ein paar Möglichkeiten skizzieren, die Veränderung und persönliches Wachstum ermöglichen – und gleichzeitig das Verlassen des Hamsterrads.

Teurer werden

Die einfachste Maßnahme liegt darin, die Preise zu erhöhen. Wenn Sie so gefragt sind, dass Sie kaum noch Luft holen können, dann können Sie sich das meist leisten, sofern Sie eine gewisse Alleinstellung haben. Das kann schrittweise erfolgen, damit Sie Ihre vorhandenen Kunden nicht vor den Kopf stoßen. In manchen Bereichen ist es nicht einfach möglich, das Honorar hochzusetzen. Hier müssen Sie erst einmal verhandeln und Argumente liefern. Diese dürften allerdings auf Ihrer Seite sein, wenn Sie so gut im Geschäft sind. Ausnahme: Sie haben die falschen Kunden oder arbeiten in einem Bereich mit traditionell schlechtem Honorarniveau, etwa in der Kultur.

Zielgruppe verkleinern

Sollte das der Fall sein, sortieren Sie Ihre Kunden wie oben gezeigt. Sortieren Sie dann nach einer ABC-Analyse in gute (A), mittlere (B) und schlechte (C) Kunden – hinsichtlich der Bezahlung. Erinnern Sie sich an Harry und Sally, die beiden Lektoren aus Kapitel 2: Sie hatten ihre C-Kunden an eine junge Selbstständige übergeben, die sich darüber freute.

Sie können nun auch den Teil Ihrer Zielgruppe hegen, von dem Sie gern »mehr« hätten – siehe Lieblingskundenprinzip. Machen

Sie allerdings nicht den Fehler, die anderen vor den Kopf zu stoßen. Ein Werbedruckstudio lehnte den Auftrag eines kleineren
Geschäfts zum Bekleben der Fenster mit Milchglasfolie ab. Die In-
haberin hatte sich vorgenommen, nur noch Kunden zu bedienen,
die mehr als 1000 Euro Auftragsvolumen brachten. Der Ärger des
abgelehnten Unternehmers zog weite Kreise. Es sprach sich herum, dass die Firma arrogant und nicht dienstleistungsorientiert sei.
Überlegen Sie sich auch gut, ob Sie Auftragsvolumina als Entschei-
dungsgröße heranziehen wollen. Immerhin hätte aus dem kleinen
Laden schnell ein großer werden können. Auf keinen Fall sollten
Sie solche Entscheidungskriterien kommunizieren – jedenfalls sofern Sie nicht mit einer Spezialisierung begründbar sind.

Eine Steuerberatungskanzlei lehnte Existenzgründer ab, wenn
sie nicht genügend Umsatzpotenzial versprachen. Die Telefonistin
wurde speziell dazu ausgebildet, am Telefon herauszuhören, welche Anfrage interessant war und welche nicht. Die uninteressan-
ten bekamen einfach zu hören, dass man im Moment keine neuen
Kunden annehmen könne. So ein Vorgehen ist grundsätzlich in
Ordnung. Eine weitere Möglichkeit wäre es, die Zielgruppe anhand
der Größe zu klassifizieren.

Partnerprinzip

Mit dem Partnerprinzip können Sie einen ähnlichen Effekt erreichen. Wenn Sie bisher auch kleine Videoproduktionen, zum
Beispiel für Hoteliers, angeboten haben, können Sie sich bei ent-
sprechender Auslastung auf große Projekte konzentrieren. Für die
kleinen finden Sie bestimmt einen Partner, der diese übernimmt.
Alternativ gründen Sie zum Beispiel eine GbR, um die anderen
Projekte unter deren Dach abzuwickeln. Sie sind dann an der GbR
beteiligt und profitieren vom Gewinn. Wenn Sie ein finanzielles Risiko eingehen, könnte auch die Unternehmergesellschaft UG (auch
Mini-GmbH) oder die GmbH eine Alternative sein. Möchten Sie

sich nicht auf diese Weise binden, überlegen Sie, ob Sie jemanden auf Auftragsbasis engagieren können, der die kleinen Projekte übernimmt. Der Vorteil: Sie verdienen, ohne sich selbst allzu stark hineinhängen zu müssen. Möchten Sie das gar nicht tun, vermitteln Sie die überschüssigen Aufträge auf Provisionsbasis an Partner. Lassen Sie sich zum Beispiel 10 bis 15 Prozent als Vermittlungsprovision bezahlen – verschenken müssen Sie wirklich nichts.

Reduzieren

Sie können auch bestimmte Angebote einfach aus Ihrem Sortiment streichen. Welche das sind, sollte ebenfalls eine ABC-Analyse zutage bringen. C-Produkte sind dann zum Beispiel die, die wenig Gewinn bringen – oder jene, die Ihnen überhaupt keine Freude mehr bereiten. Beispiel: Das Restaurant 2light hat ein Candlelight-Dinner mit korrespondierenden Weinen für unter 30 Euro angeboten. Das ist sehr nachgefragt, rechnet sich für den Inhaber aber gar nicht. Weg damit!

Es ist manchmal nicht leicht, sich zu trennen, wenn Sie eine Zeit lang mit einem Auftraggeber zusammengearbeitet und Sie ihm viel zu verdanken haben. Trennen Sie sich dann offen und fair – nicht ohne »Danke« für die wertvolle Zeit zu sagen.

Ballast outsourcen

Große Unternehmen sourcen ganze Buchhaltungsabteilungen und die komplette IT aus. Das können Sie auch in kleinerem Rahmen. Fragen Sie sich, welche Tätigkeiten Sie an einen externen Dienstleister übergeben können. Meist sind das Buchhaltung, Schreibaufträge sowie andere Office-Tätigkeiten. Auch die Telefonannahme muss in unseren modernen Zeiten nun wirklich nicht mehr vor

Ort sitzen. Mit einem externen Bürodienstleister sparen Sie meist viel Geld. Je nach Anbieter stellt dieser Ihnen auch eine Adresse und bietet weitere Leistungen an, etwa auch vorbereitende Buchhaltung. Die Honorarsätze können dabei erstaunlich niedrig sein, weil viele der Bürodienstleister Personal im Ausland haben. Solche Bürodienstleister sind zum Beispiel Regus (www.regus.de), TopBüro (www.topbuero.de) oder ebuero (www.ebuero.de).

Assistent einstellen

Manchmal brauchen Sie aber auch eine rechte Hand vor Ort. Jemand, der weiß, wie Sie ticken, der für Sie mitdenkt, Beratungsgespräche führen und Entscheidungen treffen kann. So jemanden gibt es nicht virtuell, die Person müssen Sie einstellen. Dabei ist es nicht leicht, jemanden über Anzeigen zu finden, denn Sie brauchen in einem kleinen Unternehmen auf jeden Fall eigenverantwortliche und generalistisch veranlagte Mitarbeiter. Mitarbeiter, die nur einen Job mit klaren Vorgaben suchen, sollen sich lieber bei Konzernen bewerben. Deshalb empfiehlt es sich, Ihren Assistenten aus dem persönlichen Umfeld zu rekrutieren. So können Sie auch sicher sein, dass der Job bei Ihnen nicht nur als Notlösung gesucht worden ist, was recht oft passiert, denn kleine Unternehmen sind als Arbeitgeber eher unbeliebt.

Unsichtbar werden

Wenn das Hamsterrad Sie gar nicht mehr freilässt, hilft vielleicht diese Maßnahme: abtauchen ins Nirwana. Ist Ihr »Laden« voll und sieht es so aus, als würde dies auch so bleiben, müssen Sie sich mit Marketing nicht weiter aus dem Fenster lehnen und winken. Behalten Sie eine bescheidene Präsenz im Internet und strengen Sie sich ansonsten nicht weiter an, gefunden zu werden. Dies gilt vor allem dann, wenn Sie bestimmte Preisschwellen nicht überschreiten möchten.

Ein Spezialist für ein Naturheilverfahren wollte aus ethischen Gründen sein Honorar nicht über ein bestimmtes Maß erhöhen. Darum verlängerten sich die Wartezeiten auf bis zu sechs Monaten. Er löschte sogar seine Internetpräsenz und machte sich »unsichtbar«.

Neues entwickeln

Gerade Freiberufler haben ein ganz eigenes Thema: Sie verkaufen ihren Kopf. Es gibt nur Geld, wenn sie etwas tun. Deshalb haben viele Freiberufler irgendwann den Wunsch, etwas aufzubauen, das nicht von ihrer eigenen Person abhängig ist. Vielleicht entwickeln sie ein Trendbuch, gründen einen Verlag, konzipieren eine Datenbank oder eröffnen ein Ladengeschäft. Vielleicht tun sie sich mit anderen zusammen, um sich gemeinsam neue Zielgruppen zu erschließen.

Sich rarmachen

Nur noch vier Stunden die Woche arbeiten? Leben auf Mallorca oder wie Gott in Frankreich? Das ist möglich, wenn Sie Ihr bisheriges Konzept sehr besonders gestalten. Dem Autorenduo Anja Förster und Peter Kreuz ist das gelungen. Sie sind hochbezahlte Vortragsredner, arbeiten aber nur eine begrenzte Zeit und im Sommer gar nicht. Die Trainerin Claudia Kimich verbringt im Sommer stets zwei Monate auf Korsika, wo sie eine Surfschule betreut. Die Kunden haben sich daran gewöhnt.

Ihr Karriereweg

Wohin führt Sie Ihr Weg? Das ist eine spannende Frage, die Sie sich wahrscheinlich wie ich immer wieder neu stellen. »Alles ist offen«, sagen etwa die beiden Unternehmerinnen Sybille Riepe und Jule Claussen von Motum. »Es kann sein, dass wir in zehn Jahren etwas ganz anderes machen.«

Auch für mich persönlich ist alles möglich: Ich gründe gerade ein weiteres Unternehmen. Es kann auch sein, dass ich mal einen Roman schreibe. Ein Ferienhaus baue und vermiete. Oder ein gemütliches Café am Meer aufmache. Es wäre verrückt, diese ganzen Möglichkeiten in eine Planung zu fassen. Vieles ist möglich, auch Schritte, die nach außen hin als Rückschritte gewertet werden könnten.

Zum Abschluss möchte ich deshalb die Worte von einem zitieren, der Unternehmer war und heute als »kleiner Selbstständiger« arbeitet: Hans Daumüller. Der Maschinenbauingenieur war 30 Jahre als Unternehmer tätig, bevor er seine Heilpraxis eröffnete. »Die Erkenntnis über Sinn und Inhalt des persönlichen und beruflichen Lebenswegs ist für mich ein Prozess. Diesen Weg zu gehen, bedeutet damit auch, sich auf die Suche zu begeben und zu der Berufung zu finden, die dem eigenen Leben, den eigenen Wertvorstellungen angemessen ist und die zudem Chancen für eine Weiterentwicklung bietet.«

Langsames Wachstum, das *Slow Growing*, ist nichts anderes als eine der eigenen Persönlichkeit und nicht dem Geldbeutel oder einem äußeren Erfolgsdruck angemessene Weiterentwicklung.

TEIL II

Wie wachsen andere?

Interviews mit Slow-Grow-Unternehmern und -Gründern

Im zweiten Teil dieses Buches möchte ich Ihnen einige Unternehmer und Gründer vorstellen, die unterschiedlicher nicht sein können. Das gemeinsame Band: Jeder macht sein eigenes Ding und ist auch ohne ein riesiges Wachstum zufrieden mit dem, was er tut. So zeigen die Beispiele ganz unterschiedliche Modelle der Selbstständigkeit, aber letztendlich ähnliche Lebensentwürfe. Keinem von ihnen geht es vordergründig um Reichtum und ständiges betriebswirtschaftliches Wachstum; im Mittelpunkt steht stets eine persönliche Motivation: Deshalb sind sie ideale Beispiele für das Slow-Grow-Prinzip, wie Sie es in diesem Buch kennengelernt haben.

I. Die Positionierungsexpertin und Managerin, 3 Jahre am Markt

Ulrike Nau war Verlagsmanagerin eines Unternehmens, das seit Generationen nachhaltige Produkte und nachhaltiges Wirtschaften in den Vordergrund stellt. Nachhaltigkeit ist ihr auch in ihrer Selbstständigkeit wichtig, die sie parallel betreibt. Als Coach und Beraterin unterstützt sie junge und mittelständische Unternehmen bei ihrer Positionierung und beim Aufbau eines glaubwürdigen Außenauftritts. Dabei sind ihr Unternehmerpersönlichkeit und Authentizität sehr wichtig. Aus ihrer Sicht sind es die entscheidenden Faktoren für eine gesunde Unternehmensentwicklung. Webadresse: www.ulinau.de

■ **Viele predigen eine Spezialisierung und absolute Nischenpolitik als Erfolgsrezept. Für Sie ist etwas anderes wichtiger …**

Es spricht nichts gegen Spezialisierung. Ein Unternehmen mit einem Nischenprodukt kann ebenso erfolgreich werden wie ein Unternehmen, das Produkte oder Dienstleistungen für ein breites Kundenspektrum anbietet. Zwei Punkte sind allerdings wesentlich: Erstens machen Zusatzkompetenzen das Nischenprodukt interessanter und heben den Anbieter von Mitbewerbern ab. Und zweitens kommen erfahrungsgemäß sämtliche zusätzliche Kompetenzen, insbesondere solche auf persönlicher Ebene, dem Unternehmen zugute. Dies betrifft sowohl die Firmenleitung als auch die Mitarbeiter.

■ **Was macht aus Ihrer Sicht eine Unternehmerpersönlichkeit aus?**

Jede private oder unternehmerisch wirtschaftende Person besitzt eine Persönlichkeit, man könnte auch von »Charakter« sprechen. Erfolgreiche Persönlichkeiten besitzen allerdings ein unverwechselbares »Standing«. Sie strahlen eine Glaubwürdigkeit aus, die man auch als »Präsenz« oder »Authentizität« bezeichnen kann. Diese entsteht weder durch das Lesen von

Fachliteratur noch durch andere Formen der Wissensvermittlung, sondern – sofern man diese Qualitäten nicht natürlicherweise mitbringt – durch ehrliche Auseinandersetzung mit den eigenen Verhaltensweisen. Wir kennen das alle: Manchmal verhalten wir uns Kunden oder Mitarbeitern gegenüber genau so, wie wir es nicht wollten, aber wir haben es in diesem Moment einfach nicht anders gekonnt.

Unser Verhalten beruht vorwiegend auf Gewohnheiten und läuft meist unbewusst ab. Wir reagieren einfach und wissen nicht, wie wir ähnliche Situationen in der Zukunft erfolgreicher meistern können. Erst die Selbstwahrnehmung und die Bewusstwerdung unseres gewohnheitsmäßigen Verhaltens eröffnen neue Handlungsspielräume. Die Erweiterung dieser Möglichkeiten und deren Umsetzung macht uns dauerhaft zur Unternehmerpersönlichkeit – das ist nichts, was über Nacht passiert.

■ **Wie finde ich meine eigene Unternehmerpersönlichkeit?**

Die Unterstützung eines kompetenten Sparringspartners, wie zum Beispiel eines professionellen Coachs, ist dabei sehr hilfreich. Die Entwicklung einer starken Unternehmerpersönlichkeit ist allerdings ein dauerhafter Prozess. Aber niemand muss deswegen in eine regelmäßige Arbeit einsteigen, sondern kann bereits durch einige Coaching-Stunden oder einen qualitativ hochwertigen Workshop ganz neue Möglichkeiten für sich entdecken.

Der angenehme Nebeneffekt: Jeder dazugewonnene Handlungsspielraum wirkt sich nicht nur positiv auf den Unternehmenserfolg, sondern auch auf die Zufriedenheit im privaten Umfeld aus. Die Investition lohnt sich also.

■ **Wie finden Selbstständige, die sich nie mit ihrer Persönlichkeit als »Erfolgsbrücke« zum Kunden beschäftigt haben, sondern nur mit dem Verkauf von Produkten, zu sich selbst zurück?**

Wie gesagt: Das ist nichts, was über Nacht passiert. Es erfordert zunächst den Entschluss, die eigenen Potenziale, die wir alle haben, kennenlernen zu wollen. Es macht Spaß, die antrainierten Gewohnheiten einmal beiseite zu lassen und zu entdecken, was noch alles in uns steckt. Die erste Coaching-Stunde oder das erste Seminar ist bereits die Eintrittskarte in die Welt ganz neuer Möglichkeiten – vorausgesetzt, man vertraut sich einem äußerst erfahrenen Gegenüber an, das die eigene Persönlichkeit bereits entwickelt hat.

- **Das Wachstumsdenken ist in unserer Gesellschaft sehr verbreitet. Muss jedes Unternehmen wachsen?**

Aber nein. Es gibt durchaus erfolgreiche Unternehmen, die sich bewusst gegen konstantes Wachstum entscheiden. Manche Persönlichkeiten sind dazu prädestiniert, ihr Unternehmen zum Wachstum zu führen. Andere möchten ihre Größe, einmal an einem stabilen Niveau angelangt, bewusst konstant halten. Dies sehe ich immer wieder bei Anbietern von Kreativleistungen. Sobald das Unternehmen zu groß geworden ist, wachsen die einst kreativ arbeitenden Unternehmensgründer in eine rein administrative Rolle hinein, die diese kreativen Köpfe dauerhaft unzufrieden macht.

- **Anders ist das bei Unternehmen, die hohe Anfangsinvestitionen oder Kredite wieder einspielen müssen – hier ist Wachstum die Leitschnur.**

Deshalb ist es so entscheidend zu wissen, wo man hin möchte. Um aktiver Mitspieler im eigenen Unternehmen bleiben zu können, ist es von entscheidender Bedeutung, sich früh über die angestrebte Richtung im Klaren zu sein. Wir wollen doch die Rolle in unserem eigenen Unternehmen spielen, die uns dauerhaft erfüllt. In meinen Augen können Selbstständige auch nur dann den ständig erforderlichen hohen Einsatz bringen, wenn die Unternehmung noch Spaß macht.

Es geht alles zurück auf die Klarheit über die eigene Ziele, Werte und Potenziale. Je früher man sich damit auseinandersetzt, desto besser für einen nachhaltigen Unternehmenserfolg.

Deshalb ist mein Credo als Coach und Beraterin: Nehmen Sie sich gleich in der Startphase Zeit, um herauszufinden, was Ihr Unternehmen ausmacht und welche Visionen und Ziele Sie haben. Dies ist nicht nur die Basis für eine nachhaltige Unternehmensentwicklung, sondern vor allem auch für dauerhaften Spaß und Zufriedenheit an Ihrer Arbeit – die Grundvoraussetzung für nachhaltigen Erfolg!

II. Die Kommunikationsfachfrauen, 10 Jahre am Markt

Sybille Riepe und Jule Claussen sind beide Architektinnen, Mütter mit kleinen Kindern und kennen sich schon seit dem Studium. Seit zehn Jahren nun führen sie die Motum GmbH, eine »Fachagentur für medienübergreifende, informative Kommunikation klima- und gesellschaftsrelevanter Themen« mit inzwischen sieben festen und freien Mitarbeitern. Sie machen damit alles im Bereich der Kommunikation, was nicht Werbung ist – und arbeiten nur im Bereich der regenerativen Energien und innovativen Energiesysteme. Ihr Motto: »Wir machen alles, nur nicht dreckig«, also keine Kommunikation für Atomstrom. Diese Zuspitzung ist sehr erfolgreich. Es gab sie allerdings nicht von Anfang an (www.motum.net).

■ **Was war Ihre Motivation, sich selbstständig zu machen?**

SYBILLE RIEPE: Bei mir war es Zufall. Es hätte auch ein toller Architekt kommen können, mit dem ich spannende Projekte realisiert hätte. Aber der war nicht in Sicht. Stattdessen suchte Enigma damals für die erste Runde Gründer. Das fand ich spannend. Das war damals so eine Aufbruchstimmung, in der jeder motiviert war. Wir bekamen ein tolles Coaching!

JULE CLAUSSEN: Ich kannte Sybille, wusste, dass ich mit ihr wunderbar arbeiten kann und musste meine Diplomarbeit realisieren. Das konnte ich unter dem Dach ihrer Agentur. Schließlich haben wir eine GbR gegründet, die wir 2006 in eine GmbH umwandelten.

■ **Wie ist die Idee für Ihre Spezialisierung entstanden?**

SYBILLE RIEPE: Ich habe alle Arten von Aufträgen angenommen, die ich in meinem Umfeld akquirieren konnte, und auch als freie Mitarbeiterin bei einer Agentur gearbeitet. Der Themenschwerpunkt kam später: weil wir uns für regenerative Energien interessieren und weil dann zufällig der erste Auftrag kam, über einen Kontakt meines Mannes. Aus dem ersten wurde dann ein zweiter. Und so weiter. Im Businessplan stand das alles noch ganz anders.

JULE CLAUSSEN: Es war Sybille, die 2000 die Agentur gegründet hat. Ich habe damals noch studiert und bin erst ein Jahr später dazugekommen. Das hat sich alles ganz ideal gefügt. Auch dass wir uns mit unseren Kompetenzen so gut ergänzen. Sybille ist für die Kundenkontakte zuständig, ich für das Geld und die Kalkulationen.

■ **Sie haben Ihr Angebot also nach und nach zugespitzt. Ist das mutig?**

SYBILLE RIEPE: Ja, wir haben uns immer mehr konzentriert. Wir haben gemerkt, wie wichtig das Fach-Know-how für unsere Kunden ist. Wir kennen uns mit Brennstoffzellen und Wasserstofftechnologie aus. Deshalb sind wir für unsere Kunden ein Gesprächspartner auf Augenhöhe.

JULE CLAUSSEN: Ja, eine Spezialisierung erfordert Mut, weil man Aufträge ablehnen muss. Gleichzeitig bekommt der Kunde ein klareres Bild. Wir haben jetzt ein Alleinstellungsmerkmal und können uns so auch gegen große Agenturen in Pitches durchsetzen.

■ **Wollen Sie weiter wachsen?**

SYBILLE RIEPE: Das wissen wir nicht so genau. Die Arbeit wird immer mehr, aber es sind Grenzen des Wachstums da. Wir wollen ein Privatleben behalten, schließlich sind wir Mütter. Das Wachstum ist aber auch durch die Art unserer Positionierung begrenzt. Unsere Arbeit ist ganz eng mit uns selbst verknüpft, es gibt einen hohen »Nasenfaktor«. Auch wenn wir mittlerweile sieben Mitarbeiter haben, sind wir die Ansprechpartner für die Kunden. Es ist kaum vorstellbar, dass jemand anderes diese Rolle übernehmen könnte.

JULE CLAUSSEN: Und wenn, dann müssten wir Gehälter zahlen, die wir uns so gar nicht leisten könnten. Das wäre dann wohl mehr, als wir selbst bekommen.

■ **Also kein Wachstumsplan?**

SYBILLE RIEPE: Wir haben uns entschieden, bis zum nächsten Schritt zu denken. Wir wollen langsam wachsen, erst noch mal einen weiteren Mitarbeiter einstellen, dann sehen wir, was danach kommt.

JULE CLAUSSEN: Wir haben auch das Honorarniveau angehoben, aber natürlich gibt es Grenzen, weil die Kunden ja genau das schätzen: Wir sind klein, flexibel und bezahlbar.

■ **Wo stehen Sie in zehn Jahren?**

SYBILLE RIEPE: Alles ist möglich. Ich bin da offen für alles, was sich ergibt. Es macht Spaß, bei Motum zu arbeiten, aber es ist auch möglich, dass wir irgendwann ein anderes Thema finden.

JULE CLAUSSEN: Ich sehe das auch so. Für mich ist es wichtiger als für Sybille, einen Plan zu haben, die Richtung zu kennen. Der muss dann nicht aufgehen, aber zumindest für die nächste Zeit, sagen wir ein Jahr, gibt er eine Linie vor. Die Kunst ist aus meiner Sicht, einen Plan zu haben, aber zu erkennen, wann man abweichen sollte.

III. Die Headhunters, 3 Jahre am Markt

*Guido Engler war CEO und CFO, also als Topmanager ganz oben an-
gekommen. Doch zufrieden? In der Tretmühle des Erfolgs fehlte ihm
etwas. Genauso ging es seinem ehemaligen Studienkollegen Jens Grützmacher. Beide sind seit drei Jahren unter der Firmierung Grützmacher
Engler GmbH als Headhunter für das mittlere und höhere Management tätig. Engler ist weiterhin auch Coach aus Leidenschaft (www.
gruetzmacher-engler.de).*

■ **Warum haben Sie sich selbstständig gemacht?**

JENS GRÜTZMACHER: Als ich 2004, auf dem Höhepunkt meiner
Angestellten-Karriere als Geschäftsführer eines Markenartikel-
unternehmens, feststellen musste, dass man als Geschäftsführer
nicht zwingend auch die Geschäfte führt, sondern in der Regel mit Shareholdern und / oder Kollegen politisiert, wurde mir
klar: Du musst etwas ändern! Ich wollte mich nicht permanent
darum kümmern, ob und wann ich meinen Anschlussvertrag
bekomme, sondern wirklich etwas bewegen. Die große Blase
aus dem Studium war geplatzt: Wenn man Geschäftsführer
oder Vorstand wird, dann hat man es geschafft! Nur in dem
Sinne, dass man wirklich nichts mehr bewegt, weil man ander-
weitig beschäftigt wird. Tief frustriert durch diese Erkenntnis
beschloss ich, neue Wege zu gehen, aber welche? Ein Sports-
kollege vom Hockey sprach mich an, ob ich nicht den »nächsten
Schritt« gehen wollte: Unternehmer werden! Als Headhunter,
wie er selber. Seit 20 Jahren extrem erfolgreich und unabhängig. Unabhängig? Das war das Schlüsselwort; das hatte ich gesucht! Ich sei doch »auf Augenhöhe« mit meinen Erfahrungen,
verfüge über genau das Profil, das man für diesen Beruf haben
sollte. Erst viel später wurde mir klar, dass ich in diesem Moment »gehuntet« wurde, von einem Profi. In 2005 waren alle
Vorbereitungen abgeschlossen und ich startete in die neue und

auch letzte Zukunft meines Berufslebens. Völlig befreit von Politik, Speichelleckerei, nichts dementierenden Dementis, Vertragslaufzeiten und Gehaltsverhandlungen. Ich konnte mich vollkommen darauf konzentrieren, wieder etwas zu bewegen! Jahre später habe ich dann meinen Studienkollegen Guido Engler genauso »gehuntet« und als Partner gewinnen können. Ich habe wieder etwas bewegt und bin immer noch unabhängig.

GUIDO ENGLER: Nach zehn Jahren erfolgreicher Aufbauarbeit in Osteuropa und in den USA erreichte ich mit 40 Jahren einen Wendepunkt in meinem Leben und begann über meine Zukunft nachzudenken. Dabei stellten sich mir immer wieder folgende drei Fragen:

1. Du kommst aus einer Unternehmerfamilie und bist unternehmerisch auf Rechnung Dritter tätig. Hast du nicht den Mut, selber ein Unternehmen zu gründen, und was ist eigentlich deine Mission hier auf Erden?

2. Die Luft nach oben im Corporate Rat Race war für mich nur noch dünn und meine Halbwertzeit als Executive wurde von Job zu Job immer kürzer. Mir war klar, mit Anfang / Mitte 50 ist Schluss. Aber willst du dann schon aufhören und was machst du dann mit deiner Zeit?

3. Wie organisiere ich Beruf und Privatleben so, dass die Familie Wurzeln schlagen kann, die Pendelei aufhört und ich endlich auch etwas von der Entwicklung meiner Töchter (heute 11 und 13 Jahre) mitbekomme?

Zwei Jahre später war ich reif: Zum einen gab es wieder so eine Zeit in meinem Berufsleben, in der ich eine »echte« Entscheidung für mich selbst treffen musste, und dann kam das Schicksal in Person meines Studienkollegen Jens Grützmacher vorbei. Und da wusste ich, das ist deine Chance: Headhunting, na klar, das ist doch Dienstleistung, low investment and high yield, und das mit einem Partner, der schon etabliert war und den ich fachlich und menschlich sehr schätze. Und einige eigene Ideen, wie Outplacement und Coaching, passten hier wie die Faust aufs Auge. Super, da wirst du ja immer wertvoller, je älter du wirst. Bingo – Problem 2 gelöst. Zwischenzeitlich waren wir wieder in Hamburg und die Familie war glücklich angekommen. Und ich kann mir meine Arbeitszeit frei einteilen. Also auch Frage 3 beantwortet. Nun hatte ich wieder eine Vision und einen Lebensentwurf, der mir gefiel. Folglich gehe ich seit drei Jahren jeden Morgen mit Freude und Begeisterung ins Büro und kann mein Gestaltungs-, mein Beziehungs- und mein Anerkennungsmotiv bis zum Anschlag befriedigen. Also ein Beruf mit der Chance zur Berufung! Ach ja, unternehmerisches Risiko …, da war doch noch etwas, aber irgendwie spielt das gar nicht so eine große Rolle, wie ich immer dachte. Im Vordergrund steht der Mensch, als Kunde, als Kandidat oder als Coachee, und die Begeisterung, mit einer qualitativ hochwertigen Dienstleistung Menschen in allen Fragen rund um den Beruf zu helfen und zu begleiten. Es fühlt sich an wie ein Geschäftsarzt in Berufsangelegenheiten.

- **Ist Spezialisierung in Ihrem Geschäft sinnvoll?**

GUIDO ENGLER UND JENS GRÜTZMACHER: Spezialisierung und Nischenpolitik machen aus unserer Sicht keinen Sinn, denn Headhunting ist People Business und lebt von guten Kontakten. Und die Mär, dass man Branchenexperte oder Fachidiot sein muss, wird auch nur von solchen Leuten geglaubt, die nicht wissen, wie es wirklich geht. Ein wirklich guter Headhunter, der sein Handwerkszeug gelernt hat und über ein großes Netzwerk verfügt, findet sich in jeder Branche zurecht und findet auch für komplizierte Suchprofile immer eine passende Lösung! Im Zweifel ganz einfach – durch Direktansprache! Wir arbeiten also nach der Methode des Direct Search & Selection. Das tun auch viele andere Headhunters. Was unterscheidet uns von diesen? Mit einem voll eingerichteten Geschäftsbetrieb (Büro, Personal, CI) haben wir die vielen »Bettkanten-Headhunters« hinter uns gelassen, bei denen zu Hause der Hund bellt und die Kinder schreien und die ihre Interviews immer in irgendwelchen Hotels oder Business Centern organisieren müssen. Und von den großen und mittelgroßen Mitbewerbern heben wir uns schon deshalb ab, weil wir auf Researcher verzichten und den gesamten Prozess von A–Z selbst durchführen. Folglich sprechen wir auch mit unseren Kandidaten immer auf Augenhöhe, denn wir wollen ja Wunschkandidaten liefern und die müssen wir im persönlichen Gespräch überzeugen, zu unseren Mandaten zu wechseln, obwohl die ja vielleicht gerade gar keine Wechselabsichten haben und eigentlich ganz happy mit ihrem aktuellen Job sind.

■ **Wie wichtig sind Ihnen die Kunden?**

GUIDO ENGLER UND JENS GRÜTZMACHER: Unsere Kandidaten sind uns genauso wichtig wie unsere Auftraggeber, und das merken die Damen und Herren sofort, denn bei uns sind sie keine Bittsteller für einen Job, sondern häufig gute Bekannte und manchmal sogar Freunde. Weiterhin haben wir bewusst auf eine Kandidaten-Datenbank verzichtet; diese verleitet doch nur zur schnellen, einfachen Lösung und nicht zum Suchen und Finden von echten Wunschkandidaten, denn das macht ja echt Arbeit und hat viel mit Verkaufen zu tun, und das mag man ja in Deutschland nicht so gerne. Und dann gibt es da noch das eigene Netzwerk und die Werkzeuge des Headhunters, und hierüber schweigen wir gerne, denn hier liegt der Kern der Differenzierung und des Erfolgs.

■ **Sie haben ein auffallend bissiges Logo, den Hai …**

GUIDO ENGLER UND JENS GRÜTZMACHER: Das setzt uns klar von der sehr konservativen Branche ab. Nicht nur, dass wir das Unwort der Branche, nämlich »Headhunters«, in unserem Logo offensiv führen, sondern auch unser Office und unsere Kommunikationsmaterialien sind zeitgemäß, frisch und auf den Punkt gebracht. Gemäß unserem Motto reduziert auf das Wesentliche.

- **Und welche Rolle spielt Geld?**

GUIDO ENGLER UND JENS GRÜTZMACHER: Natürlich haben wir gewisse Umsatzziele, aber nicht aus Überlegung, einen Firmenwert zu schaffen, sondern um ein bestimmtes Einkommen zu erzielen. Wir haben uns ganz bewusst gegen die Aufnahme von Partnern entschieden, nach dem Motto »Hamburg, Frankfurt, München« oder ähnlich. Alles dies lenkt uns nur davon ab, eine exzellente Dienstleistung zu erbringen. Uns geht es nicht um Macht, Größe oder Status. Das hatten wir alles schon und kennen den Preis, den man dafür zahlt. Nein, unsere Motivatoren heißen Spaß, Begeisterung für die Sache, Menschen zusammenzubringen oder sie zu beraten, sich richtig zu entscheiden, Partnerschaft und Freundschaft, eine Berufung bis ins Rentenalter und natürlich ABC – Abschluss bedeutet Cash. Und noch etwas: Headhunting hat etwas mit Jagen zu tun, und genau so fühlt es sich an, wenn Sie den Auftrag ergattert haben oder den richtigen Topkandidaten gefunden haben. Blattschuss! Sieg!

- **Was bedeutet für Sie Erfolg?**

GUIDO ENGLER UND JENS GRÜTZMACHER: Für uns hat unternehmerischer Erfolg etwas mit langfristiger Existenzsicherung zu tun, mit Empfehlungsgeschäft, also wenn die anfängliche Akquise wegfällt und die Empfehlungen für Neugeschäft sorgen. Und mit finanzieller Unabhängigkeit und Freiheit in der Entscheidung. Erfolg messen wir an der Anzahl und auch an der Qualität von Aufträgen, an den Familieneinkommen und der freien Einteilung der Arbeitszeit. Ganz banale, aber wahrhaftige Gründe. Insgesamt können wir sagen, dass unser Leben wahrhaftiger geworden ist und wir stolz darauf sind, dass wir uns mit unserer eigenen Arbeit selbst ernähren können und uns nicht wie viele Menschen verbiegen und alles Mögliche ertragen müssen, nur um den monatlichen Pay Check abzuholen.

IV. Die Akademieleiterin, 3 Jahre am Markt

Claudia Leske war früher Geschäftsführerin, unter anderem im Alster-
haus in Hamburg und beim Möbelhändler Dodenhof. Dann ergriff sie
die Gelegenheit und machte sich vor zwei Jahren mit einer Führungs-
akademie selbstständig, der Akademie »Führung im Wandel«. Inzwi-
schen gestaltet sie diese Akademie speziell für junge Führungskräfte um.
Weiterhin berät sie Unternehmen und hält Vorträge, unter anderem
über das Thema »Frauen und Führung« (www.akademie-fiw.de).

■ **Warum haben Sie sich mit diesem Thema selbstständig gemacht?**

Meine Leidenschaft ist die Arbeit mit Führungsnachwuchskräf-
ten. Es hat mir immer schon viel Freude gemacht, mit dieser
Zielgruppe zu arbeiten. Jetzt kann ich mich ganz darauf kon-
zentrieren und die Führungskräfte so ausbilden, dass sie für die
Zukunft gerüstet sind. Ich profitiere von meiner langjährigen
Erfahrung und lerne ganz viel Neues dazu.

■ **Sie haben Ihr Angebot verändert und Ihre Akademie neu positioniert.**

Ich bin überzeugt, dass jeder Selbstständige selbst das Produkt
ist. Er oder sie ist eine Marke. Das Wichtigste für eine Marke
ist es, empfohlen zu werden. Und das geschieht nicht, weil du
dich spezialisiert hast. Es geschieht, weil du die entsprechenden
Menschen kennst, die dir diese Aufgabe zutrauen, und du dann
deine Sache gut machst und einen Nutzen bringst. Welcher
Nutzen genau gesucht und gebraucht ist, weiß man am Anfang des Weges aber nicht so genau. Es fehlt das Feedback des
Marktes. Was wirklich besonders an meiner Marke ist, konnte
ich erst in der Arbeit mit Menschen erfahren – weil sie es mir
gesagt haben.

■ **Lässt sich die Entwicklung einer Selbstständigkeit planen?**

Am Anfang ist für uns Gründer alles neu. Wir sind mit Herausforderungen konfrontiert, die wir nicht planen oder voraussagen können. Das Thema »Selbstmanagement« bekommt eine ganz neue Bedeutung. Du gewinnst eine unvorstellbare Freiheit, aber du bist auch verantwortlich, sie sinnvoll und zielorientiert zu nutzen. Einige Dinge haben sich ungeplant entwickelt. So habe ich neue Felder bedient, zum Beispiel das Thema »Frauen im Management«, ganz einfach weil ich dafür angesprochen worden bin. Das stand nicht im Businessplan. Als Geschäftsführerin habe ich mir nie Gedanken darüber gemacht. Erst jetzt weiß ich, wie viele Fallstricke es gibt. In der Rückschau habe ich viele Managementfehler gemacht, und es ist ein wunderbares Gefühl, diese Erfahrungen an andere Frauen mit einer Prise Leichtigkeit und viel Humor weitergeben zu können.

■ **Fühlen Sie sich als Unternehmerin?**

Ich bin leidenschaftliche Unternehmerin! Ich denke gern darüber nach, wie ich Geld verdienen kann, wo sich Märkte auftun, wie ich Kosten einsparen und Netzwerke optimal für beide Seiten nutzen kann. Ich bin gerade dabei, meine Akademie als Unternehmen so aufzubauen, dass ich in eine Idee investiere, mit dem Ziel, irgendwann noch mehr Angestellte zu beschäftigen. Ich bin aber auch Unternehmerin für meine Kunden und überlege gemeinsam mit ihnen, wie sie ein Problem lösen können. Da bin ich ganz ehrlich und verkaufe nur das, was ich authentisch vertreten kann.

■ **Was raten Sie Gründern?**

Ich finde den Blick in die Zukunft sehr wichtig, er wird viel zu wenig beachtet. Es ist wichtig, sich mit dem gesellschaftlichen Wandel auseinanderzusetzen, sich für Zukunftstrends zu interessieren, zu Zukunftskongressen zu gehen und zu überlegen, ob meine Geschäftsidee eine Chance hat oder welche neuen Trends sich für mich umsetzen lassen.

V. Der Guide, 1,5 Jahre am Markt

*Marc Müller ist innerhalb von nur einem Jahr zu einem der bekann-
testen Guides in Hamburg geworden, mit Kunden internationaler
Kanzleien und großer Konzerne oder VIP-Gästen, zum Beispiel der
FC St. Pauli oder die Elbphilharmonie. Im Gegensatz zu vielen anderen
in seiner Branche kann er von Stadtführungen leben. Müller hat nach
dem Slow-Grow-Prinzip gegründet und sein Unternehmen aus der
Praxis aufgebaut. Seine Webadresse: www.muellerandmore.de*

■ **Warum ist die Tätigkeit als Guide gerade für Sie passend?**

Gute Frage. Ich habe auch lange gebraucht, um das für mich
selbst herauszufinden.

Ich wollte schon immer etwas mit Menschen zu tun haben,
aber auch anderen etwas beizubringen liegt mir. Organisation
und Kommunikation finde ich ebenfalls ganz toll und überhaupt ist die Eventbranche das Nonplusultra – wenn es bloß
nicht schon so viele Eventmanager in Hamburg gäbe! Wie also
in diesem Haifischbecken an Kunden kommen?

So fing ich an, auf ehrenamtlicher Basis diese Fähigkeiten
auszuprobieren, indem ich einem Verein beitrat und Stadtteil-
rundgänge durchführte. Das machte mir so viel Spaß! Meine
Feedbacks waren entsprechend positiv und überschwänglich.

Als Guide habe ich mit Menschen zu tun, erzähle ihnen etwas und einige Kunden bitten mich, auch kleinere Events für
sie zu organisieren. Alle meine Wünsche sind in dieser Tätigkeit
vereint. Damit habe ich meine Aufgabe gefunden.

■ **Was war Ihre wichtigste Erkenntnis in der ersten Gründungsphase?**

Die wichtigste Erkenntnis war, dass ich dachte, von Stadtführungen allein nicht leben zu können – was zu Beginn auch sehr
schwer ist. Also wollte ich ein zweites Standbein aufbauen,

das da hieß: Trainer / Dozent für Selbst- und Zeitmanagement. Themen, die ich mag und die mir liegen. Im Laufe der Vorbereitungen darauf gewann ich die Erkenntnis, dass dadurch zu wenig Zeit und Energie in die Ausarbeitung der Stadtführungen floss – und das sollte immerhin mein Haupterwerb sein. Ich stellte überrascht fest, dass ich Dozent nicht aus meinem Herzen heraus, sondern aus meinem Sicherheitsdenken heraus werden wollte. Also gab ich dieses Vorhaben auf und konzentrierte mich nur auf die Stadtführerei. Und tue das seitdem sehr befreit und erfolgreich.

■ **Sie haben nicht mit einer spitzen Positionierung begonnen, sondern Ihre besonderen Produkte erst nach und nach eingeführt, zum Beispiel die Delikatessen-Tour. Warum in dieser Reihenfolge?**

Ich wurde Stadtführer und dachte: »Hallo, hier bin ich.« Die ersten Aufträge kamen durch Freunde, gute Kontakte und ein funktionierendes Netzwerk. Ich druckte Visitenkarten und wurde nach meiner Website gefragt. Website? Oha – das war für mich Priorität 10, denn wer findet schon einen Stadtführer im World Wide Web? Also Priorität hochsetzen – so auf 1 etwa …

Nun hatte ich also eine Website, die sehr gut geworden ist und sich großer Beliebtheit erfreut. Jetzt hieß es: Marketing, Werbung und Akquise betreiben. Aber wie, wenn es neben mir noch mindestens 300 andere Stadtführer in Hamburg gibt?

Also muss ein USP, ein Alleinstellungsmerkmal her, damit ich mich von anderen abhebe und etwas Neues oder anderes biete. Was kann ich tun, was es in Hamburg noch nicht gibt? Oder nicht verbreitet ist? Um das herauszufinden, startete ich über meine Social-Media-Netzwerke eine entsprechende Umfrage. So kam ich darauf, unter anderem eine in Hamburg einmalige Delikatessen-Tour anzubieten.

■ **Was empfehlen Sie anderen Gründern?**

Sich erst einmal zu vergewissern, dass man von seiner Idee

auch wirklich überzeugt ist! Dann unbeirrt die bürokratischen Hürden nehmen und bei seiner Idee bleiben, das heißt sich nur darauf konzentrieren und sich nicht durch zusätzliche Baustellen verzetteln. Die können später immer noch in Angriff genommen werden, wenn das eigentliche Business erst mal läuft. Dann heißt es: durchhalten und immer sein Ziel im Auge behalten. Sich nicht verunsichern lassen und nicht in Panik verfallen, wenn man mal zweifelt oder es gerade mal nicht so gut läuft. Und dennoch für leichte Richtungsänderungen und positive Einflüsse bezüglich des Business' offen sein.

Vor allem aber sollten Entscheidungen vom Herzen und nicht vom Hirn beeinflusst werden.

Nicht zuletzt sollte man immer »man selbst« bleiben. Mit Authentizität und Aufrichtigkeit kommt man letztlich weiter als mit Pokerface und Taschenspielertricks. Und immer daran denken: Der Weg ist das Ziel.

VI. Der Gründungspapst, 8 Jahre am Markt

Andreas Lutz startete 2003 sein Unternehmen www.ueberbrueckungs-
geld.de, heute www.gruendungszuschuss.de. Er hat mehr als zehn Bü-
cher geschrieben und sich in der Gründungsszene einen Namen gemacht.
Gemeinsam mit Partnern vertreibt er zum Beispiel Seminare. Dabei
war das Wachstum in den letzten Jahren beträchtlich. Richtig groß will
Lutz aber nicht werden.

■ **Wachsen macht nicht nur Spaß. Wie gehen Sie damit um?**

Ich bin davon überzeugt, dass man auf ganz unterschiedliche
Weise wachsen kann. Es muss nicht die eine Richtung sein:
immer mehr Umsatz, mehr Gewinn, mehr Mitarbeiter. Es ist
wichtiger, eine zur Persönlichkeit passende Form zu finden. Für
mich war es eine wesentliche Erkenntnis, dass ich keine eigenen Mitarbeiter haben möchte. Ich habe das einmal versucht,
es hat mir nicht gefallen. Da geht es mir wie ganz vielen unserer
Kunden. Viele möchten diese Verantwortung nicht tragen.

■ **Aber unsere Volkswirtschaft braucht doch Unternehmer, die Mit-**
arbeiter einstellen?

Es gibt doch andere Erwerbsformen, es gibt Vielfalt! Sie können zum Beispiel mit freien Mitarbeitern arbeiten. Das ist etwas
ganz anderes als mit Angestellten. Die brauchen Sie nicht zu
führen, die machen ihren Job eigenverantwortlich. Das gefällt
mir sehr viel besser. Die Ergebnisse sind auch besser.

■ **Was beobachten Sie bei Ihren Kunden?**

Es gibt ganz viele, die nicht in diese Richtung gedrängt werden wollen, in die zum Beispiel Experten wie Günter Faltin sie
drängen möchten. Diese haben eine an Schumpeter orientier-

te Vorstellung vom Unternehmersein, die eine Facette ist, aber eine eher seltene. Die meisten Gründer sind Kleingründer mit maximal bis zu zehn Mitarbeitern, von denen viele oft auf freier Basis arbeiten, und das gern. Ich kenne nur wenige, die größer werden möchten.

■ **Wie lässt sich Wachstum noch organisieren?**

Ich habe zum Beispiel mehrere GbRs gegründet, mit Partnern für ein bestimmtes Thema. Mit diesen Partnern, einer davon ist Joachim Rumohr, betreibe ich kleine Unternehmen wie etwa die XING-Seminare. Durch die Partner habe ich kompetente Mitstreiter, die ihrerseits Verantwortung übernehmen. Das ist viel effizienter und befriedigender als mit Mitarbeitern. Es ist außerdem für alle Beteiligten auch finanziell attraktiver.

VII. Die Kräuterfrau, 6 Jahre am Markt

Sabine Hustedt, PTA, Kräuterfrau, fließend Plattdeutsch sprechende und studierte Meeres- und Küstengeologin, begegnete mir das erste Mal auf einem Seminar. Ich war begeistert von der Leidenschaft und inneren Überzeugung, mit der sie ihr Produkt, eine selbst gemachte Kräuterseife, präsentierte. Jahre später hat sie sich eine eigene Position am Markt erarbeitet und sich als »Wildnis- und Kräuterfrau« neben einer Seifenmanufaktur auch eine eigene Kräuterschule aufgebaut. Den Kundenkontakt hält sie über einen ansprechenden monatlichen Newsletter. Ihre Webadresse: www.kraeuterundseifen.de

■ **Warum haben Sie sich selbstständig gemacht?**

Ich antworte einfach mal mit einer Strophe aus dem Song von Juli *Die perfekte Welle*.

»Mit jeder Welle kam ein Traum,
Träume gehen vorüber,
dein Brett ist verstaubt,
deine Zweifel schäumen über,
hast dein Leben lang gewartet,
hast gehofft, dass es sie gibt,
hast den Glauben fast verloren,
hast dich nicht vom Fleck bewegt.
Jetzt kommt sie langsam auf dich zu,
das Wasser schlägt dir ins Gesicht,
siehst dein Leben wie ein Film,
du kannst nicht glauben, dass sie bricht.
Das ist die perfekte Welle, das ist der perfekte Tag …«

So ähnlich wie dieser Surferin im Song erging es mir bei meiner Gründung. Irgendwann war die Zeit einfach reif. Unzufrieden über die heutige Arbeitswelt, ihre Begrenzungen und

Ungerechtigkeiten entwickelte ich bei der Arbeit als Natur- und Kräuterpädagogin immer mehr Leidenschaft. Ich komme aus der Nebenerwerbsgründung, sodass ich zunächst wichtige Kenntnisse der Branche gewonnen habe, um zu erkennen, wo genau die Nische ist. Für mich war klar: So wie im Rahmen verschiedenster Angestelltenverhältnisse werde ich nicht mehr arbeiten. War es bislang ein »Funktionieren«, verbunden mit meist wenig Spaß, so wollte ich wieder Herausforderungen annehmen, (endlich) selbst strategische und taktische Entscheidungen treffen, selbstbestimmt arbeiten und damit ein Vorbild für meinen Sohn sein. Vorbild in dem Sinne, dass ich bei allem, was ich tue, authentisch bin und bei Problemen Lösungen finde. Dazu gehört auch eine gewisse Portion Idealismus, der einen für eine sinnvolle Idee kämpfen lässt.

■ **Wollen Sie weiter wachsen?**

Ja, ich bin nach wie vor überzeugt von meiner Geschäftsidee der Kräuterschule und Seifenmanufaktur und davon, damit immer weiter zu wachsen. Die langfristige Perspektive, zum Beispiel Expansion und eine lebenswerte Zukunft, motiviert mich immer wieder, in Etappen mein Unternehmen auf- und auszubauen.

Auf meinem Weg zur Vollzeitunternehmerin halfen mir nicht nur eine fundierte Ausbildung und Vorbereitung sowie eine finanzielle Unterstützung der Arbeitsagentur in Form des Gründungszuschusses, sondern auch ein auf Langfristigkeit angelegtes Familienmodell.

■ **Was war Ihre wichtigste Erfahrung am Anfang?**

Durch meine Arbeit im Projektgeschäft hatte ich genügend betriebswirtschaftliche Kenntnisse, um einzuschätzen, was auf mich zukommen würde. Und dennoch hatte ich einiges unterschätzt. Der Aufbau eines Netzwerkes und damit eines gewissen Bekanntheitsgrades dauerte länger als geplant. Grund dafür mag auch sein, dass ich in meiner Außendarstellung anfangs zu schwammig war. Inzwischen wurden Name, CI und Person klar definiert, sodass ein Bild entstand. Als Naturpädagogin und Kräuterfrau bin ich »De Krüderfru«, leite die Kräuterschule Altona und stelle ökologische Naturseifen in meiner Seifenmanufaktur her. Das Ganze firmiert unter dem Namen »Kräuter und Seifen«. Die Ausarbeitung eines Marketingplans hat mir zusätzlich geholfen, Gelder gezielter einzusetzen.

■ **Sie haben überwiegend Privatkunden. Da ist die Finanzierung oftmals schwer.**

Gerade die finanzielle Seite ist oftmals problematisch gewesen. Ich fühlte mich zwar gut gepolstert in dieser Hinsicht, dennoch kamen einige Gebühren bei Behörden und Zulassungsstellen oder Vorfinanzierungen von Angeboten oder Versicherungen dazu, die in dieser Höhe unerwartet waren. Das Gleiche gilt übrigens auch für Genehmigungen und Bürokratie im Allgemeinen, die manchmal recht zeitraubend sein können. Aber auch hier muss man erst einmal einen Schritt gehen, um auf neue Möglichkeiten zu stoßen, die weiterhelfen. Dieser Mut für den ersten Schritt wurde dann wichtig, als das Familienmodell zusammenbrach.

An diesem dunklen Punkt während meiner Selbständigkeit haben mich die sozialen und beruflichen Netzwerke getragen und an hellere Orte begleitet. Manchmal kamen von dort »nur« kleine Hinweise, die neue Wege gezeigt haben. Stets lief es nach dem Motto: Wenn du denkst, es geht nichts mehr, kommt von irgendwo ein Lichtlein her. Sie haben mir immer wieder die positiven Seiten meines beruflichen Daseins gezeigt: klare Ziele definieren und erreichen, meine Kreativität ausleben, hinter meinen Werten stehen, trotz aller Irrungen und Wirrungen immer wieder neue Wege entdecken und gehen, sich auch auf schwierige Situationen einlassen können, um daran zu wachsen.

Mittlerweile bekomme ich von vielen Seiten Signale, anhand derer ich die Richtigkeit meines Unternehmens nachvollziehen kann. Das äußert sich zum einen von außen in steigenden Teilnehmerzahlen bei meinen Seminaren und zum anderen im steigenden Absatz meiner Seifen. Da ist zwar noch Luft nach oben, aber ich bin sehr zufrieden mit der bisherigen Entwicklung. Es befriedigt mich sehr, wenn ich die großen und kleinen Menschen in die Welt der Kräuter begleite und merke, dass sie die Pflanzen nicht nur mit den Augen, sondern vor allem mit dem Herzen sehen. Ausdauer, Beständigkeit, Gelassenheit, Geduld und Erdung sind für mich Schlüsselbegriffe auf meinem bisherigen Weg und werden mich auch zukünftig begleiten. Ein Grashalm wächst eben nicht schneller, wenn man daran zieht.

VIII. Die Web-Trendsetterin, 2 Jahre am Markt

Renate Brokelmann verbindet zwei Welten: Die gelernte Schrift-setzerin ist auch Medieninformatikerin und kennt sich im Internet und Social Web bestens aus. Mit ihrer »Manufaktur für Visuelles« realisiert sie komplexe Webprojekte genauso wie Print-Design-Projekte. Dabei richtet sie den Fokus auf gute Beratung und arbeitet statt mit Mitarbeitern in einem Team aus Experten. Ihre Webadresse: www.manufaktur-visuelles.de

- **Was war Ihre Motivation, sich selbstständig zu machen?**

Schon in meiner Ausbildung habe ich die Erfahrung gemacht, dass ich in hierarchisch geführten Unternehmen häufiger an-ecke. Ich bin sehr neugierig und motiviert, meine Arbeit mög-lichst effizient und hochwertig durchzuführen. Dies habe ich nie als Problem gesehen, allerdings wurde mein Handeln häu-fig als zu eigenständig und eher als Kompetenzüberschreitung denn als hilfreiche Unterstützung empfunden. Um meinen Wis-sensstand in Richtung digitale Medien weiterzuentwickeln und damit auch meine Karrieremöglichkeiten zu verbessern, ent-schied ich mich zunächst für ein Studium, wobei die Idee, mich selbstständig zu machen, immer wieder aufkam. Jedoch fehlte mir der Mut. Nach dem erfolgreichen Abschluss des Studiums wurde ich erneut mit ähnlichen Konflikten konfrontiert, die mich nach und nach meiner Energie und meiner Motivation beraubten, sodass ich mich für den Schritt in die Selbstständig-keit entschied.

- **Was war die wichtigste Erkenntnis in der ersten Gründungsphase?**

Meine ersten Aufträge kamen aus meinem bestehenden Netz-werk, teilweise aus Ecken, aus denen ich es nicht erwartet hät-te. Ergo: Ein gutes, aktives Netzwerk ist Gold wert. Es ist wichtig, dass man als Gründer ein für sein Netzwerk wahrnehmbares Profil hat, selbst wenn es – wie in meinem Fall – nur einen Teil der tatsächlichen Kompetenzen widerspiegelt.

In diesem Zusammenhang ist für mich auch die Erkenntnis wichtig, dass ich über mein Netzwerk akquirieren kann. Zu Anfang wurde ich von vielen Seiten dazu gedrängt, Kaltakquise zu betreiben, auch auf Veranstaltungen für Gründer wurde Kaltakquise immer wieder als Mittel der Wahl propagiert. Dafür bin ich allerdings nicht gemacht und nutze lieber andere Möglichkeiten. Die Veränderungen in der Kommunikationswelt, gerade durch soziale Medien, lassen neue Wege entstehen, Kunden zu akquirieren. Diese kann man gerade als Gründer, der vielleicht erst mal nur seine Zeit als Kapital hat, durchaus nutzen.

- **Sie haben nicht mit einer spitzen Positionierung begonnen, sondern Ihre Besonderheit erst nach und nach entwickelt. Inzwischen haben Sie sogar zusätzlich mit einer Partnerin eine Unternehmergesellschaft für Zielgruppenmarketing gegründet. Was ist dabei wichtig?**

Das zu finden, was mir Freude bereitet, im Markt nachgefragt wird und für mein Netzwerk klar kommunizierbar ist. Ich habe mich zunächst breit aufgestellt, da ich mich sowohl im Print- als auch im Webbereich heimisch fühle. Für mich hat beides seinen Reiz und seine Daseinsberechtigung. Jedoch ist das Web derzeit für mich reizvoller, da es unsere Kommunikationslandschaft nach und nach revolutioniert. Als ich 1995 meine ersten Websites erstellte und es gerade schick wurde, per E-Mail zu kommunizieren, war nicht abzusehen, welchen Einfluss das Web und heute die sozialen Medien haben werden. Viele Unternehmen sehen sich zurzeit damit konfrontiert, in sozialen Medien aktiv werden zu müssen, weil sich beispielsweise Kunden in Foren kritisch äußern oder auch Schindluder mit Unternehmensnamen betrieben wird. Hier ist der Bedarf groß, Unternehmen diese Medien nahezubringen und nicht nur die Risiken, sondern auch die Chancen zu vermitteln. Mir macht es Freude, mein Wissen in diesem Bereich zu nutzen und meine

Kunden darin zu coachen und zu beraten, wie sie das Medium Internet als Ganzes besser und effizienter nutzen können.

- **Was empfehlen Sie anderen Gründern?**

Umgeben Sie sich mit Menschen, die eine positive Einstellung zur Selbstständigkeit haben und bestenfalls selbstständig – und damit glücklich – sind. Hinterfragen Sie die Motivation von Kritikern, manchmal steckt nur Neid oder Missgunst dahinter. Glauben Sie nicht an die vielen Mythen, die sich um das Thema »Selbstständigkeit« ranken. Glauben Sie an sich selbst!

IX. Der Musiker und Plattenproduzent, 22 Jahre am Markt

Michy Reincke wurde in den 1980er Jahren mit seinem Fetenhit Taxi nach Paris *bekannt. Rintintin Musik gründete er 1988 als Musikverlag. Nach seiner Zeit als Sänger & Autor der Gruppe Felix De Luxe erwarb er eigene Produktionsmittel und Rechte an den Songs anderer Künstler (zum Beispiel The Land, Die Strombolis, Zucker, Heinz Strunk, Stefan Gwildis etc.). 1990 erweiterte er das Unternehmen zum Plattenlabel. Seit mehr als 20 Jahren betreibt der Musiker nun sein Unternehmen neben der eigenen Karriere als Musiker – vor allem aus Idealismus und Leidenschaft. Betriebswirtschaftlich erfolgreich ist er damit nur in Grenzen (www.michyreincke.de).*

■ **Warum sind Sie selbstständig mit etwas, das als Lizenz zum Geldverdienen wenig geeignet ist?**

Meine Selbstständigkeit wurzelt darin, mit den Aufgaben meines Berufs in meinem eigenen Tempo unterwegs zu sein. Vor allen sozialen Ideen, Errungenschaften und Zwängen ist es mir wichtig, in mich hineinzuhorchen und mir selbst zu gehören, zu entdecken und weniger funktionellen Konzepten zu gehorchen, von denen ich nicht weiß, wer sie eigentlich zu welchem Zweck entworfen hat. Die Musik ist in mir lebendig – ich kann sie nur als Selbstständiger in meinem Sinn lebendig halten.

■ **Was macht Sie zufrieden?**

Zufriedenheit entsteht für mich aus einer aufmerksamen Haltung dem Leben gegenüber. Ich sehe hin, höre zu und spüre dem Wesen der Dinge nach. Wenn ich glauben kann, dass der Organismus, der ich bin, das Notwendige durch meine Venen pumpt und ich zum Beispiel nicht einmal nachts, wenn ich schlafe, meinen Atem zu kontrollieren brauche, wäre es nicht besonders klug von mir anzunehmen, dass ich das Berufliche des Tages, mit all den Plänen, Problemen und Bildern, die ich im Kopf habe, ausschließlich in meinem Sinne manipulieren könnte. Das Leben, das durch mich hindurchfließt, wird mir immer den Weg zeigen, wenn ich offen dafür bin. Es will von mir nicht übers Knie gebrochen werden. Aufmerksamkeit ist für mich der Schlüssel für ein gutes Gelingen. Nicht nur bei der Arbeit.

■ **Und was bedeutet für Sie erfolgreich zu sein?**

Um ehrlich zu sein: Wir haben gar keinen großen Erfolg im kaufmännischen Sinn. Unser berufliches Erfolgserlebnis kommt in erster Linie aus dem Vertrauen, mit unserer Arbeit einen geistigen und seelischen Nutzen zu schaffen. Wir hätten nichts dagegen, wenn wir von unseren Produktionen mehr verkaufen würden, zum Beispiel um wirtschaftlich etwas unabhängiger zu sein oder eine langfristigere Planungssicherheit zu schaffen, aber die Freude am Wert der Arbeit, die wir verkaufen, ist unabhängig von der Menge. Das geht natürlich nicht ohne Frustrationen – in Fällen, in denen die Mittel nicht reichen, das Gewünschte zu produzieren.

■ **Kein Wettbewerbsgedanke?**

Erfolgreich im Wettbewerb zu sein, allein oder gemeinsam, ist sicher ein sehr archaisches Ziel. Es hat bestimmt seinen Reiz, aber es ist als einziges Prinzip für den Weg einer höheren Menschwerdung nicht besonders hilfreich. Eine Kultur, die ihre Qualität irgendwann nur noch über Quantitäten (Verkäufe, Einschaltquoten etc.) definieren kann, wird sehr breit sein, aber nicht tief. Um es vorsichtig zu formulieren: Es macht die Menschen nicht klüger. Ein gutes Ziel wäre – in meinen Augen – ein Leben so zu leben, dass die Arbeit Früchte trägt, die einen satt machen. Nicht dick.

ANHANG

Ideenbox

Begriffe aus dem Buch

360°-Analyse
Teil der Slow-Grow-Gründungs- und Wachstumsmethode, mit einem Rundumblick auf Persönlichkeit und Möglichkeiten.

4-Faktoren-Modell
Bei verschiedenen Geschäftsideen spielen unterschiedliche Faktoren eine Rolle: Persönlichkeit, Kompetenz, Innovation und Angebot. Je persönlichkeitsorientierter die Idee, desto unwichtiger die anderen Faktoren. Und umgekehrt.

5. Phase
Die 5. Phase ist die Veränderungsphase, die auf die Hamsterradphase folgt, aber bewusst herbeigeführt werden muss.

Dreibeine
Drei Standbeine, wie sie manchmal am Anfang einer unternehmerischen Tätigkeit durchaus sinnvoll sind.

EKP-Faktoren
Einnahmen, Kunden und Produkte: Einmal im Jahr sollten diese drei Bereiche von Ihnen analysiert werden. Dadurch können Sie zum Beispiel gute Kunden und Produkte von schlechten unterscheiden. Grundlage für Ihre Weiterentwicklung.

Empfehlungsketten
Empfehlungen werden über Bande ausgesprochen. Es empfiehlt oft nicht der direkte Kontakt, sondern der Kontakt des Kontaktes. So entstehen Empfehlungsketten.

Entwicklungsbuch
Ein Buch, in das Sie reinschreiben, welche Erkenntnisse Sie aus Erfahrungen oder Feedbacks gezogen haben.

Großwirkungsgrad
Ihr Unternehmen kann nach außen größer oder kleiner wirken, als es ist. Der Großwirkungsgrad beschreibt die Außenwirkung.

Gründungsprojekt
Eine Auftrags- oder Verkaufsakquise vor der eigentlichen Gründung. Ziel: Mindestens 5000 Euro einnehmen.

Hamsterradphase
Die Phase, die immer dann erfolgt, wenn Sie genügend Kunden gewinnen können. Sehr unbefriedigend, wenn nicht

bewusst die 5. Phase eingeleitet wird.

Jahresmotto

Langfristige Ziele sind unrealistisch, aber Jahresmottos geben Ihren Ideen Leitplanken. Wo fahre ich hin? Ein Jahresmotto wie »Honorar erhöhen« hilft dabei.

Lieblingskundenprinzip

Für wen möchten Sie arbeiten? Das entdecken Sie oft erst beim »Doing«. Das Lieblingskundenprinzip besagt, dass Sie sich einmal im Jahr überlegen, wer Ihre Lieblingskunden sind, also jene, von denen Sie gern mehr hätten.

Luxusgründer

Das sind Gründer, die sich für Selbstständigkeit interessieren, weil es schick ist, die sich aus finanziellen Gründen dann aber auch schnell dagegen entscheiden.

Mutterexperiment

Versteht Ihre Mutter (oder, falls Sie jünger sind, Ihre Oma) Ihre Geschäftsidee? Wenn nicht, taugt sie nichts.

NPS – Net Promoter Score

Das ist kein Begriff von mir, er stammt von Frederick F. Reichheld. Dieser Wert besagt, mit welcher Wahrscheinlichkeit für Ihr Unternehmen Empfehlungen ausgesprochen werden.

Praxisplan

Ein aktionsorientierter Businessplan, der erst nach dem Gründungsprojekt geschrieben wird.

Quick-Marketing

Schnellschuss-Werbung: Einfach mal ein Corporate Design erstellen, weil man es für die Existenzgründung braucht. Falsch!

Quick-Positionierung

Schnellpositionierung: nicht empfehlenswert. Ich rate davon ab, sich am Anfang zu stark zu positionieren, da dies eher Misserfolg als Erfolg fördert. Besser ist eine Entwicklungsphase mit systematischem Fazit – und einer folgenden schrittweisen Positionierung.

Wachstumsprojekt

Ein Projekt, um Veränderungen praktisch zu testen, zum Beispiel der Probeverkauf eines neuen Produkts.

Wir-sind-eine-Familie-Phase

Kleine Unternehmen bis zehn Personen arbeiten oft eng wie eine Familie zusammen. Deshalb nenne ich das so.

Zwei Analysetage

Pro Jahr sollten zwei Tage für die Analyse der EKP und entsprechende Fazits eingeplant werden.

Anmerkungen

WACHSEN WIE EIN SCHMETTERLING

1   KfW Bankengruppe (Hrsg.): KfW-Gründungsmonitor 2010. Frankfurt / M. 2010, S. 44. In: http://www.kfw.de/kfw/de/KfW-Konzern/Medien/Veranstaltungen_und_Termine/Pressekonferenzen/PDF-Dokumente_2010/100621_Studie_KfW_Gruendungs-monitor_2010_Lang.pdf.

1. SLOW-GROW-REGEL

1   KfW-Gründungsmonitor 2010, S. V.
2   Dieser Eindruck entsteht u. a. durch die Rückmeldung von zahlreichen BWL-Studenten und auch Teilnehmern von Entrepreneurship-Studiengängen.
3   KfW-Gründungsmonitor 2010, S. III.
4   KfW-Gründungsmonitor 2010, S. 31.
5   Fritsch, Michael / Grotz, Reinhold: Das Gründungsgeschehen in Deutschland. Darstellung und Vergleich der Datenquellen. Mit 42 Tabellen. Heidelberg: Physica Verlag 2002. Über: http://books.google.de/books, S. 123.
6   N.N.: Nebenverdienst. Was sich Politiker dazuverdienen. 13.12.2004. In: http://www.focus.de/finanzen/news/nebenverdienst_aid_11099.html.
7   http://www.gesetze-im-internet.de/bgb/__14.html.
8   KfW-Gründungsmonitor 2010, S. 31.
9   BMWi: Existenzgründungsberater 7.2. In: http://www.existenzgruender.de/gruendungswerkstatt/lernprogramme/existenz/HTML/kapitel_2/kapitel_2_1/index.html.
10 Geißler, Rainer: Zur gesellschaftlichen Entwicklung mit einer Bilanz zur Vereinigung. 4. Auflage. Wiesbaden: VS Verlag. 2006, S. 144.
11 Verschiedene Eignungstests für Gründer finden Sie hier: http://www.gruendungskatalog.de/Gr_ndungsvorbereitung/Gr_ndungs-tests/Einstellung_und_Motivation/index.html.
12 KfW-Gründungsmonitor 2010, S. VI.
13 Unternehmertest unter: http://www.posetraining.de/cms/upload/pdf/unternehmertest.pdf.

14 Jopen, Bernward: Präsentation Unternehmensgründung und Persönlichkeit vom 16.4.2007. In: http://videoonline.edu.lmu.de/files/videoonline/data/1158/files/lmutu070416.pdf.

15 Miner, John B.: A psychological typology of successful entrepreneurs. New York: Greenwood Press 1997. Über: http://books.google.de, S. 152 f.

16 KfW-Gründungsmonitor 2010, S. 38.

17 Übersicht über Gründungslehrstühle, »Landkarte der Entrepreneurship-Professuren«, unter www.fgf-ev.de.

18 http://de.wikipedia.org/wiki/Erfolg.

19 Utsch, Andreas: »Psychologische Einflussgrößen von Unternehmensgründung und Unternehmenserfolg«. Gießen: Univ. Diss. 2004. http://geb.uni-giessen.de/geb/volltexte/2004/1802/pdf/UtschAndreas-2004-09-21.pdf, S. 100.

20 Z.B. Caliendo, Marco / Fossen, Frank / Kritikos, Alexander: Risk Attitudes of Nascent Entrepreneurs. Small Business Economics, Online First: *dx.doi.org/10.1007/s11187-007-9078-6.*
Caliendo, Marco / Fossen, Frank / Kritikos, Alexander: Risikobereitschaft und Unternehmenserfolg. Wochenbericht des DIW Berlin 29 / 2006. In: http://www.diw.de/documents/publikationen/73/diw_01.c.87465.de/08-29-3.pdf.
Außerdem: Psychologische Erfolgsfaktoren bei Kleinunternehmen, Michael Frese, Fachbereich Psychologie Uni Gießen.

21 Caliendo, Marco / Kritikos, Alexander: Gründungen aus der Arbeitslosigkeit – Nur selten aus der Not geboren und deshalb oft erfolgreich. Wochenbericht des DIW Berlin 18 / 2010. In: http://www.diw.de/sixcms/detail.php/356435.

22 Schein, Edgar: Karriereanker. Die verborgenen Muster in Ihrer beruflichen Entwicklung. Darmstadt: Beratungssozietät Lanzenberger Dr. Loss Stadelmann 1994.

23 Ebd.

24 KfW-Gründungsmonitor 2010, S. 44.

25 Schein, Karriereanker.

26 Ebd.

27 Ebd.

28 Z.B. in http://foerderdatenbank.de/Foerder-DB/Navigation/Foerderrecherche/suche.html?get=6d15f3d1f0b00d95c7143a22085cc85b;views;document&doc=10272.

29 Vgl. z.B. Markgraf, Daniel: Einfluss von Persönlichkeit und Wissen auf den Gründungsprozess. Eine Untersuchung von kleinen Dienstleistungsunternehmen in Mitteldeutschland. Lohmar / Köln: Eul Verlag 2008.

2. SLOW-GROW-REGEL

1   Ifo Dresden berichtet: Überbrückungsgeld und Ich-AG – Gesetz-
    liche Grundlagen und Inanspruchnahme. Ausgabe 06/2003.
    In: http://www.cesifo-group.de/pls/guest/download/ifo%20
    Dresden%20berichtet/ifo%20Dresden%20berichtet%202003/
    ifodb_2003_6_19-29.pdf.
2   Insolvenzen und Insolvenzquoten 1991 – 2009. www.ifm-bonn.
    org.
3   Scheffler, Sven: Prominente Studienabbrecher – Karriere ohne Di-
    plom. 01.11.2007. In: http://www.karriere.de/beruf/prominente-
    studienabbrecher-karriere-ohne-diplom-6658/
4   Stefan Merath: Über den Sinn und Unsinn von Business Plänen,
    12.11.2007, http://www.foerderland.de/fachbeitraege/beitrag/
    Ueber-den-Sinn-und-Unsinn-von-Businessplaenen/04472a301f/
5   Ebd.
6   Jeder fünfte Gründer insgesamt (20 Prozent) und knapp jeder
    dritte Vollerwerbsgründer (30 Prozent) war vor bzw. bei Grün-
    dung arbeitslos. Kfw-Gründungsmonitor 2010, S. 50.
7   Caliendo/Kritikos, Gründungen aus Arbeitslosigkeit.
8   www.coaching-report.de.
9   Z.B. Gesetze im Internet: http://www.gesetze-im-internet.de/
    sgb_3/__57.html.
10 Kfw-Gründungsmonitor 2010, S. 57.
11 www.reissprofile.eu.

3. SLOW-GROW-REGEL

1   Vgl. z.B. Friedrich, Kerstin/Malik, Fredmund/Seiwert, Lothar J.:
    Das große 1x1 der Erfolgsstrategie: EKS® – Erfolg durch Speziali-
    sierung. Offenbach: GABAL Verlag 2009.
2   Nach dem Erfinder Wolfgang Mewes, mehr unter www.malik-
    mzsg.ch.
3   http://de.wikipedia.org/wiki/Engpasskonzentrierte_Strategie
4   Hall, Stacey/Stringer, Jan: Das Leuchtturm-Prinzip: Wie Sie die
    richtigen Kunden gewinnen. Offenbach: GABAL Verlag 2006.
5   Weyand, Giso: Sog-Marketing für Coaches: So werden Sie für
    Kunden und Medien (fast) unwiderstehlich. Bonn: ManagerSemi-
    nare Verlag 2008.
6   Sawtschenko, Peter/Herden, Andreas: Rasierte Stachelbeeren.
    So werden Sie die Nr. 1 im Kopf Ihrer Zielgruppe. Branding – Er-
    folgreiche Marken-Positionierung für kleine und mittelständische
    Unternehmen. Offenbach: GABAL Verlag 2000.

7 KfW-Gründungsmonitor 2010, S. 57.
8 www.rumohr.net.
9 Kim, W. Chan / Mauborgne, Renée: Der blaue Ozean als Strategie. Wie man neue Märkte schafft, wo es keine Konkurrenz gibt.
   München: Hanser Verlag 2007.

4. SLOW-GROW-REGEL

1 KfW-Gründungsmonitor 2010, S. VII.
2 Ebd.
3 www.fofos.at.
4 Schumacher, Manfred: Umsatz, Kosten und Gewinn in der Tier-
   arztpraxis – Was kostet eine Minute Tierarzt? In: fachpraxis
   52/2007. http://www.kleintierpraxis-markdorf.de/downloads/
   fachpraxis52schumacher.pdf.

5. SLOW-GROW-REGEL

1 Smarte Ziele sind Ziele, die klar, messbar, aktiv sind. Es ist eine im
   Coaching viel zitierte Formel.

6. SLOW-GROW-REGEL

1 Posé, Ulf D. in Change-X, www.changex.de.
2 https://www.gabal-verlag.de/ic/page/238/shop_cid/25/shop_
   pid/1460/jenseits_vom_mittelmass.html.
3 Posé, Ulf D.: Wir brauchen Eliten, in: Perspektive Blau, online unter http://www.perspektive-blau.de/artikel/0405a/print.htm.
4 www.pschmidt.net.
5 Kim / Mauborgne, Der Blaue Ozean als Strategie.
6 Ebd.
7 N.N.: Fragwürdige Bewertungen. 11.10.2010. In: http://newsti-
   cker.sueddeutsche.de/list/id/1051396.
8 Lerg, Andreas: Studie deckt Schlupflöcher für eBay-Betrüger auf.
   16.11.2009. In: http://computer.t-online.de/ebay-bewertungsbe-
   trug-studie-deckt-schlupfloecher-auf/id_20597586/index.

7. SLOW-GROW-REGEL

1 N.N.: Booz-Allen-Hamilton-Studie. Klassische Werbung verliert
   gegen online. 06.11.2007. In: http://www.cpc-consulting.net/

Booz-Allen-Hamilton-Studie-Klassische-Werbung-verliert-gegen-Online--n648.

8. SLOW-GROW-REGEL

1 ACNielsen: »Persönliche Empfehlung genießt höchstes Vertrauen«. Studie unter 25000 Internetusern aus dem Jahr 2009. In: http://de.nielsen.com/site/pr20090724.shtml.
2 Studie von Regus, 7.7.2010, www.regus.de.
3 Reichheld, Frederick F.: The Ultimate Question: Driving good profits and true growth. New York: McGraw Hill Professional 2006.
4 Zinser, Daniela: »Dieser Mann hat nur einen Trick. Portrait Sascha Lobo«, 5.10.2010, www.taz.de.
5 Pingdom Blog: Study. Ages of social network users. 16.02.2010. In: http://royal.pingdom.com/2010/02/16/study-ages-of-social-network-users/
6 www.svenja-hofert.de.

9. SLOW-GROW-REGEL

1 Menn, Andreas: Wachsen nicht um jeden Preis. 28.05.2009. In: http://www.handelsblatt.com/wachsen-nicht-um-jeden-preis;2256787.
2 Ebd.

Literaturverzeichnis

ACNielsen: »Persönliche Empfehlung genießt höchstes Vertrauen«. Studie unter 25 000 Internetusern aus dem Jahr 2009. In: http://de.nielsen.com/site/pr20090724.shtml.

Caliendo, Marco / Fossen, F. / Kritikos, A.: Risk Attitudes of Nascent Entrepreneurs. Small Business Economics. Online First: dx.doi.org/10.1007/s11187-007-9078-6.

Caliendo, Marco / Fossen, Frank / Kritikos, Alexander: Risikobereitschaft und Unternehmenserfolg. Wochenbericht des DIW Berlin 29 / 2006. In: http://www.diw.de/documents/publikationen/73/diw_01.c.87465.de/08-29-3.pdf.

Caliendo, Marco / Kritikos, Alexander: Gründungen aus der Arbeitslosigkeit – nur selten aus der Not geboren und deshalb oft erfolgreich: http://www.diw.de/sixcms/detail.php/356435.

Faltin, Günter: Kopf schlägt Kapital. Die ganz andere Art, ein Unternehmen zu gründen. Von der Lust, ein Entrepreneur zu sein. München: Hanser Verlag 2010.

Friedrich, Kerstin / Malik, Fredmund / Seiwert, Lothar: Das große 1 x 1 der Erfolgsstrategie. EKS® – Erfolg durch Spezialisierung. Offenbach: GABAL Verlag 2009.

Fritsch, Michael / Grotz, Reinhold: Das Gründungsgeschehen in Deutschland. Darstellung und Vergleich der Datenquellen. Mit 42 Tabellen. Heidelberg: Physica Verlag 2002. http://books.google.de/books.

Geißler, Rainer: Die Sozialstruktur Deutschlands. Zur gesellschaftlichen Entwicklung mit einer Bilanz zur Vereinigung. 4. Auflage. Wiesbaden: VS Verlag 2006.

Gerber, Michael: Das Geheimnis erfolgreicher Firmen. Warum die meisten kleinen und mittleren Unternehmen nicht funktionieren und was Sie dagegen tun können. accord Unternehmensentwicklungsgesellschaft 2002.

Gladwell, Malcolm: Der Tipping Point. Wie kleine Dinge Großes bewirken können. München: Goldmann Verlag 2002.

Hall, Stacey / Stringer, Jan: Das Leuchtturm-Prinzip: Wie Sie die richtigen Kunden gewinnen. Offenbach: GABAL Verlag 2006.

Hofert, Svenja: Existenzgründung für Berater, Trainer, Coachs. 2. Auflage. Offenbach: GABAL Verlag 2011.

Hofert, Svenja: Praxisbuch Existenzgründung. 2. Auflage. Frankfurt: Eichborn Verlag 2010.

Hofert, Svenja: Praxisbuch für Freiberufler. 3. Auflage. Frankfurt: Eichborn Verlag 2010.

Jopen, Bernward: Präsentation Unternehmensgründung und Persönlichkeit vom 16.4.2007. In: http://videoonline.edu.lmu.de/files/videoonline/data/1158/files/lmutu070416.pdf.

KfW Bankengruppe (Hrsg.): KfW-Gründungsmonitor 2010. Frankfurt / M. 2010.

Kim, W. Chan / Mauborgne, Renée: Der blaue Ozean als Strategie. Wie man neue Märkte schafft, wo es keine Konkurrenz gibt. München: Hanser Verlag 2007.

Kuntz, Bernhard: Die Katze im Sack verkaufen. Wie Sie Bildung und Beratung mit System verkaufen. Bonn: ManagerSeminare 2010.

Kuntz, Bernhard: Fette Beute für Trainer und Berater. Wie Sie »Noch-nicht-Kunden« Ihre Leistung schmackhaft machen. Bonn: ManagerSeminare Verlag 2006.

Lerg, Andreas: Studie deckt Schlupflöcher für eBay-Betrüger auf. 16.11.2009. In: http://computer.t-online.de/ebay-bewertungsbetrug-studie-deckt-schlupfloecher-auf/id_20597586/index.

Lutz, Andreas / Rumohr, Joachim: XING optimal nutzen. Geschäftspartner, Aufträge, Jobs. So zahlt sich Networking im Internet aus. 3. aktualisierte Auflage. Wien: Linde Verlag 2010.

Lutz, Andreas / Delp, Andrea Claudia: Darlehen und Kredit. Wie und wo sich Gründer und kleine Unternehmen Geld leihen können. Wien: Linde Verlag 2009.

Lutz, Andreas: Jetzt sind Sie Unternehmer. Was Sie von Anfang an wissen müssen. Von Ablage bis Zeitmanagement. Wien: Linde Verlag 2006.

Markgraf, Daniel: Einfluss von Persönlichkeit und Wissen auf den Gründungsprozess. Eine Untersuchung von kleinen Dienstleistungsunternehmen in Mitteldeutschland. Lohmar / Köln: Eul Verlag 2008.

Menn, Andreas: Wachsen nicht um jeden Preis. 28.05.2009. In: http://www.handelsblatt.com/wachsen-nicht-um-jeden-preis;2256787.

Merath, Stefan: Der Weg zum erfolgreichen Unternehmer. Wie Sie und Ihr Unternehmen neue Dynamik gewinnen. 4. Auflage. Offenbach: GABAL Verlag 2008.

Merath, Stefan: Über den Sinn und Unsinn von Businessplänen,

12.11.2007, http://www.foerderland.de/fachbeitraege/beitrag/
Ueber-den-Sinn-und-Unsinn-von-Businessplaenen/04472a301f/

Miner, John B.: A psychological typology of successful entrepreneurs.
New York: Greenwood Press 1997. Über: Google Books, http://
books.google.de.

Nahrendorf, Rainer: Der Unternehmercode. Was Gründer und
Familienunternehmer erfolgreich macht. Wiesbaden Gabler 2008.

N.N.: Booz-Allen-Hamilton-Studie. Klassische Werbung verliert
gegen online. 06.11.2007. In: http://www.cpc-consulting.net/
Booz-Allen-Hamilton-Studie-Klassische-Werbung-verliert-gegen-
Online--n648.

N.N.: Fragwürdige Bewertungen. 11.10.2010. In: http://newsticker.
sueddeutsche.de/list/id/1051396.

N.N.: Nebenverdienst. Was sich Politiker dazuverdienen. 13.12.2004.
In: http://www.focus.de/finanzen/news/nebenverdienst_
aid_11099.html.

O'Reilly, Tim / Milstein,Sarah: Das Twitter-Buch. Peking / Cambridge
u.a.: O'Reilly 2010.

Posé, Ulf D.: Wir brauchen Eliten, in Perspektive Blau, online unter
http://www.perspektive-blau.de/artikel/0405a/print.htm

Reichheld, Frederick F.: The Ultimate Question: Driving good profits
and true growth. New York: McGraw Hill Professional 2006.

Sawtschenko, Peter / Herden, Andreas: Rasierte Stachelbeeren. So
werden Sie die Nr. 1 im Kopf Ihrer Zielgruppe. Branding – Erfolgreiche Marken-Positionierung für kleine und mittelständische
Unternehmen. Offenbach: GABAL Verlag 2000.

Scheffler, Sven: Prominente Studienabbrecher – Karriere ohne
Diplom. 01.11.2007. In: http://www.karriere.de/beruf/prominen-
te-studienabbrecher-karriere-ohne-diplom-6658/

Schein, Edgar: Karriereanker. Die verborgenen Muster in Ihrer beruflichen Entwicklung. Darmstadt: Beratungssozietät Lanzenberger
Dr. Loss Stadelmann 1994.

Scherer, Hermann: Jenseits vom Mittelmaß. Unternehmenserfolg im
Verdrängungswettbewerb. Offenbach: GABAL Verlag 2009.

Schumacher, Manfred: Umsatz, Kosten und Gewinn in der Tierarzt-
praxis – Was kostet eine Minute Tierarzt? In: fachpraxis 52 / 2007.
http://www.kleintierpraxis-markdorf.de/downloads/fachpraxis-
52schumacher.pdf.

Simon, Nicole / Bernhardt, Nikolaus: Twitter: mit 140 Zeichen zum
Web 2.0. München: Open Source Press 2010.

Utsch, Andreas: »Psychologische Einflussgrößen von Unternehmensgründung und Unternehmenserfolg«. Gießen: Univ. Diss. 2004. http://geb.uni-giessen.de/geb/volltexte/2004/1802/pdf/UtschAndreas-2004-09-21.pdf.

Weinberg, Tamara / Lange, Corinna: Social Web Marketing. Strategien für Facebook & Co. Peking / Cambridge u. a.: O'Reilly 2010.

Weyand, Giso: Sog-Marketing für Coaches: So werden Sie für Kunden und Medien (fast) unwiderstehlich. Bonn: ManagerSeminare Verlag 2008.

Wikipedia:

– http://de.wikipedia.org/wiki/Erfolg.

– http://de.wikipedia. org/wiki/Engpasskonzentrierte_Strategie.

Zinser, Daniela: »Dieser Mann hat nur einen Trick. Portrait Sascha Lobo.«, 5.10.2010, www.taz.de.

Die Autorin

Svenja Hofert ist Expertin für neue Karrieren. Die Autorin verschiedener erfolgreicher Ratgeber und Sachbücher gilt als eine der wenigen Kennerinnen moderner Karriere- und Jobmodelle. Ihr Büro Karriere & Entwicklung in Hamburg und Köln bietet unter anderem Beratung für Berater.

www.svenja-hofert.de

Register